普通高等教育“十四五”规划教材
（风景园林/园林）

计算机辅助园林设计

第2版

刘　丽　杜　娟　段晓宇　主编

U0823406

中国农业大学出版社
·北京·

内容简介

本书按照园林制图流程，介绍了涉及的三个软件（AutoCAD 2024、Photoshop 2024、InDesign 2024）及其在园林绘图中的应用。本书共分16章，第1章至第7章主要介绍AutoCAD 2024绘制园林设计平面图、立面图、剖面图、施工图的方法；第8章至第13章主要介绍Photoshop 2024处理效果图和图像后期的方法；第14章至第16章主要介绍运用InDesign 2024绘制分析图和处理整套图纸排版的方法。本书在每章最后以二维码形式提供了本章部分主要案例的操作视频，封三提供了本书操作素材的下载链接，供读者学习。

图书在版编目(CIP)数据

计算机辅助园林设计 / 刘丽，杜娟，段晓宇主编. -- 2版. -- 北京 ：中国农业大学出版社，2025. 3.
ISBN 978-7-5655-3425-6

Ⅰ. TU986. 2-39

中国国家版本馆CIP数据核字第2025PJ0319号

书　　名　计算机辅助园林设计　第2版
Jisuanji Fuzhu Yuanlin Sheji

作　　者　刘　丽　杜　娟　段晓宇　主编

策划编辑　梁爱荣　　**责任编辑**　梁爱荣
封面设计　郑　川　李尘工作室
出版发行　中国农业大学出版社
社　　址　北京市海淀区圆明园西路2号　　**邮政编码**　100193
电　　话　发行部 010-62733489，1190　　读者服务部 010-62732336
编辑部 010-62732617，2618　　出　版　部 010-62733440
网　　址　http://www.caupress.cn　　**E-mail** cbsszs@cau.edu.cn
经　　销　新华书店
印　　刷　天津鑫丰华印务有限公司
版　　次　2025年7月第2版　　2025年7月第1次印刷
规　　格　210 mm×260 mm　　16开本　　13.50印张　　404千字
定　　价　48.00元

普通高等教育风景园林/园林系列
“十四五”规划建设教材编写指导委员会

（按姓氏拼音排序）

第 2 版编审人员

主　　编　刘　丽（四川农业大学）
　　　　　杜　娟（四川农业大学）
　　　　　段晓宇（四川农业大学）

副 主 编　刘玉平（内蒙古民族大学）
　　　　　韦丽沙（仲恺农业工程学院）

参　　编　（按姓氏拼音排序）
　　　　　付而康（四川农业大学）
　　　　　彭俊生（成都理工大学）
　　　　　冉国强（四川工商职业技术学院）
　　　　　宋佳璐（四川农业大学）
　　　　　张　超（长江师范学院）
　　　　　张　卓（河南农业大学）

主　　审　任艳军（成都艾景景观设计有限公司）

第1版编写人员

主　　编　刘　丽（四川农业大学）
　　　　　杜　娟（四川农业大学）
　　　　　段晓宇（四川农业大学）

副 主 编　刘玉平（内蒙古民族大学）

参　　编　（按姓氏拼音排序）
　　　　　包润泽（铜仁学院）
　　　　　付而康（四川农业大学）
　　　　　彭俊生（成都理工大学）
　　　　　冉国强（四川工商职业技术学院）
　　　　　宋佳璐（四川农业大学）
　　　　　张　超（长江师范学院）

出版说明

美丽中国建设、生态文明建设、人们对美好生活的新期待对风景园林/园林专业提出了新的更高要求，也为风景园林/园林专业高质量发展提供了新的发展机遇。

风景园林学科是规划、设计、保护、建设和管理户外自然和人工境域的学科，是人居环境学科的三大支柱之一，涉及气候、地理、水文等自然要素，同时也包含了人工建筑物、历史文化、传统风俗及地方色彩等人文元素，是一门涉及多学科、多知识体系、相对复杂的综合应用型学科，协调好人与自然之间的关系是其最重要的基本要求。

在生态文明建设大背景下，基于"四新"融合的新工科建设要求，面对新一轮科技革命和产业变革，风景园林教育应进一步强化与新兴的科技、工程和设计领域深度结合。"工农艺"多元融合是风景园林学科的基本特征，融合了风景园林学、林学、生态学、建筑学、艺术学等多学科知识体系。系统性是多学科融合的基本要求。规划与设计、植物与生态、人文与社会三大模块是课程设置的基础，围绕风景园林学科的核心内涵，相关课程应在统一的大系统上形成整体，内核突出，外延有度。围绕"概念成型—总体规划—方案设计—施工图绘制—项目概预算—施工组织与管理"的流程主线，既注重学科内容的系统性，又注重各个环节的独立性和应用性，将知识传授、能力培养与价值观塑造融为一体，在注重培养学生的发现问题能力、分析问题能力和解决问题能力的同时，更加注重培养学生的创新意识和实践能力，强调跨学科专业合作能力和可持续发展能力。

2022年9月，风景园林学被正式取消一级学科。但同时相应地新增了风景园林专业学位，研究生培养以专业硕士和专业博士为主，更注重对综合实践能力的培养。这一措施的落地，对风景园林学科包括本科教育在内人才培养体系产生了一定的影响。风景园林学科有关专业组织、高等院校等竞相开展积极的研讨活动，为在新的形势下实现风景园林学科健康和可持续发展，为在高质量要求下更好培养符合新时代要求的新型风景园林专业人才开展新的探索和实践活动。"自信自强守初心，创新致远启新程"彰显了风景园林人追求新形势下学科发展的决心和信心。

中国农业大学出版社于2023年9月在四川农业大学召集近20位来自全国不同高校的专家召开了新形势下本科人才培养及系列教材建设研讨会，2023年12月又在北京召开了"风景园林/园林专业'十四五'规划系列教材建设研讨会"。专家代表们对2017年前后以面向西南地区高等院校风景园林专业人才培养的系列教材做了全面回顾和分析总结，立足新的形势和要求；在人才培养目标和定位上、在知识结构调整上、在课程体系建设上、在学生综合能力培养上，特别是针对教材建设更好服务学科发展，保障人才培养质量方面展开了深入研讨和论证。

会议对新时期、新形势、新要求下的课程教学和教材建设做出如下判断并提出相应要求：

1.课程教学应立足新的发展要求，更加注重生态文明建设大背景下学科内容新的发展要求，更加注重新时期新形势下本科人才培养新的目标定位，更加注重新的人才培养目标下课程体系与教学内容建设，更加注重人才培养方式与教学方式方法的创新性和适应性。

2.系列教材应努力处理好夯实专业基础与彰显优势特色之间的关系，在教材内容上特别是案例资源上努力做到品种丰富、特色鲜明、质量优良、适用性强。注重人工智能等新技术在提高教学质量和效率上的积极作用。

3.系列教材建设应系统谋划、整体运行、立体化建设，统筹好教材内容间的知识衔接，教材内容形成分工明确、边界交叉、结构相连、彼此呼应的格局，构建与课程建设相互关联、联动发展的教材内容以及与能力、素质培养的关系。

4. 教材体系构建从教材内容、课程、科研、实践与教学手段等方面综合形成动态、复合、多元的网络化特点。教材编写同精品课程、数字平台进行建设联动，鼓励各门课程教材编写人员将科研课题的研究内容、方法、结论融入教材，通过实际案例启发学生深入思考，提高发现问题、分析问题和解决问题的能力。

5.鼓励参编人员主动开展各类、各级教学研究，总结教学中的问题及经验，申报教学成果，并将其转化为教学理论，丰富和指导教材内容组织构架。

6.系列教材建设要遵循整体要求，保证系列教材体例与形式的合理性和统一性，注重形式与内容的有机融合。注重案例素材的典型性、适用性和高质量，全方位满足高质量教材建设要求。

7.教材出版形式努力满足风景园林/园林学科的审美要求，在封面、版式以及案例素材等细微之处体现学科特色和对风景园林人心灵深处润物细无声的慰藉。

8. 坚持"大思政课"的理念，站在风景园林/园林专业整体教学与特色的高度整体设计课程思政教学内容，努力构建风景园林/园林专业应有的课程思政教育内容体系。

9.坚持理论与实践相结合，满足产教融合、科教融汇要求。教材品种和内容与科研、教学、生产及人民生活（行业发展）密切联系。吸收企业人员或用人单位人员加入教材编写队伍。

编写指导委员会

2024 年 7 月

第2版前言

党的二十大报告提出“坚持为党育人、为国育才，全面提高人才自主培养质量”“加强教材建设和管理”“深入实施人才强国战略。培养造就大批德才兼备的高素质人才，是国家和民族长远发展大计”。

计算机辅助园林设计是园林类、设计类及相关环境艺术专业本科生必修课程，它为具有专业课程学习基础的高校学生提供了新的绘图技能学习方向。该课程既有基础学科性质，又有鲜明的应用学科特点，在介绍各款绘图软件基本应用方法的基础上，培养学生对空间的分析及美学的设计应用技巧能力。

本书在计算机软件不断发展进步的背景下编写完成。当前，计算机辅助设计主要通过三款软件（AutoCAD 2024、Photoshop 2024、InDesign 2024）进行园林图纸绘制、表达与编排。绘图软件的应用可以极大地提高绘图效率，提升绘图美观度，并具有修改便捷等优点。通过软件学习，学生具备运用AutoCAD完成园林平面图、立面图、剖面图、施工图等的绘制能力；运用Photoshop完成效果图和图像后期处理能力；运用InDesign完成分析图、方案文本排版等的制作能力。

本书基于简明、便捷、突出专业特点的原则进行编写。在编写过程中注重培养读者掌握并熟练绘制各类型园林图纸的基本能力，注重操作性和实践能力的培养，为后续专业设计的提升打下基础。本书重点增加了园林专业的绘制应用实例，以实际案例为参考，加深学生对计算机辅助园林设计应用的理解。本书并不全面展开对各软件工具的学习与运用，而是根据专业需要，选择学习重点，注意各软件命令的取舍，使学生在软件学习体系上能结合专业，突出重点；本书较强的专业方向性与实用性，便于学生掌握园林设计软件的操作技巧，对实现和完善园林工程图纸、方案、文本等的绘制和编排起到必不可少的作用。

本书具有如下主要特点：

(1)结合专业特点，构建相应的知识结构。本书在编写上重点以园林工程各类图纸的绘制为对象，展开相应的软件学习，教师在教学实践中，可以针对专业整合教学内容，拓宽专业口径。本书不仅可以作为园林专业方向学生的重要专业基础课程应用教材，也可以作为环境艺术类、设计类本科生必修的专业基础课教材。

(2)理论联系实际，提高操作能力。本书内容分章节先进行相关基础命令学习，再展开相应的实例练习，以提高学生的绘图能力，通过前期形成的绘图基础，学生可以在后期自主展开高阶段的学习。本书在每章最后部分增加了二维码，方便读者扫码查看本章的操作视频；各章节的操作素材则以网址形式放在教材封三，读者可以自行下载使用。

本书共分三大板块16章，编写人员包括四川农业大学宋佳璐、付而康、杜娟、段晓宇、刘丽，仲恺农业工程学院韦丽沙，长江师范学院张超，成都理工大学彭俊生，内蒙古民族大学刘玉平，四川工商职业技术学院冉国强，河南农业大学张卓。感谢四川农业大学硕士研究生卢继心、赵蕊、黄淋、张娟、刘敏及本科生蒋宗吾同学参加了校对等辅助工作。对成都艾景景观设计有限公司在编写中给予的支持表示感谢。

本书由任艳军高级工程师审阅，在此致谢！

编　者

2024年11月

第1版前言

计算机辅助园林设计是园林类、设计类及相关环境艺术专业本科生必修课程，它为具有专业课程学习基础的高校学生提供了新的绘图技能学习方向。该课程既有基础学科性质，又有鲜明的应用学科特点，在介绍各款绘图软件基本应用方法的基础上，协调学生对空间的分析以及美学的设计应用技巧能力。

计算机辅助园林设计教材，是在配合计算机软件不断发展进步的基础上编写完成的。当前，计算机辅助设计主要通过四款软件（AutoCAD、Sketchup、Photoshop、InDesign）进行园林图纸绘制、表达与编排。绘图软件的应用可以极大地提高绘图效率，提升绘图美观度，并具有修改便捷等优点。通过软件学习，重点培养学生运用CAD完成园林平面图、立面图、剖面图、施工图等的绘制能力；运用SU完成基本模型建立及场景建模，运用PS完成彩平图、立面图、效果图，运用ID完成分析图、方案文本排版等的制作能力。

本书基于简明、便捷、突出专业特点的原则进行编写。在编写过程中注重培养读者掌握并熟练绘制各类型园林图纸的基本能力，注重操作性和实践能力的培养，为后续的专业设计的提升打下基础。教材重点增加了园林专业的绘制应用实例，以实际案例为参考，加深学生对计算机辅助园林设计应用的理解。教材中并不全面展开对各软件工具的学习与运用，而是根据专业需要，选择学习重点，注意各软件命令的取舍，使学生在软件学习体系上能结合专业，突出重点，使教材有较强的专业方向性与实用性，为掌握园林设计中软件的操作技巧、实现和完善园林工程图纸、方案、文本等的绘制和编排起到必不可少的作用。

本书具有如下主要特点：

（1）结合专业特点，构建相应的知识结构　本书在编写上重点以园林工程各类图纸的绘制为对象，展开相应的软件学习，教师在教学实践中，可以针对专业整合教学内容，拓宽专业口径。本书不仅可以作为园林专业方向学生的重要专业基础课程应用教材，也可以作为环境艺术类、设计类本科生必修的专业基础课教材。

（2）理论联系实际，提高操作能力　教材内容分章节先进行相关基础命令学习，再展开练习及园林图纸绘制操作，以提高学生的绘图能力，通过前期形成的绘图基础，学生可以在后期自主展开高阶段的学习。与教材并行的网址链接部分（见本书最后一页），包含两个综合实训，以全套案例为主线，通过学习掌握园林相关图纸的绘制原则与技巧，提高操作效率与水平。教师和学生可根据实际需要，对教学内容进行整合取舍。

本书共分四大板块22章，编写人员分别包括四川农业大学宋佳璐、付而康、杜娟、段晓宇、刘丽，长江师范学院张超，铜仁学院包润泽，成都理工大学彭俊生，内蒙古民族大学刘玉平以及四川工商职业技术学院冉国强。

并感谢四川农业大学硕士研究生钟月萍、李佩佩、冯柱铭、刘星濠、李智超、严文丽、陈培同学参加了编写校对的辅助工作。对成都吉景设计顾问有限公司，成都艾景景观设计有限公司在编写中给予的支持表示感谢。

本书由任艳军高级工程师审阅。在此统一致谢！

编　者

2017 年 4 月

目　录

第一部分　AutoCAD 2024

第二部分 Photoshop 2024

第三部分 InDesign 2024

第一部分　AutoCAD 2024

第1章 AutoCAD 2024 入门

1.1 启动和退出

1.1.1 启动

用户在成功安装 AutoCAD 2024 绘图软件后，双击桌面软件图标，即可启动该软件，进入默认工作空间，如图 1-1 所示。

1.1.2 退出

执行【退出】软件时，请确保当前文件已保存，可采用以下方式退出。

- 单击界面右上角╳；
- 按【Alt＋F4】组合键快捷退出；
- 单击菜单栏左上角图标，点击退出 Autodesk AutoCAD 2024。

1.2 AutoCAD 2024 工作界面

在打开软件默认状态下，界面显示为【草图与注释】工作空间。

工作界面主要由应用程序按钮、快速访问工具栏、菜单栏、标题栏、交互信息工具栏、绘图区、模型布局选项卡、功能选项卡、命令行、状态栏、滚动条等部分构成，如图 1-2 所示。

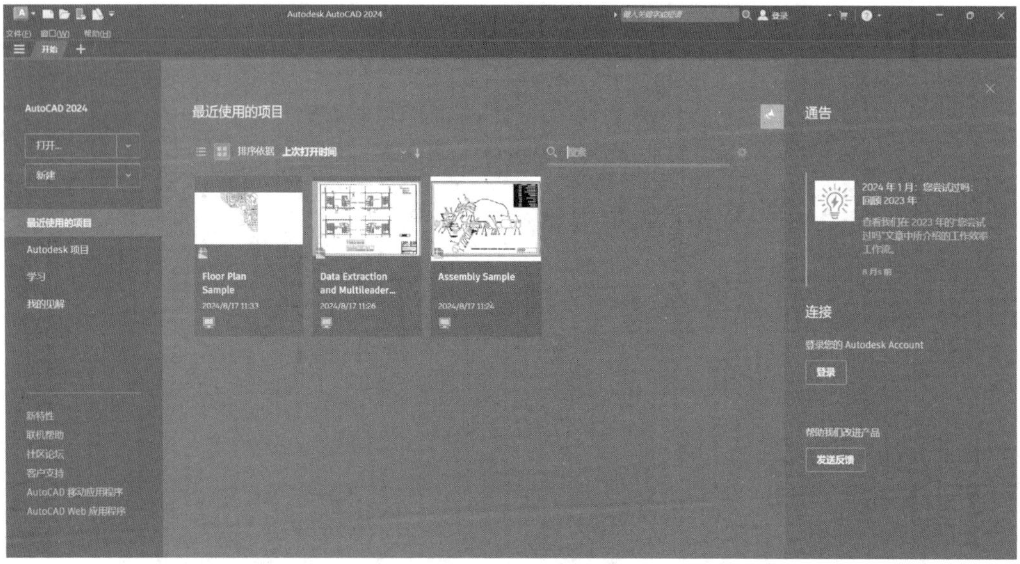

图 1-1 初始工作界面

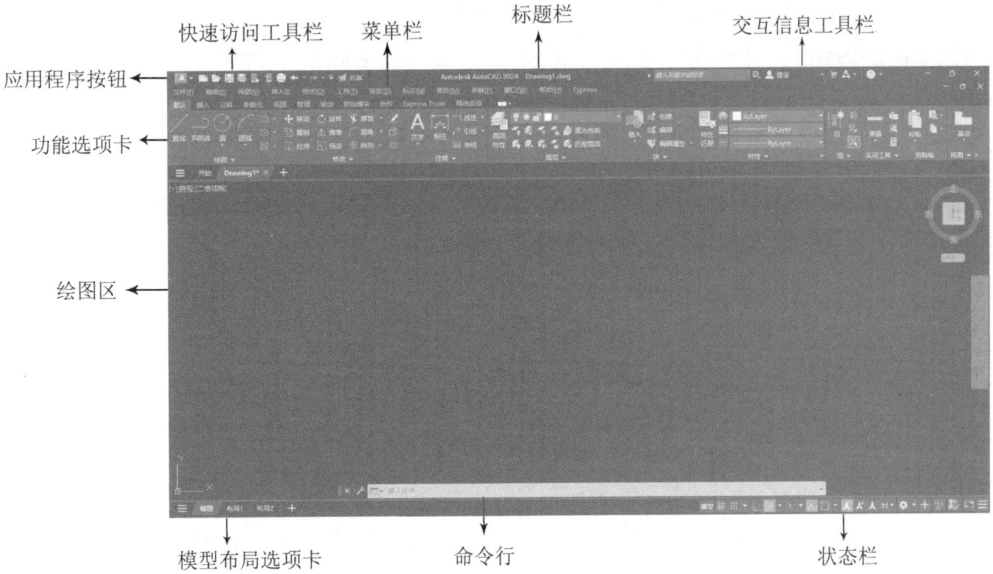

图 1-2 AutoCAD 2024【草图与注释】工作界面

AutoCAD 2024 主要有【草图与注释】【三维基础】【三维建模】三种工作空间，可在使用时随时切换。点击界面下角 即可切换，如图 1-3 所示。

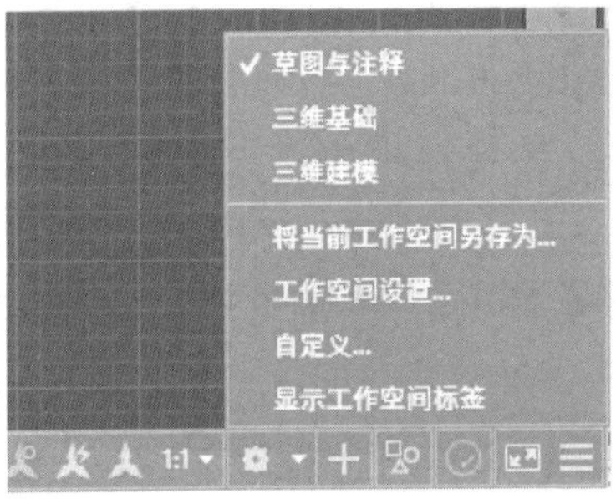

图 1-3 切换工作空间

1.2.1 标题栏

在启动开始绘制后，工作界面会自动打开名为【Drawing1. dwg】的默认绘图窗口。标题栏显示：Autodesk AutoCAD 2024 Drawing1. dwg；打开任意一个 CAD 文件，标题栏会显示文件的名称。

1.2.2 菜单浏览器与菜单栏

(1)【菜单浏览器】

◆ 按钮为界面左上角图标 。单击该按钮，展开菜单浏览器下拉列表，如图 1-4 所示。用户可执行新建、打开、保存、打印等基本常用功能；用户还可以在图形实用工具中执行图形维护，如核查、清理、修复等，并关闭图形。

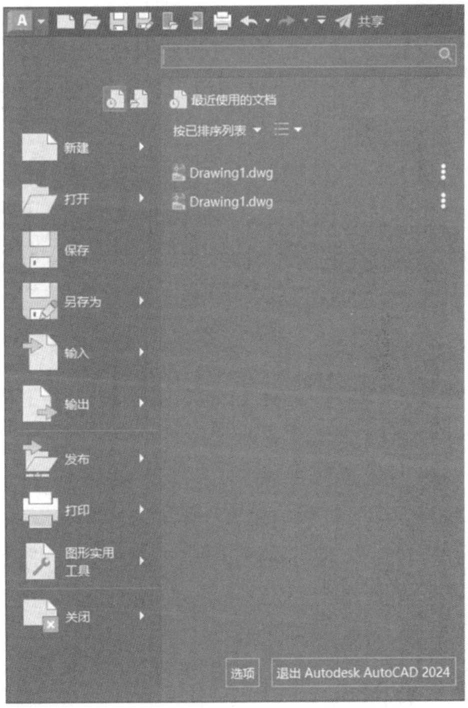

图 1-4 【菜单浏览器】

◆ 在菜单浏览器上的搜索工具，可查询应用程序菜单、快速访问工具、当前加载的功能区、定位命令、功能区面板名称和其功能区控件。

◆ 菜单浏览器会显示最近打开的文档，且这些文档可以通过按已排序列表 ▾ 选项变换不同的排列或显示方式。

(2)【菜单栏】 菜单栏位于标题栏下方，如图 1-5 所示。在 AutoCAD 2024 默认情况下，菜单栏为隐藏状态，当在命令行设置变量 MENUBAR 值为 1 时(默认为 0)，即可显示菜单栏。还可以将快速访问工具栏的下三角点开，来显示菜单栏。

图 1-5 【菜单栏】

操作时，鼠标左键单击菜单栏选项，展开下拉列表，然后将光标移动至需要启动的命令上，再单击鼠标左键即可启动。

菜单栏几乎涵盖 CAD 所有绘图工具和设置选项，包括绘图工具、修改工具、管理编辑工具等。AutoCAD 2024 各菜单主要功能为：

【文件】主要功能为文件的新建、打开、保存、打印、发布等操作命令。

【编辑】主要是对图形执行放弃、剪切、复制、粘贴、删除等命令。

【视图】主要用于视图的调整和管理，方便视图内图形的显示。

【插入】用于插入外部资源，如图块、参照、图像等。

【格式】用于设置绘图环境中的各种参数和样式，如绘图单位、文字、标注、表格样式等。

【工具】主要为辅助工具和常规资源组织管理工具。

【绘图】包含绘图需用到的所有工具。

【标注】主要用于为图形标注尺寸和文字说明等，该菜单下包含了所有尺寸标注形式。

【修改】包含修改、编辑、完善图形需要的所有工具。

【参数】用于管理和设置图形创建的各种参数。

【窗口】用于对当前打开的 CAD 图形文件窗口的编辑、管理。

【帮助】主要为用户提供帮助信息。

1.2.3 工具栏

工具栏位于菜单栏下方，如图 1-6 所示。用户将光标放置在工具栏图标上，即会显示该工具的名称及基本示意图，鼠标左键单击该图标，即可开始执行命令。

图 1-6 【工具栏】

【移动工具栏】：鼠标左键按住任意一组工具栏不放，可以任意拖动其放置的位置。

【调出工具栏】：右键点击剩余工具栏空白处，勾选需要调出的工具栏，如图 1-7 所示。带勾号表示当前已经为打开状态，不带勾号则表示未打开。为增大绘图区范围，通常将常用工具栏放在界面上方，将不常用工具栏隐藏，需要时再调出。

1.2.4 绘图区

AutoCAD 2024 界面上至工具栏，下至命令行的中间区域即为绘图区。用户无论是绘制二维图形还是三维图形，皆在该区域进行操作。我们把绘图区看作

图 1-7 调出工具栏

可以无限放大或缩小的电子屏，图形尺寸可以任意大小，绘图时也可以放大、缩小绘图区。

(1)【十字光标】　当鼠标在绘图区晃动时，光标会变成“十字光标”形态，它由十字线和拾取框两个部分叠合而成，用户在绘图时候可根据需求调整其大小，如图 1-8 所示。操作方式如下：

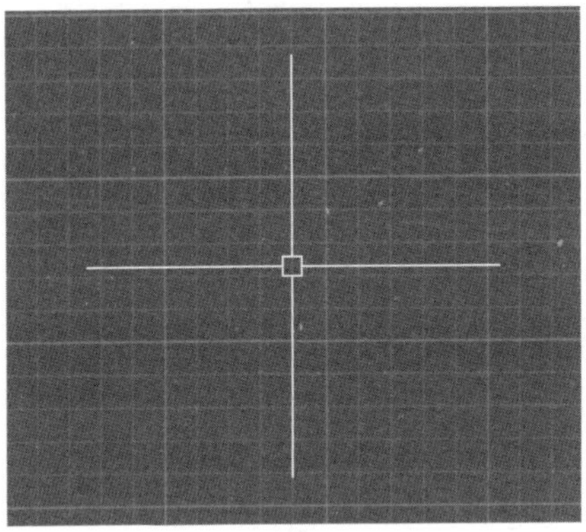

图 1-8　十字光标图

◆ 菜单栏→工具→选项→显示→【十字光标】大小。

◆ 菜单栏→工具→选项→选择集→【拾取框】大小。

(2)绘图区【背景颜色】　默认情况下，绘图区为深灰色，用户调整其颜色方法为：

◆ 菜单栏→工具→选项→显示→颜色。

(3)【绘图空间】　绘图区左下有“模型、布局 1、布局 2”三个标签，代表两种不同绘图空间，即模型空间和布局。通常绘图在模型空间进行；而布局主要用于图形的输出打印。单击标签，可以切换绘图空间。

(4)【坐标系】　在 CAD 绘图界面左下角的箭头指向图标为坐标系，如图 1-9 所示，表示用户绘图时正在使用的坐标系。坐标系的作用是为点的坐标确定一个参照系。CAD 共有 5 种坐标系统：

①WCS ——世界坐标系，即参照坐标系，WCS 是永远不改变的，其他所有的坐标系都是相对 WCS 定义的。

②UCS ——用户坐标系，即工作中的坐标系。

③ECS ——对象坐标系。

④DCS ——显示坐标系，即对象在显示前被转换的坐标系统。

⑤PSDCS ——图纸空间。

(5)【滚动条】　在 CAD 操作界面右侧的滚动条可替代鼠标滚轮的功能。操作方式如下：

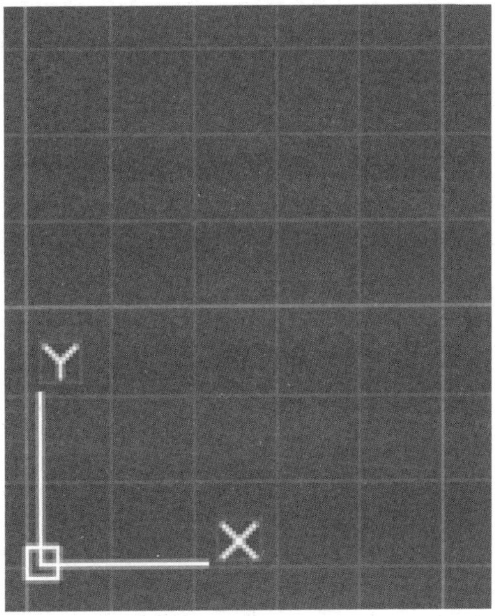

图 1-9　坐标系

◆ 菜单栏→工具→选项→显示→勾选“在图形窗口中显示滚动条”。

1.2.5　命令行

命令行位于绘图区下方，主要用于显示当前操作命令以及提示用户可能的操作步骤。命令行是 AutoCAD 2024 软件与用户进行数据交流最直观的平台。初学者应当随时关注命令行的操作提示。另外，按 F2 键还可以打开 AutoCAD 2024 文本窗口，当需要查询详细信息时，该窗口所显示的内容将非常有用。

1.2.6　状态栏

状态栏位于 AutoCAD 2024 界面最底部，如图 1-10 所示。状态栏主要是辅助绘图。状态栏主要包含三个部分：

(1)状态栏左侧为【模型】【布局】，用于预览图形，图形以缩略图的形式显示在界面中。

(2)状态栏右侧为【栅格】【正交】【极轴追踪】【对象捕捉】等，通过这些设置能有效提高绘图时的精准性和效率。

(3)状态栏最右侧还有【切换工作空间】【自定义】【注释比例】等，可快速实现绘图空间切换、预览以及调整工作空间等功能。

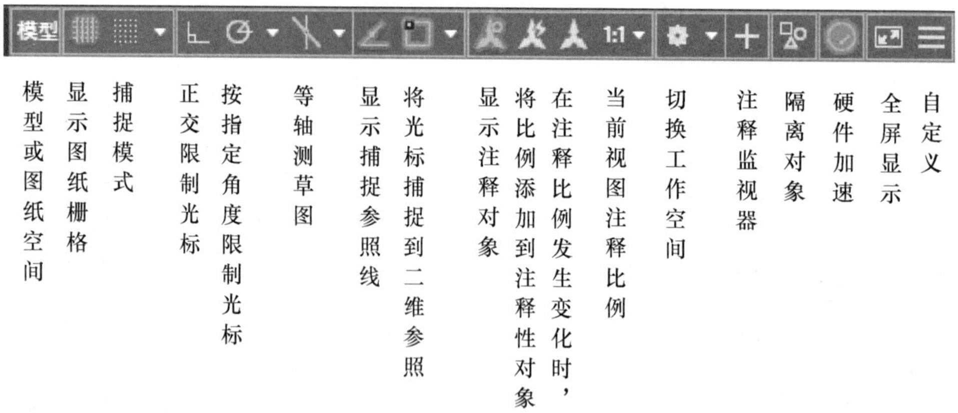

图 1-10　状态栏

1.3　图形文件管理

在 AutoCAD 2024 中，图形文件管理包括：新建文件、打开已有文件、保存文件、输出文件、关闭文件等，以及 AutoCAD 2024 新增的安全口令和数字签名等内容。

1.3.1　绘图单位和图形边界设置

（1）绘图单位设置　操作方式如下：

- 命令行：UN/UNITS/DDUNITS。
- 菜单栏：执行【格式】|【单位】命令。

执行上述命令后，打开“图形单位”对话框，如图 1-11 所示，可设置相关参数。

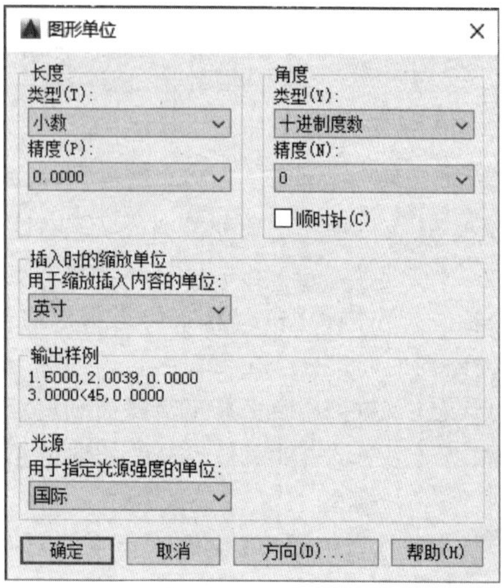

图 1-11　“图形单位”对话框

选项说明：

【长度】与【角度】：设定长度与角度的单位和精度。

【插入时的缩放单位】：控制使用工具选项板拖入当前图形的块的测量单位。

【输出样例】：显示用当前单位和角度设置的例子。

【光源】：控制当前图形中光度控制光源的强度测量单位。

【方向控制】：点击“方向控制”按钮，显示如图 1-12 所示对话框，可进行方向控制。

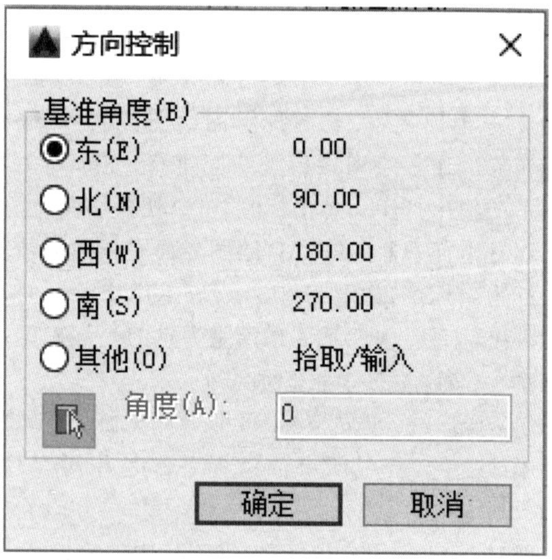

图 1-12　“方向控制”对话框

（2）图形边界设置　操作方式如下：

- 命令行：LIMITS。
- 菜单栏：执行【格式】|【图形界限】命令。

★实例 1-1 演示:设置图形边界

①设置横向 A3 图幅。

②命令行输入命令:LIMITS。 // 回车,调用【图形界限】命令。

③重新设置模型空间界限:

指定左下角点或[开(ON)/关(OFF)]<0.0000,0.0000>: // 默认原点为左下角点。

指定右上角点<420.0000,297.0000>:420,297。 //输入右上角坐标后回车键。

1.3.2 新建文件

操作方式主要有以下 4 种:

- 命令行:new。
- 菜单栏:执行【文件】|【新建】命令。或者单击 ,在下拉列表选择【新建】。
- 工具栏:单击快速访问工具栏【新建】按钮 。
- 快捷键:Ctrl+N。

通过以上方式打开如图 1-13 所示"选择样板"对话框。此时,若选择默认样板,点击"打开"按钮。此外,也可选择其他样板样式,在右侧可进行预览,选好后点击"打开"按钮即可。

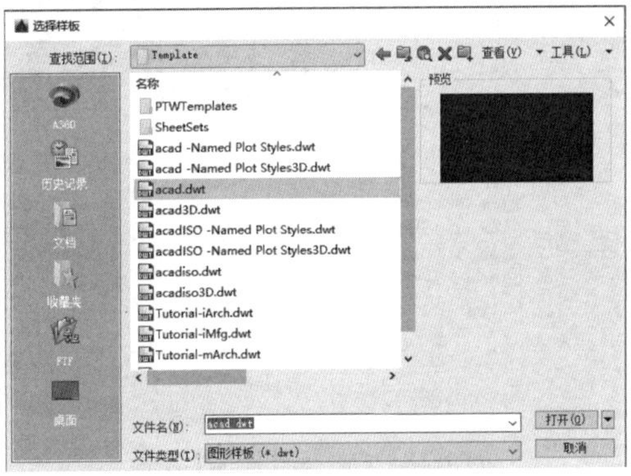

图 1-13 "选择样板"对话框

1.3.3 打开图形文件

操作方式主要有以下 4 种:

- 命令行:open。
- 菜单栏:执行【文件】|【打开】命令。或者单击 ,在下拉列表选择【打开】。
- 工具栏:单击快速访问工具栏【打开】按钮 。
- 快捷键:Ctrl+O。

执行上述命令后,打开"选择文件"对话框,如图 1-14 所示,选择需要打开的文件,右侧可点击"预览"查看该图形的预览图像;在"文件类型"下拉列表中,可以选择.dwg 文件、.dwt 文件、.dxf 文件、.dws 文件。

图 1-14 "选择文件"对话框

1.3.4 保存文件和另存为

【保存文件】操作方式主要有以下 4 种:

- 命令行:save。
- 菜单栏:执行【文件】|【保存】命令,或者单击 ,在下拉列表选择【保存】。
- 工具栏:单击快速访问工具栏【保存】按钮 。
- 快捷键:Ctrl+S。

以上几种方式,在文件首次保存时,系统将会弹出"图形另存为"对话框,如图 1-15 所示。默认情况下,以文件名:Drawing1.dwg,文件类型:AutoCAD 2024(*.dwg)保存。用户也可以自行重命名和更改文件类型。

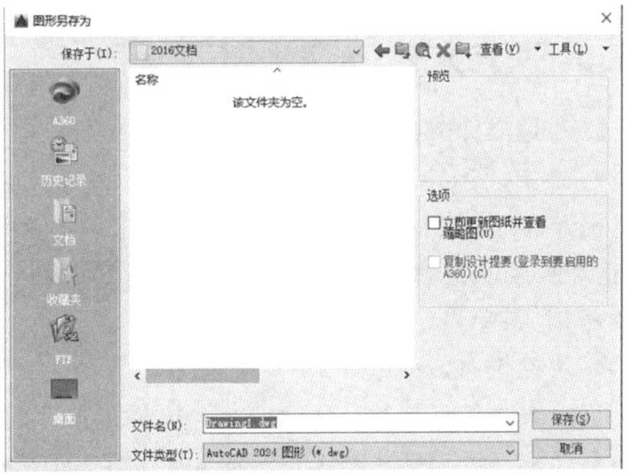

图 1-15 "图形另存为"对话框

【另存为】操作方式主要有以下 4 种：

◆ 命令行：saveas。

◆ 菜单栏：执行【文件】|【另存为】命令。或者单击▲，在下拉列表选择【另存为】。

◆ 工具栏：单击快速访问工具栏【另存为】按钮。

◆ 快捷键：Ctrl+Shift+S。

保存文件是覆盖之前的文件，当绘制的图形文件不想覆盖之前文件时，可选择【另存为】单独建立新文件，并重新选择文件保存的路径，如图 1-15 所示。

1.3.5 输出图形文件

【输出】操作方式主要有以下 2 种：

◆ 命令行：export。

◆ 菜单栏：执行【文件】|【输出】命令。或者单击▲，在下拉列表选择【输出】。

执行上述命令后，如图 1-16 所示，输入文件名，选择文件类型，即可输出文件。

图 1-16 “输出”对话框

1.3.6 关闭文件

【关闭】操作方式主要有以下 4 种：

◆ 命令行：quit。

◆ 菜单栏：执行【文件】|【关闭】命令。或者单击▲，在下拉列表选择【关闭】。

◆ 按钮：单击绘图区右上角按钮×。

◆ 快捷键：Ctrl+Q。

以上方式均可执行关闭命令。当文件未保存时，系统将会弹出一个对话框，询问是否保存文件，如图 1-17 所示，单击“是”，即保存并关闭；单击“否”，关闭但不保存；单击“取消”，既不保存也不关闭。

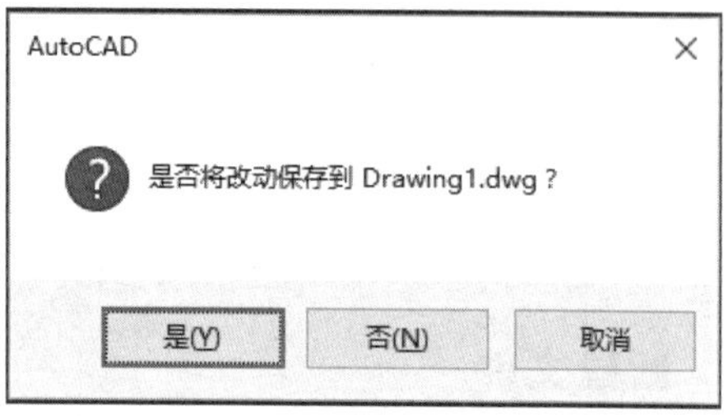

图 1-17 “保存文件”对话框

1.3.7 创建样板文件

操作方式如下：

◆ 菜单栏：执行【新建】命令后，系统会出现“选择样板”对话框，如图 1-18 所示。选择适合的 CAD 样板后点击打开，即可在该样板下绘图。

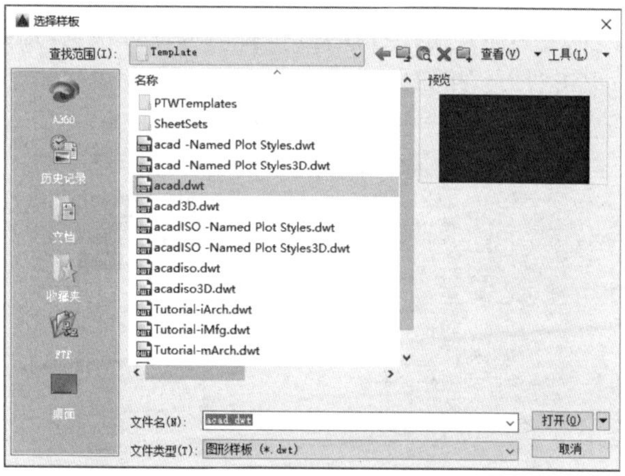

图 1-18 “选择样板”对话框

CAD 样板是固定的制图格式，扩展名为.dwt 格式。绘图时，可选择 CAD 中已有的样板文件，也可以重新设置样板文件中的格式；另存为.dwt 格式的新样板文件，将来制图需要时，可随时调用。

1.3.8 图形修复

操作方式如下：

◆ 命令行：drawingrecovery。

◆ 菜单栏：执行【文件】|【图形实用工具】|【图形修复管理器】命令。

执行上述命令后，界面出现如图 1-19 所示的提示框，打开“备份文件”列表中的文件，可重新保存，从而修复文件。

图 1-19　提示框

1.4　基本输入和图形显示操作

1.4.1　启动命令和结束命令的方法

(1)【启动命令】　通常有 3 种方法:菜单栏、工具栏和命令行。用户可以根据习惯选择适当的方式。

★实例 1-2 演示:启动“直线”命令

①菜单:绘图→直线。

②工具栏:点击图标。

③命令行: L/Line→回车键/空格键。

> **提示:**命令字符可不区分大小写。在命令行输入命令时,只需要输入命令缩写。如 L(Line)、C(Circle)、M(More)、A(Arc)、E(Erase)、PL(Pline)、R(Redraw)等。

(2)【结束命令】　当需要结束命令时,可通过以下方式终止命令:

◆ 鼠标右键→确认。

◆ 回车键/空格键。

◆ ESC 键。

1.4.2　命令的重复、撤销、重做

命令的【重复】执行,操作方式主要有以下 2 种:

◆ 右键→“重复 **** ”。

◆ 单击键盘“回车键/空格键”,可重复调用上一个命令,无论上一个命令是已经完成还是被取消。

命令的【撤销】操作方式如下:

单击键盘 ESC 键,可以在命令执行的任何时候终止命令的执行。

命令的【放弃】与【重做】操作方式主要有以下 4 种:

◆ 命令行:redo。

◆ 菜单栏:执行【编辑】|【放弃】/【重做】命令。

◆ 按钮:单击绘图区右上角按钮。

◆ 快捷键:Ctrl+Z/Ctrl+Y。

1.4.3　使用鼠标操作

【滚轮】:滚动——缩放对象;

按住拖动——平移对象;

双击滚轮——将所有对象全部显示在平面中。

【鼠标左键】:主要为拾取功能,用户可用于点击界面上的菜单、工具栏按钮等。

【鼠标右键】:相当于 Enter 键,可用于重复、结束、撤销当前命令等,系统也会根据当前绘图状态而提供不同的菜单选项。

1.4.4　缩放与平移

【缩放视图】:通过缩放视图,可以放大/缩小图形文件在屏幕显示时候的尺寸大小,而图形的实际尺寸并不改变。AutoCAD 2024 缩放视图操作方式主要有以下 3 种:

◆ 鼠标:滚动鼠标滚轮。

◆ 命令行:Z/Zoom。

◆ 菜单栏:执行【视图】|【缩放】命令。

【平移图形】:通过平移视图,可以观察到图形不同部分。操作方式主要有以下 3 种:

◆ 鼠标:按住鼠标滚轮移动鼠标。

◆ 命令行:P/Pan。

◆ 菜单栏:执行【视图】|【平移】命令。

1.4.5　图形对象的选择方法

(1)【窗选】和【交叉窗选】　用于选择的对象较多时,操作方式如下:左键在绘图区点击一下后放开并拉动鼠标,拉动到框选区域后点击鼠标左键。

【窗选】:左上→右下,只有全部框选对象才能选取成功。

【交叉窗选】:右下→左上,只需要选取对象的部分即可以选取成功。

(2)【点选】 用于选择对象较少时。直接用鼠标左键点击需要选择的对象,当对象出现蓝色控制点时,则显示选择成功,如图 1-20 所示。

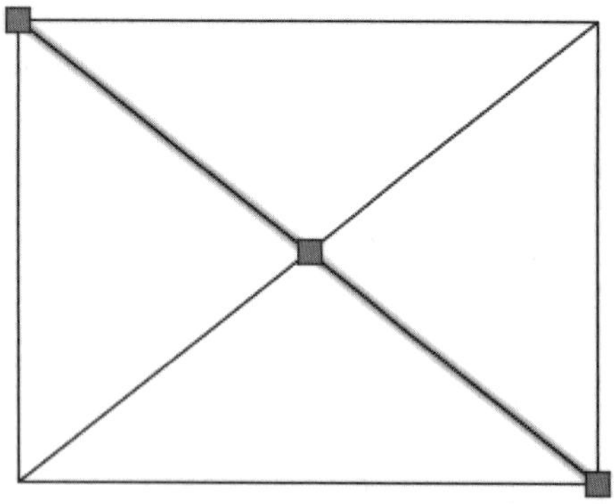

图 1-20 点选显示

(3)【快速选择】 选择对象后,右键点击→【快速选择】,出现如图 1-21 所示对话框。选择对象类型、特性等,即可快速选择到相同的对象。

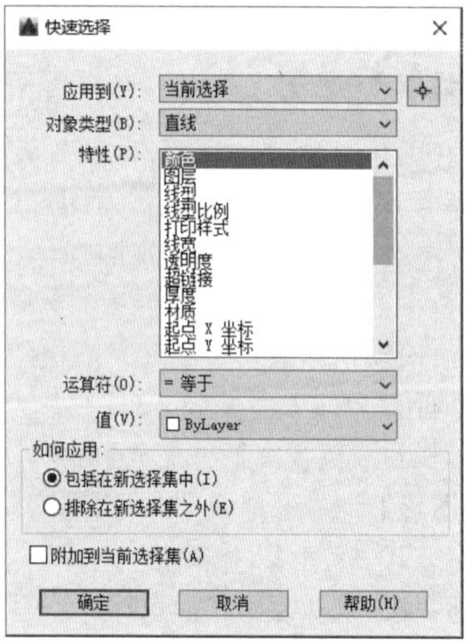

图 1-21 快速选择

(4)【增加选择】或【减少选择】

【增加选择】:选取对象时,直接选择需要增加的对象即可增加选择,且原来已选择的部分保留不变。

【减少选择】:按住 Shift 键,选择需要减去的对象,即可减少选择。

(5)【全部选择】 操作方式主要有以下 2 种:

◆ 可直接用【窗选】或【交叉窗选】选择全部对象。

◆ 快捷键:Ctrl+A 全选。

1.4.6 刷新视图

在进行缩放的过程中,CAD 可能会出现图形精度不够,表现为曲线或圆形的物体变成带有棱角的多边形。此时可采用【重生成】命令来刷新视图。如图 1-22 所示为圆形重生成前后对比图。操作方式如下:

◆ 菜单栏:执行【视图】|【重生成】或【全部重生成】命令。

◆ 快捷键:Re/Rea 回车。

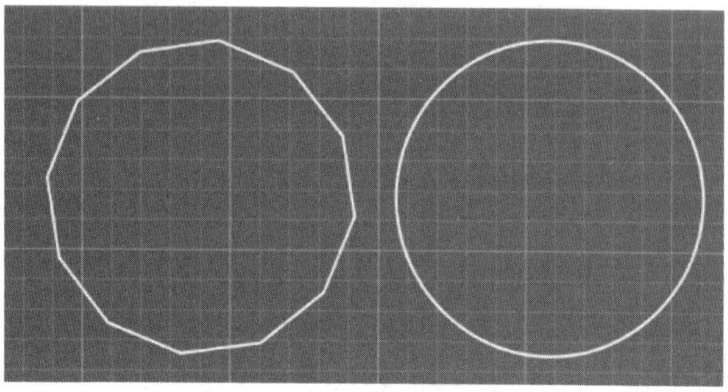

图 1-22 重生成前后

1.5 常用制图辅助工具

在图形绘制过程中,常需要借助辅助工具,才能提高绘图的精准性,并提高绘图效率。

1.5.1 栅格和捕捉

【栅格】类似于传统制图中的坐标纸,由有规则的点的矩阵组成。用户可以通过栅格数量直观地确定距离。栅格在绘图区的底图上是可见的,它能起到辅助功能,但并不是图形对象,因此,打印时不会被显示。栅格可以显示和隐藏,其间距可以通过自定义进行设置。

(1)打开/关闭栅格执行方式,操作方式如下:

◆ 快捷键:F7 连续按动,可以在开与关之间切换。

◆ 状态栏:单击状态栏"显示图形栅格"开关按钮。

(2)设置栅格在 X 轴和 Y 轴方向的间距执行方式,操作方式如下:

◆ 命令行：DS/DSETTINGS/SE/DDRMODES。

◆ 菜单栏：执行【工具】|【绘制设置】命令。

> **提示：** 当栅格间距设置过小，打开栅格时，AutoCAD 会在文本窗口中显示“栅格太密、无法显示”或使用缩放功能将图形缩至很小，也会出现同样的提示。

【捕捉】(非对象捕捉)功能的使用需要在栅格打开的状态下。当捕捉功能打开时，光标只能在栅格的交叉点上停留。

(1)打开/关闭【捕捉】操作方式如下：

◆ 快捷键：F9 连续按动，可以在开与关之间切换。

◆ 状态栏：单击状态栏“捕捉模式”开关按钮。

(2)设置【捕捉】类型的选项操作方式如下：

◆ 用户可指定【捕捉】模式在 X 轴方向和 Y 轴方向的间距。

◆ 捕捉可分为【栅格捕捉】和【极轴捕捉】；栅格捕捉又有【矩形捕捉】(默认设置)和【等轴测捕捉】，如图 1-23 所示。选择栅格捕捉时，光标只能在栅格线上，等轴测捕捉常用于绘制轴测图，两种样式区别在于排列方式不同。

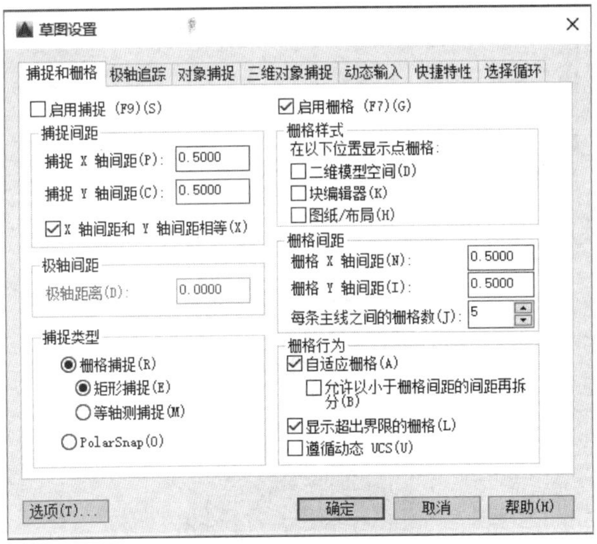

图 1-23　栅格捕捉设置

1.5.2　正交

正交绘图是指在 CAD 进行绘图时，线条绘制只能是沿 X 轴的绝对“水平”或者沿 Y 轴的绝对“垂直”，由此快速准确地绘制出水平垂直线条。

打开/关闭【正交】操作方式如下：

◆ 快捷键：F8 连续按动，可以在开与关之间切换。

◆ 状态栏：单击状态栏“正交限制”开关按钮。

1.5.3　对象捕捉

对象捕捉是指在绘图时，光标能够更精准捕捉到“中点、垂点、圆心、最近点”等捕捉点，为准确、高效绘图提供了有利条件。

(1)打开/关闭【对象捕捉】操作方式如下：

◆ 快捷键：F3 连续按动，可以在开与关之间切换。

◆ 状态栏：单击状态栏“正交限制”开关按钮。

(2)设置【对象捕捉】类型操作方式如下：

◆ 命令行：SE/DSETTINGS 弹出【草图设置】对话框，选择【对象捕捉】，如图 1-24 所示。凡勾选的选项，将会在绘图时捕捉；未勾选的将不会捕捉。用户可根据自己的需要选择勾选。

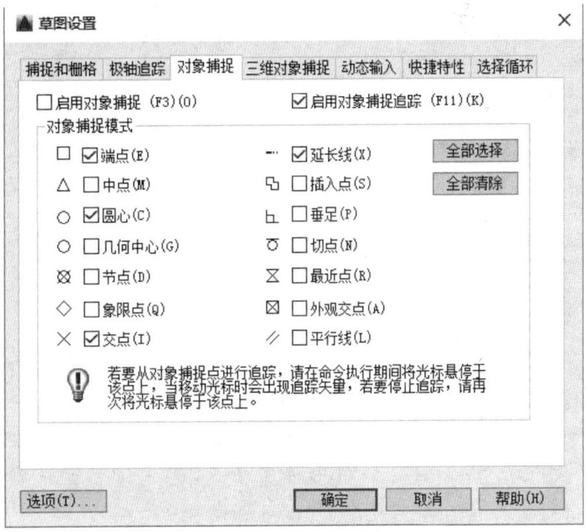

图 1-24　对象捕捉设置

◆ 状态栏：单击状态栏“正交限制”开关按钮旁边的小三角，出现如图 1-25 所示，也可直接勾选需要捕捉的点。点击鼠标左键最下面对象捕捉设置...，也可进入图 1-24 所示更详细的设置，可点击“全部选择”或“全部清除”选项进行快速操作。

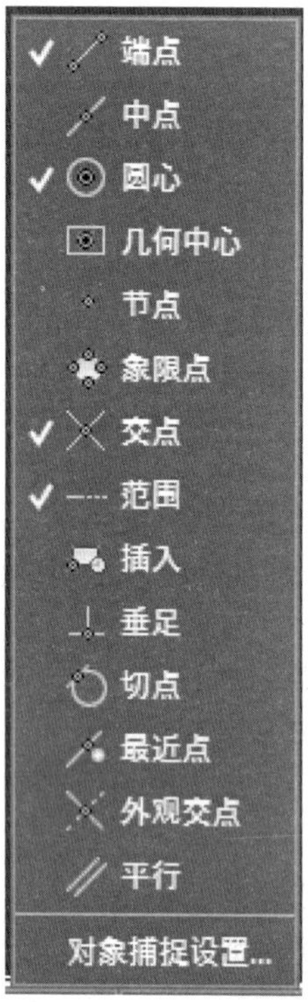

图 1-25　对象捕捉设置状态栏

提示:1. 在绘图过程中,若需要"临时捕捉",可按住 Shift 键,再单击鼠标右键,即可弹出快捷菜单,直接点选需要捕捉的类型。

2.【对象捕捉】在绘图时光标带有命令才能使用。当 CAD 提示输入点时,对象捕捉才生效。对象捕捉只能捕捉绘图区可见的对象。

3. 未显示的、关闭或冻结的图层上的对象以及虚线的空白部分则不能被捕捉。

4. 区别【对象捕捉】和【捕捉】:前者是针对图形的捕捉,如捕捉某个图形的中点、垂点等;后者是针对"栅格"的捕捉,只能捕捉栅格上的点。

1.5.4　自动追踪

【自动追踪】是指按设定好的角度绘图,或绘制与其他对象有特定关系的对象,包括两种追踪选项:【极轴追踪】和【对象捕捉追踪】。

极轴可以理解为:一条与 X 轴形成夹角为多少度的直线。AutoCAD 中的极轴追踪就具有沿某一个角度追踪的功能。打开/关闭【极轴追踪】操作方式如下:

◆ 快捷键:F10 连续按动,可以在开与关之间切换。

◆ 状态栏:单击状态栏"极轴追踪"开关按钮。

(1)【极轴追踪】设置　在命令行输入 SE/DSETTINGS 打开"绘图设置"→"草图设置"(图 1-26),可预先设定"增量角"的角度。也可以直接点击状态栏图标旁边的小三角选择增量角度数(图 1-27)或点击"正在追踪设置"自行设置角度。

★实例 1-3 演示:绘制一条与 X 轴形成 45°角的直线

①在命令行输入 L/Line→回车键/空格键。

②在状态栏点击图标旁小三角,选择 45°增量角。如图 1-28 所示,极轴 45°。

③在绘图区域沿 45°追踪线即可画线。

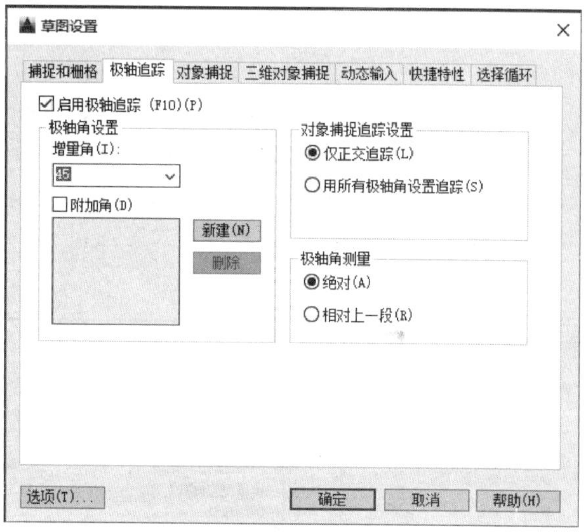

图 1-26　极轴追踪设置窗口

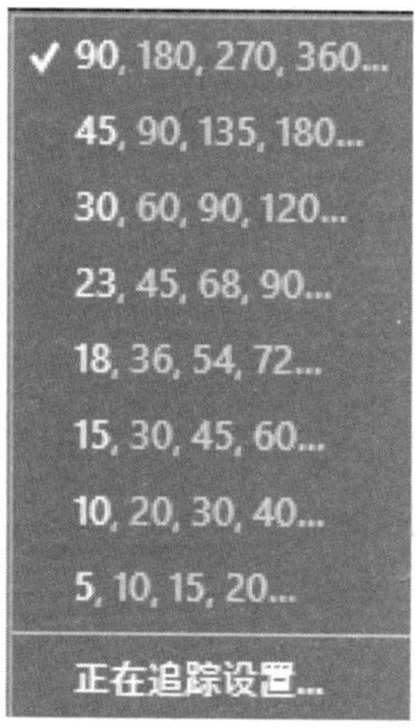

图 1-27　选择增量角

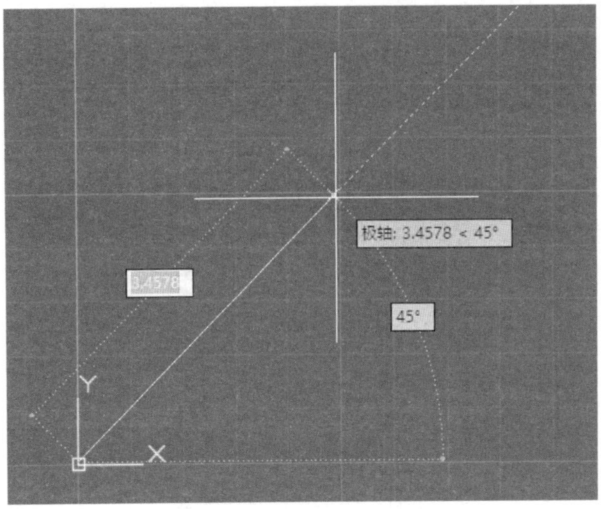

图 1-28　极轴绘制 45°直线

提示：当需要设置多个“极轴追踪”角度时，勾选图 1-26 中的“附加角”选项，然后单击“新建”，添加其他追踪角度。

(2)【对象捕捉追踪】设置　该功能是用于设置对象追踪的模式：选择“仅正交追踪”时，只能在“水平”或者“垂直”方向上显示追踪数据；选择“用所有极轴角设置追踪”，则不仅能在水平垂直方向显示追踪数据，还可以在任意的极轴角度上追踪。

(3)【极轴角测量】设置　该功能是在设置极轴角的角度测量时的参考基准：当需要在相对水平逆时针测量时，选择“绝对”选项；当需要以上一段对象作为参照基准进行测量时，选择“相对上一段”选项。

1.5.5　动态输入

【动态输入】是指在指针处显示指针输入、标注输入、动态提示等信息，从而提高绘图效率。

(1)指针输入　在命令行输入 SE/DSETTINGS 打开“草图设置”选项卡→选择“动态输入”(图 1-29)，选择“启用指针输入”。其“设置”中可设置指针格式和可见性。

(2)标注输入　在“草图设置”选项卡→选择“动态输入”(图 1-29)，选择“标注输入”。其“设置”中可设置可见性。

(3)动态提示　在“草图设置”选项卡中，选择“动态提示”中的“在十字光标附近显示命令提示和命令输入”，即可在光标附近显示提示(图 1-30)，用户可随时查看数据，可提高绘图效率。

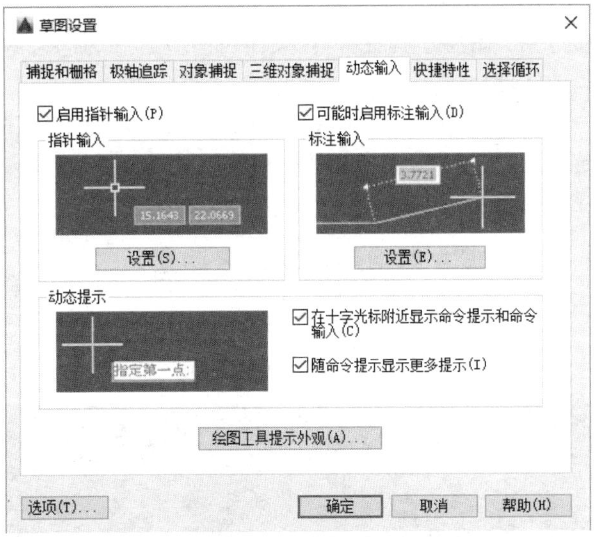

图 1-29　动态输入

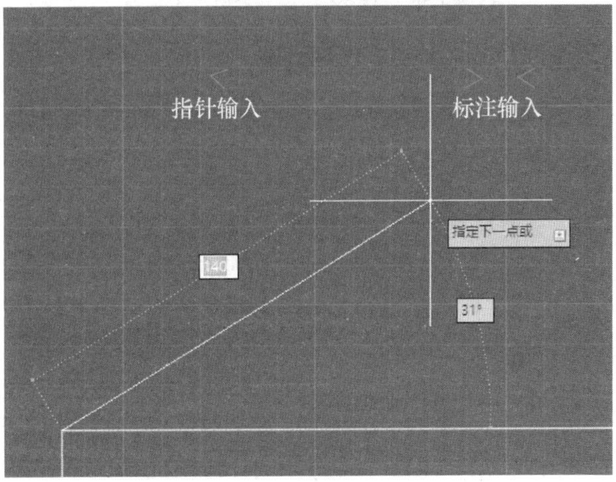

图 1-30　指针输入和标注输入

1.6　图层设置

AutoCAD 中的图层是一个管理图形对象的工具。如同手工绘图中重叠的透明图纸，用不同的图层来显示不同的图形对象，叠加之后，就形成完整的图形对象。

用户在绘图时一定是将对象绘制在某个图层之上，可能是默认的图层，也可能是自己创建的图层。在一个图形文件中，图层的数量是不受限制的，图层可以被重命名(0 图层除外)。

每个图层都可以有自己的颜色、线型、线宽等特性，每个图层可分别编辑，这样便可轻松区分不同的图形对象。图层还具备打开/关闭、冻结/解冻、加锁/解锁的管理功能。

在 CAD 中，图形对象越复杂，所涉及的图层往往越多，这就需要我们学会使用和管理图层，这样将大大提高绘图效率。

1.6.1 建立新图层和重命名图层

新建的 CAD 文件中，会自动创建一个名为 0 的图层(图 1-31)，该图层不能删除，也不能被重命名。

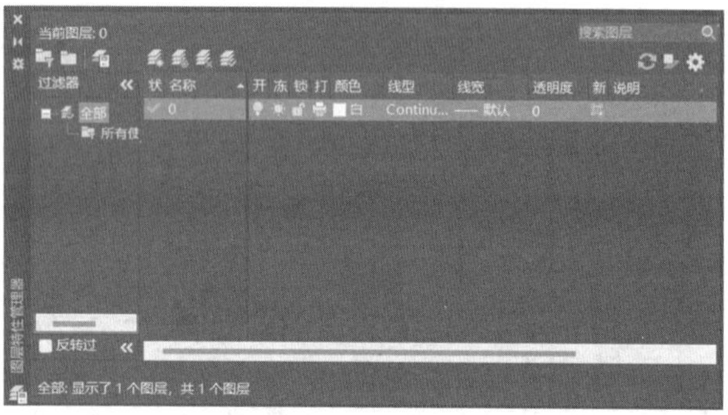

图 1-31 默认 0 图层

(1)创建新图层 操作方式主要有以下 3 种：

- 命令行：LA/LAYER。
- 菜单栏：执行【格式】|【图层】命令。
- 工具栏：单击“工具栏”中的【图层特性】按钮。

执行上述命令后，打开“图层特性管理器”对话框(图 1-31)。单击该对话框中“新建图层”按钮，对话框中出现名为“图层 1”的新图层，按照相同方法可再创建一个“图层 2”(图 1-32)。

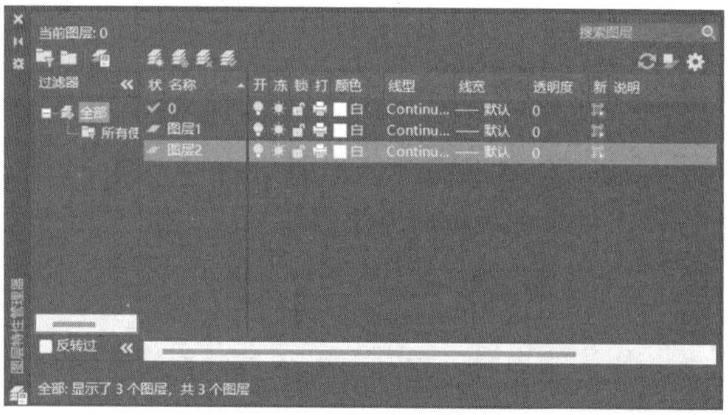

图 1-32 新建图层

(2)重命名图层 操作方式如下：单击需要重命名的图层，按 F2 键即可重命名；也可以直接“双击”需修改图层名称，输入新名称，如“墙体”“植物”，然后按回车键或鼠标左键完成修改(图 1-33)。

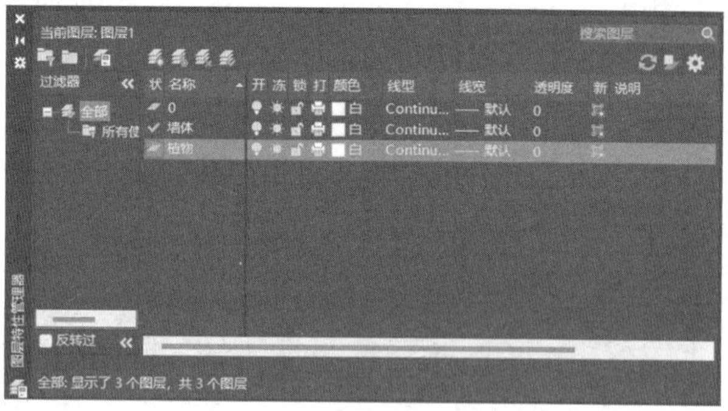

图 1-33 重命名图层

1.6.2 设置图层特性

每个图层的特性包括：颜色、线型、线宽等(图 1-31)。

(1)设置【图层颜色】 将图层设置为不同的颜色，可更直观地区分不同对象，提高绘图便捷性。CAD 提供 7 种标准颜色：红、黄、绿、青、蓝、紫、白。图层默认颜色为白色。用户可使用“索引颜色”“真彩色”“配色系统”3 种颜色模式。

操作方式如下：单击图层对应的颜色按钮 □白，弹出“选择颜色”对话框。选择“绿”色作为图层颜色后，点击“确定”(图 1-34)。而此时的“真彩色”(图 1-35)和“配色系统”(图 1-36)也会相应地显示“绿色”的表达方式。

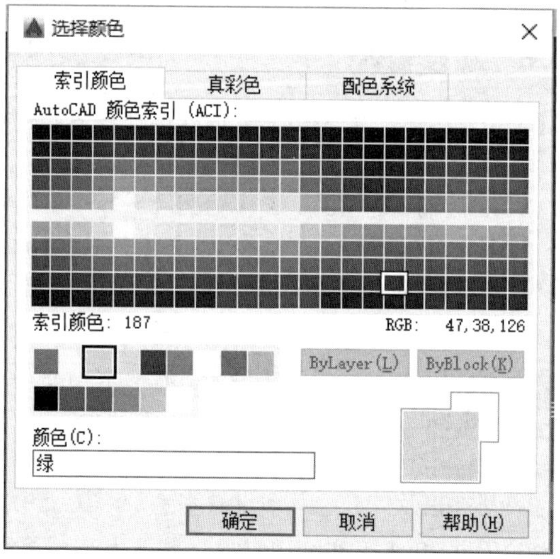

图 1-34 “选择颜色”对话框

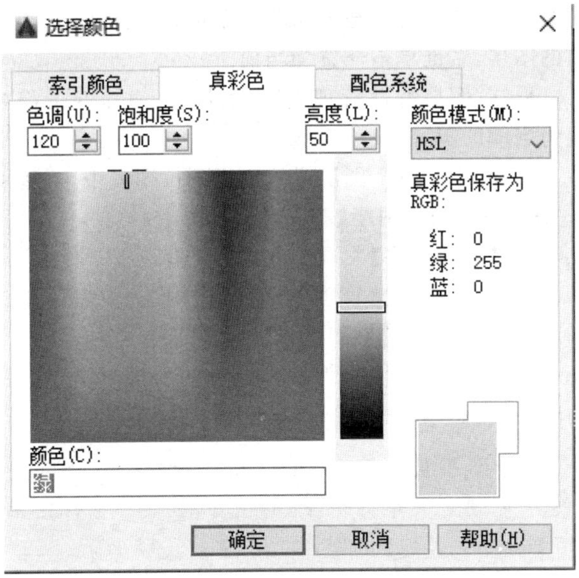

图 1-35　“真彩色”对话框图

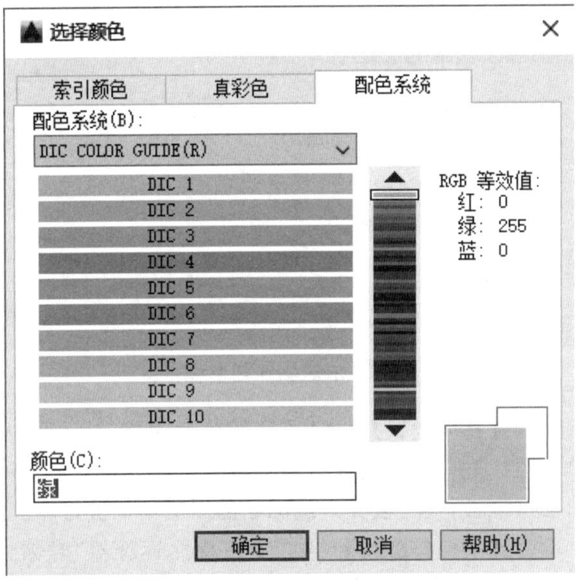

图 1-36　“配色系统”对话框

(2)设置【图层线型】　线型是图形的基本构成方式,如实线、虚线等,在实际绘图时,常常用线型区分图层。

操作方式如下:打开“图层特性管理器”对话框,选择需要修改的图层,点击默认线型“Continuous”,打开“选择线型”对话框(图 1-37)。若需要更多线型,单击“加载”,即可获得更多线型选项,点选需要的线型,再点击“确定”即可将该线型加载至“选择线型”对话框中(图 1-38)。

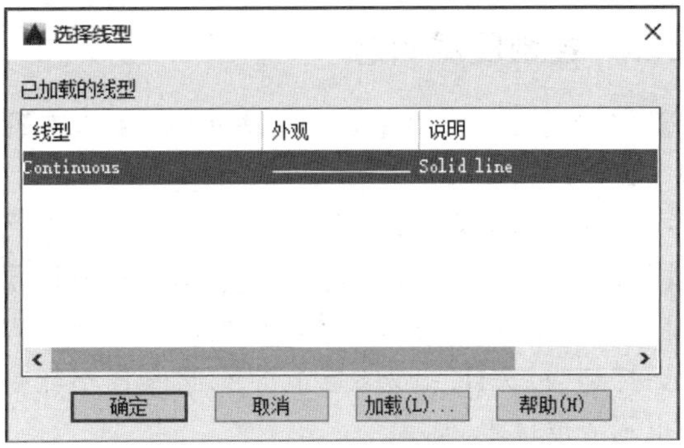

图 1-37　“选择线型”对话框

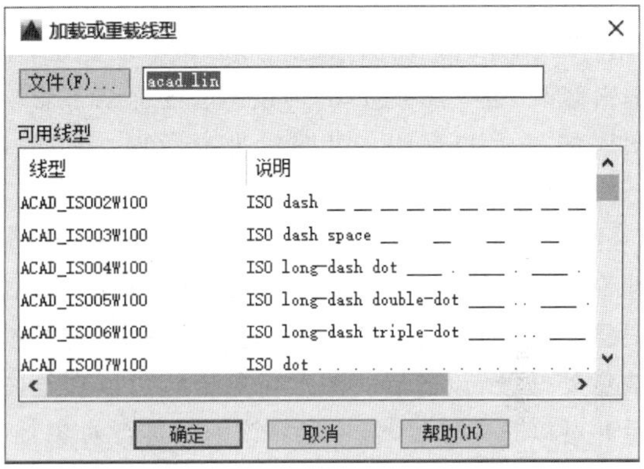

图 1-38　“加载线型”对话框

(3)设置【图层线宽】　线宽即线的宽度,用不同线宽表现图形对象类型。

操作方式如下:打开“图层特性管理器”对话框,选择需要修改的图层,点击“线宽”一栏中的图标 

,打开“线宽”对话框(图 1-39),即可选择需要的线型宽度。在 CAD 绘图中,线宽不会随着图形的放大缩小而变化。设置了图层的线宽一定要打开状态栏下面的【线宽显示】,否则依然是默认的线宽。

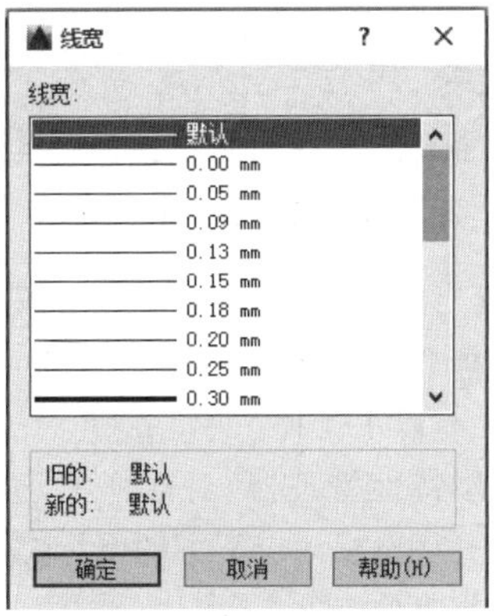

图 1-39　“线宽”对话框

1.6.3 控制图层状态

控制图层的【打开】/【关闭】【冻结】/【解冻】【加锁】/【解锁】状态。

（1）【打开】/【关闭】图层　操作方式如下：在“图层特性管理器”对话框中，单击图标，即可控制图层的可见性。灯亮为“打开”，该图层内的图形内容可以被显示；灯暗为“关闭”，该图层上的图形内容不能被显示，也不能被打印、输出。

（2）【冻结】/【解冻】图层　操作方式如下：在“图层特性管理器”对话框中，单击图标，显示灰色时，为“冻结”图层，此时该图层上的图形对象不被显示，不能被编辑修改，也不能被打印，但该图层的冻结不影响其他图层的显示和打印。当图标为亮色时，为“解冻”状态。

（3）【加锁】/【解锁】图层　操作方式如下：在“图层特性管理器”对话框中，单击图标，可以锁定或者解锁图层。锁定图层后，相当于固定了该图层的位置，避免被意外修改；该图层的图形对象依然可以在绘图区显示并可以打印输出，也可以对该图层进行对象捕捉，但该图层不能被移动、修改、编辑。

提示：控制图层的打开/关闭、冻结/解冻、加锁/解锁状态，均可以通过工具栏，图层设置面板下拉列表中点击相关图标来实现控制。图层 1 为锁定状态，图层 2 为关闭状态，图层 3 为冻结状态（图 1-40）。

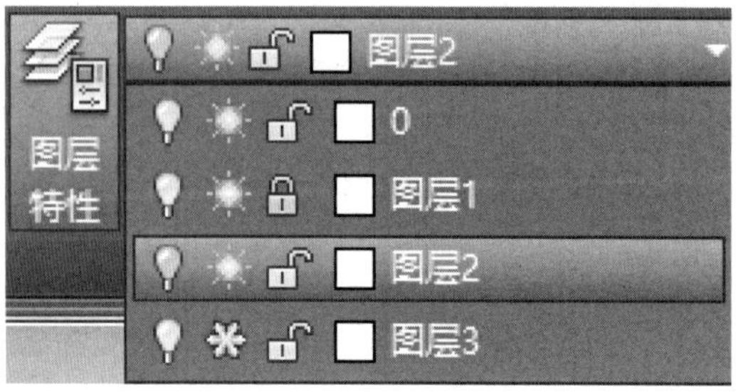

图 1-40　工具栏“图层”设置

（4）设置【当前图层】　绘制图形对象时，面对多个图层，需要把即将要绘制的图层切换为“当前图层”。操作方式主要有以下 4 种：

◆ 在“图层特性管理器”对话框中，选中需置为当前的图层，点击状态栏对应下方的图标变成图标时，则置为当前成功。

◆ 在“图层特性管理器”对话框中，选中需置为当前的图层，右键单击→置为当前。

◆ 在“图层特性管理器”对话框中，直接双击需要置为当前的图层。

◆ 在工具栏中，图层设置面板下拉列表中，直接点选“图层 2”，则该图层被置为当前（图 1-40）。

（5）【删除图层】　操作方式主要有以下 2 种：

◆ 在“图层特性管理器”对话框中，选中需要删除的图层，点击图标，即可删除。

◆ 在“图层特性管理器”对话框中，选中需要删除的图层，右键单击→删除图层。

提示：图层 0、图层 Defpoints、当前图层、包含对象（包括块定义中的图像）的图层、依赖外部参照的图层均不能被删除（图 1-41）。

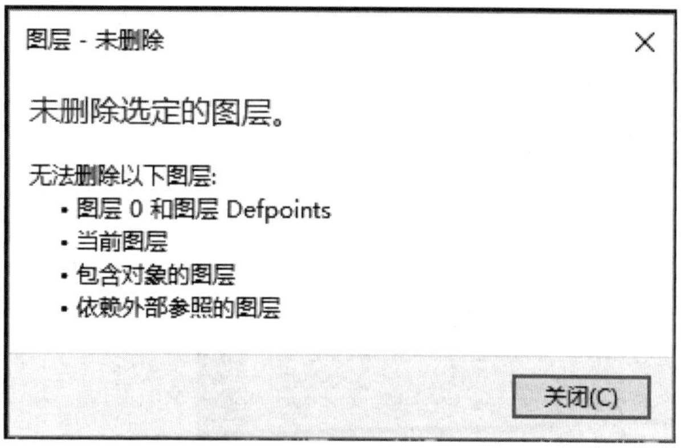

图 1-41　不能删除图层提示框

（6）【打印设置】　在“图层特性管理器”对话框中，单击图标，可设定该图层是否被打印。只有可见的图层可以被打印，被关闭或冻结的图层不能被打印。

（7）【新视口冻结】　在“图层特性管理器”对话框中，单击图标，则表示该图层在新创建的视口中会被冻结，在其他视口不会被冻结。

1.6.4 切换图层内容

在 CAD 绘图过程中，若需要将“图层 1”的部分图形对象移动到“图层 2”，操作方式主要有以下 2 种：

◆ 工具栏：选取图层 1 上需要移动的图形对象后，直接在工具栏→图层设置下拉列表中，点选移动后到达的图层 2 即可。

◆ 命令行：MA/MATCHPROP 通常称“格式刷”，

通过选择源对象→选择目标对象即可。这样便可把源对象的特性全部克隆到目标对象(图 1-42)。

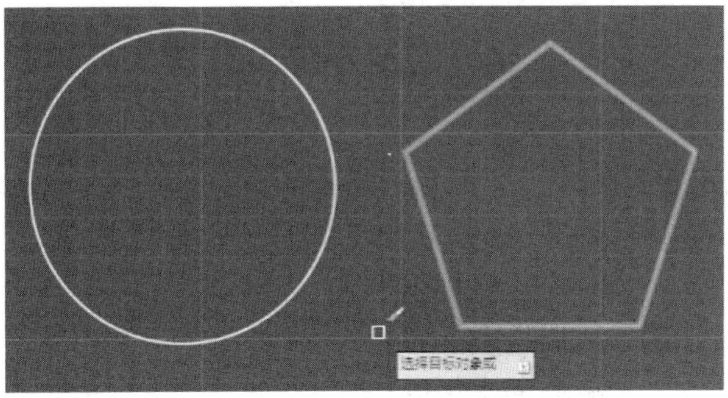

图 1-42　克隆图层内容

1.6.5　图层工具

主要是图层中的管理、编辑工具。

◆ 菜单栏:执行【格式】|【图层工具】命令即可打开,如图 1-43 所示。

图 1-43　“图层工具”菜单

(1)上一个图层　用于返回到上一个图层状态,放弃对图层设置所做的更改。操作方式主要有以下 3 种:

◆ 命令行:LAYERP。

◆ 菜单栏:执行【格式】|【图层工具】|【上一个图层】命令。

◆ 工具栏:单击【图层】中的【上一个】按钮。

(2)图层漫游　用于显示选定图层上的对象,而隐藏其他图层上的对象,操作方式主要有以下 3 种:

◆ 命令行:LAYWALK。

◆ 菜单栏:执行【格式】|【图层工具】|【图层漫游】命令。

◆ 工具栏:单击【图层】中的【图层漫游】按钮。

执行以上命令后,则弹出“图层漫游”对话框,如图 1-44 所示,通过该对话框,来显示或隐藏对象或图层。

图 1-44　“图层漫游”菜单

(3)图层匹配　更改选定对象所在的图层,与另外的目标图层相匹配。操作方式主要有以下 3 种:

◆ 命令行:LAYMCH。

◆ 菜单栏:执行【格式】|【图层工具】|【图层匹配】命令。

◆ 工具栏:单击【图层】中的【图层匹配】按钮。

(4)更改为当前图层　将选定的图层更改为当前的图层。操作方式主要有以下 3 种:

◆ 命令行:LAYCUR。

◆ 菜单栏:执行【格式】|【图层工具】|【更改为当前图层】命令。

◆ 工具栏:单击【图层】中的【更改为当前图层】按钮。

(5)将对象复制到新图层　将一个或多个对象复制到其他图层。操作方式主要有以下 3 种:

◆ 命令行:COPYTOLAYER。

◆ 菜单栏:执行【格式】|【图层工具】|【将对象复制到新图层】命令。

◆ 工具栏:单击【图层】中的【将对象复制到新图层】按钮。

(6)图层隔离　单独隔离所要编辑的图层,其他层

为不可编辑状态(锁定或者被隐藏)。操作方式主要有以下 3 种:

◆ 命令行:LAYISO。

◆ 菜单栏:执行【格式】|【图层工具】|【图层隔离】命令。

◆ 工具栏:单击【图层】中的【图层隔离】按钮。

(7)将图层隔离到当前视口　冻结除当前视口以外的所有布局视口中的选定图层。操作方式主要有以下 3 种:

◆ 命令行:LAYVPI。

◆ 菜单栏:执行【格式】|【图层工具】|【将图层隔离到当前视口】命令。

◆ 工具栏:单击【图层】中的【将图层隔离到当前视口】按钮。

(8)取消图层隔离　恢复图层隔离命令隐藏或锁定的图层。操作方式主要有以下 3 种:

◆ 命令行:LAYUNISO。

◆ 菜单栏:执行【格式】|【图层工具】|【取消图层隔离】命令。

◆ 工具栏:单击【图层】中的【取消图层隔离】按钮。

(9)图层合并　将选定的图层从原来的图层中去除,合并到目标图层中。

◆ 命令行:LAYMRG。

◆ 菜单栏:执行【格式】|【图层工具】|【图层合并】命令。

◆ 工具栏:单击【图层】中的【图层合并】按钮。

❖本章数字资源

1.6.3 控制图层状态
操作视频

第2章 绘制二维图形

2.1 点的绘制

2.1.1 设定点的样式和大小

点样式和大小的设定方式主要有以下 2 种：

◆ 菜单栏：单击【格式】菜单栏中的【点样式】，弹出“点样式”对话框。

◆ 命令行：输入【PTYPE】弹出“点样式”对话框。

★实例 2-1 演示：设定点样式

①在命令行输入【PTYPE】，弹出“点样式”对话框，如图 2-1 所示。

②在对话框里选择【X】型点样式。

③选择“按绝对单位设置大小”，“点大小”设置为 1，如图 2-2 所示，完成后点“确定”。

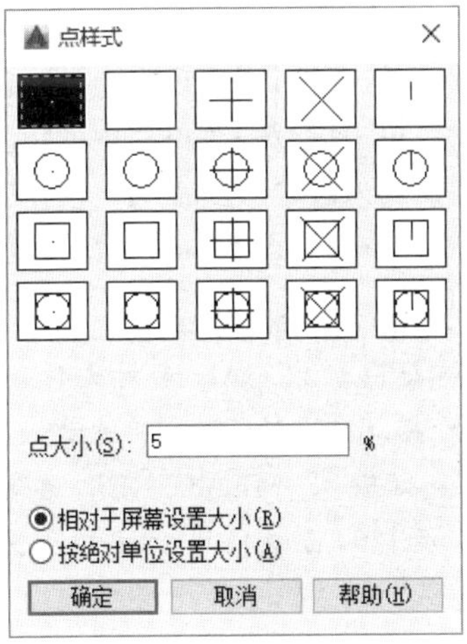

图 2-1 “点样式”对话框

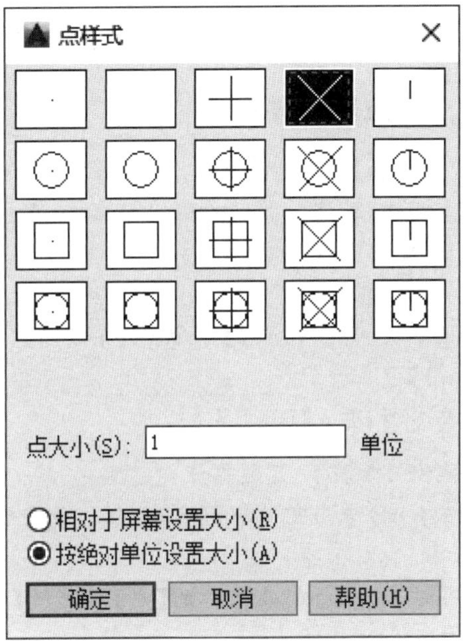

图 2-2 完成“点样式”设置

2.1.2 绘制点

【点】的绘制方式主要有以下 4 种：

◆ 功能区：单击【默认】选项卡中的【点】图标 。

◆ 菜单栏：单击【绘图】菜单栏中的【点】，再选择【单点】或【多点】。

◆ 命令行：输入【POINT】或者【PO】。

◆ 工具栏：单击【绘图】工具栏中的【点】图标 。

★实例 2-2 演示：点的绘制

①在 CAD 中用直线命令“L”绘制一条直线，如图 2-3 所示。

②在命令行中输入“PO”，移动光标至线段中点，如图 2-4 所示。

③单击鼠标完成点绘制，如图 2-5 所示。

图 2-3　待绘制对象

图 2-4　选择绘制位置

图 2-5　完成点绘制

2.1.3　定数等分对象

【定数等分】用于创建沿对象的长度或周长等间隔排列的点或块，被等分的对象可以是直线、多段线、圆弧、圆、椭圆或样条曲线等。操作方式主要有以下 2 种：

- 菜单栏：单击【绘图】菜单栏中的【点】，再选择【定数等分】。
- 命令行：输入【DIVIDE】。

★实例 2-3 演示：定数等分

①在 CAD 中用直线命令“L”绘制一条直线，如图 2-6 所示。

②单击【绘图】菜单栏中的【点】再选择【定数等分】，选中图中的线段。

③在命令行中输入线段数目：6，按空格确定完成等分，如图 2-7 所示。

图 2-6　待等分对象

图 2-7　线段等分为 6 段

2.1.4　定距等分对象

【定距等分】用于沿对象的长度或周长按测定间隔创建点或块。操作方式主要有以下 2 种：

- 菜单栏：单击【绘图】菜单栏中的【点】，再选择【定距等分】。
- 命令行：输入【MEASURE】。

★实例 2-4 演示：定距等分

①打开链接网址中 CAD 素材文件—第 2 章—实例 2-4“定距等分. dwg”，如图 2-8 所示。

②单击【绘图】菜单栏中的【点】再选择【定距等分】，选中图中的圆弧。

③在命令行中输入线段长度：6，按空格确定完成等分，如图 2-9 所示。

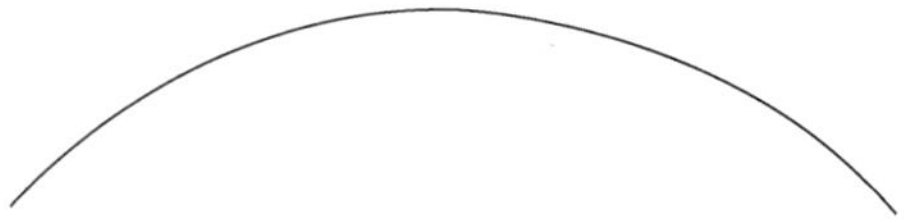

图 2-8　待等分对象

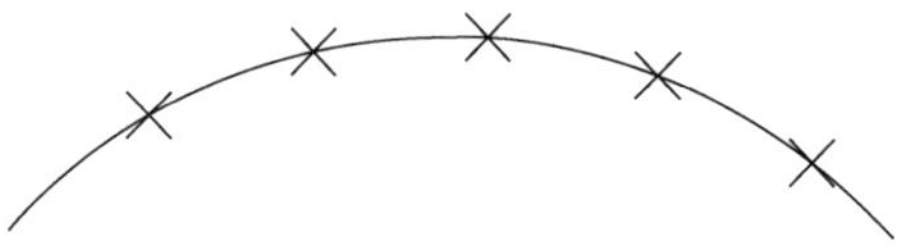

图 2-9　圆弧以 6 为长度等分

2.2　直线类的绘制

2.2.1　绘制直线

【直线】命令用于创建一系列连续的直线段，每条线段都是可以单独进行编辑的直线对象。操作方式主要有以下 4 种：

- 功能区：单击【默认】选项卡中的【直线】图标。
- 菜单栏：单击【绘图】菜单栏中的【直线】。
- 命令行：输入【LINE】或【L】。
- 工具栏：单击【绘图】工具栏中的【直线】图标。

★实例 2-5 演示：绘制阶梯

①打开链接网址中 CAD 素材文件—第 2 章—实例 2-5“绘制阶梯. dwg”，如图 2-10 所示。

②在命令行输入“MEASURE”，选定左侧线段，[指定线段长度]20，将线段进行定距等分，如图 2-11 所示。

③重复步骤②，完成右侧线段等距等分，如图 2-12 所示。

④在命令行输入“L”，选定左侧线段顶点，移动光标至右侧线段顶点，将会出现直线预览，点击鼠标左键完成直线绘制，如图 2-13 所示。

⑤重复步骤④，依次连接两条线段上对应的等分点，如图 2-14 所示。

⑥选中线段上的等分点，在命令行输入“E”将其删除，完成阶梯的绘制，如图 2-15 所示。

图 2-10　待绘制对象

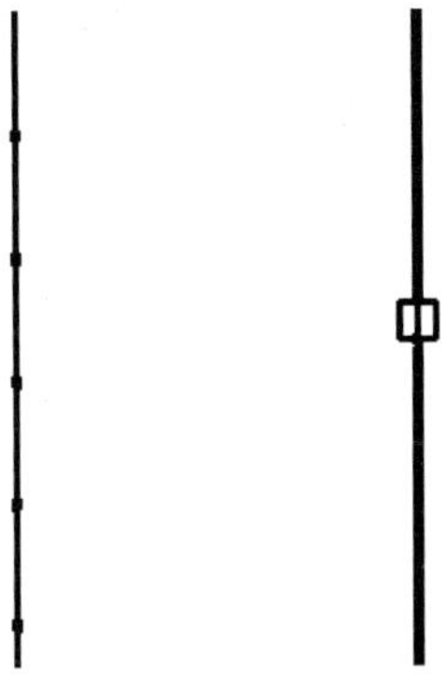

图 2-11　定距等分左侧线段

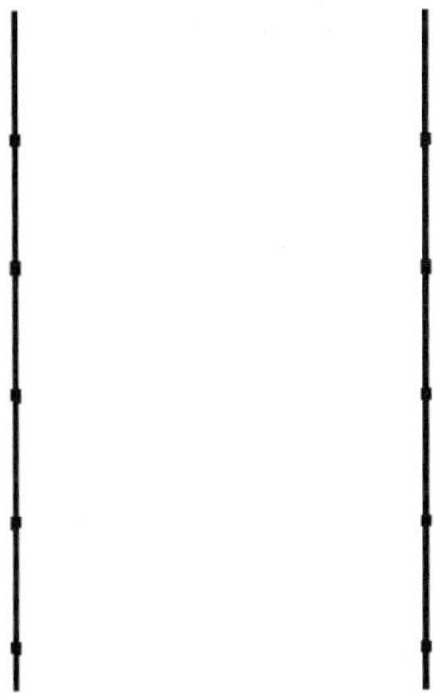

图 2-12　定距等分右侧线段

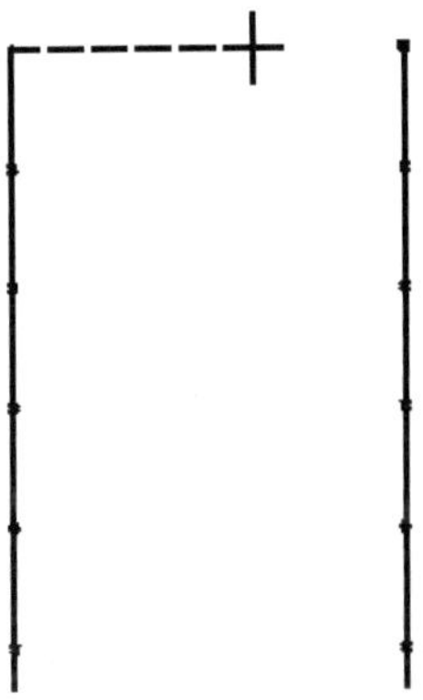

图 2-13　绘制第一条直线

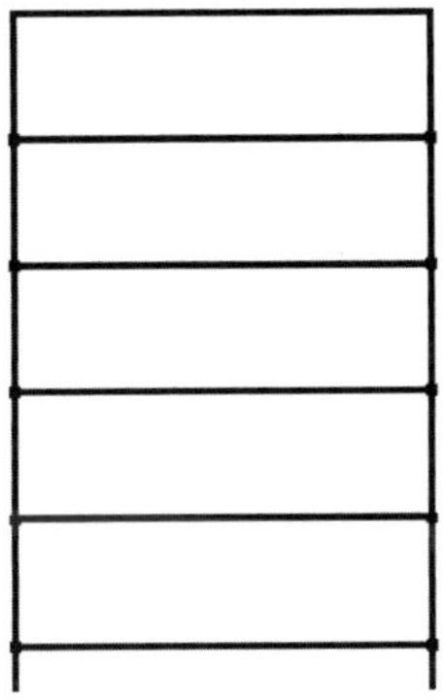

图 2-14　依次绘制余下直线

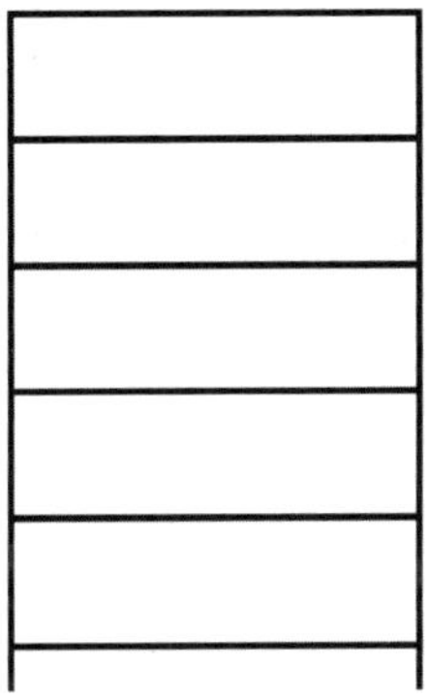

图 2-15　完成阶梯绘制

【直线】命令行提示各选项内容如下：

【放弃】：删除直线序列中最近创建的线段。

【闭合】：连接第一个和最后一个线段。

提示：直接按 Enter 键，直线起点将是上一次创建的直线、多段线或圆弧的端点。如果上一次创建的是圆弧，则直线与此圆弧相切且起点为圆弧的端点。

2.2.2　绘制射线

【射线】命令用于创建始于一点并无限延伸的线性对象，可作为创建其他对象的参照。操作方式主要有以下 3 种：

- 功能区：单击【默认】选项卡中的【射线】图标。
- 菜单栏：单击【绘图】菜单栏中的【射线】。
- 命令行：输入【RAY】。

★实例 2-6 演示：绘制夹角参照线

①打开链接网址中 CAD 素材文件—第 2 章—实例 2-6“绘制夹角参照线.dwg”，如图 2-16 所示。

②在命令行输入“RAY”，选定线段左侧端点，指定为射线起点，如图 2-17 所示。

③移动光标至右侧矩形角点，将出现射线预览，如图 2-18 所示。

④单击指定其为通过点，完成射线绘制，如图 2-19 所示。

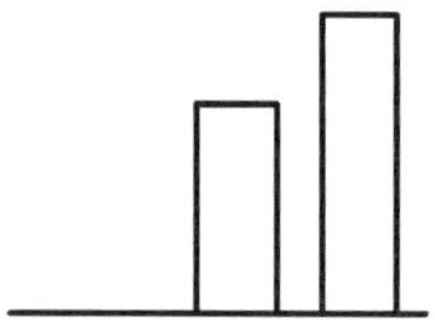

图 2-16　待绘制对象

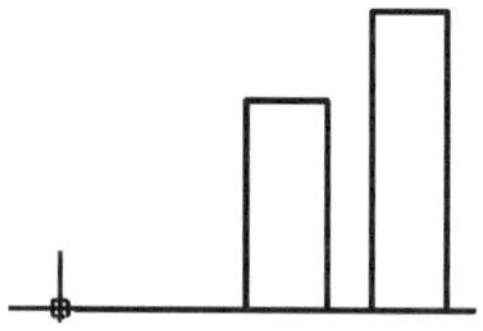

图 2-17　指定射线起点

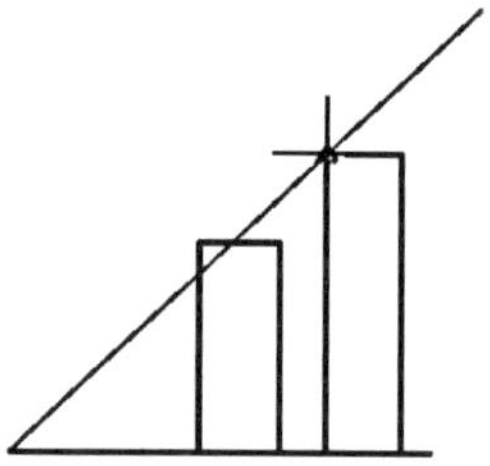

图 2-18　指定射线通过点

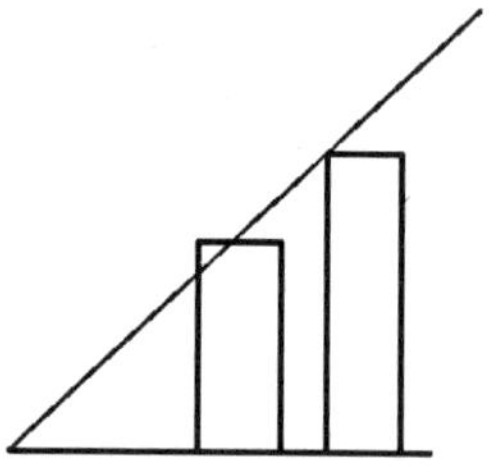

图 2-19　完成射线绘制

2.2.3　绘制构造线

【构造线】命令用于创建两端无限延长的直线，主要在制图时充当辅助线。操作方式主要有以下 4 种：

- 功能区：单击【默认】选项卡中的【构造线】图标。
- 菜单栏：单击【绘图】菜单栏中的【构造线】。
- 命令行：输入【XLINE】或【XL】。
- 工具栏：单击【绘图】工具栏中的【构造线】图标。

★实例 2-7 演示：绘制构造线

①打开链接网址中 CAD 素材文件—第 2 章—实例 2-7"绘制构造线.dwg"，如图 2-20 所示。

②在命令行输入"XL"，选定三角锥左侧角点，指定为构造线中点，如图 2-21 所示。

③移动光标至右侧三角锥底边中点，预览出现的构造线，如图 2-22 所示。

④单击指定其为通过点，完成构造线绘制，如图 2-23 所示。

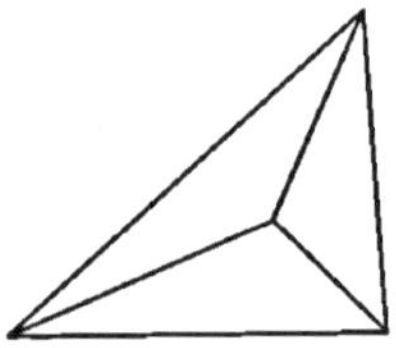

图 2-20　待绘制对象

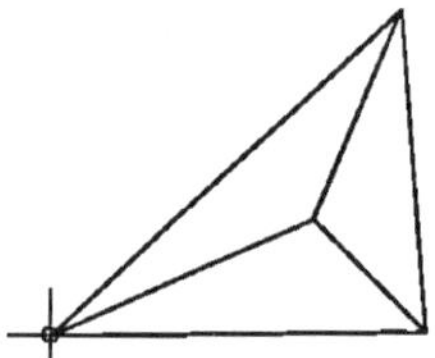

图 2-21　指定构造线中点

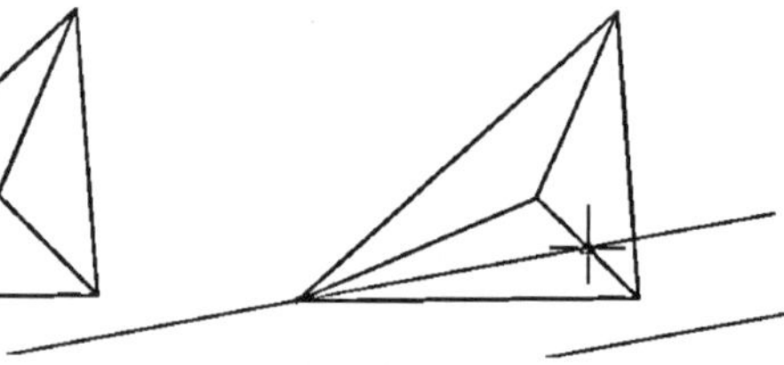

图 2-22　指定构造线通过点

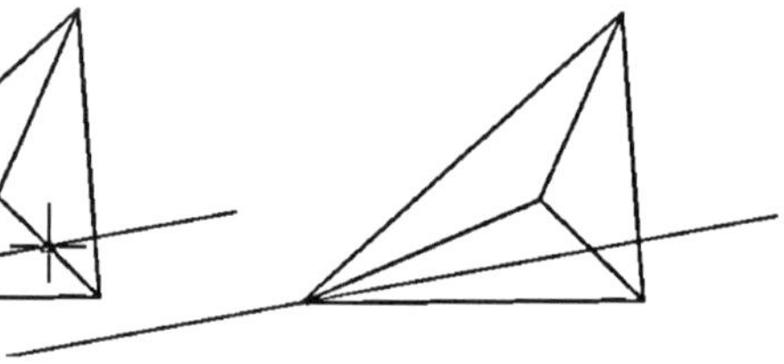

图 2-23　完成构造线绘制

【构造线】命令行提示各选项内容如下：

【水平】：创建一条通过选定点的水平参照线。

【垂直】：创建一条通过选定点的垂直参照线。

【角度】：以指定的角度创建一条参照线。

【二等分】：创建一条参照线，它经过选定的角顶点，并且将选定的两条线之间的夹角平分。

【偏移】：创建平行于另一个对象的参照线。

【偏移距离】：指定构造线偏离选定对象的距离。

【通过】：创建从一条直线偏移并通过指定点的构造线。

2.3　圆类的绘制

2.3.1　绘制圆和圆弧

【圆】的操作方式主要有以下 4 种：

- 功能区：单击【默认】选项卡中的【圆】图标。
- 菜单栏：单击【绘图】菜单栏中的【圆】，再选择子菜单，如图 2-24 所示。
- 命令行：输入【CIRCLE】或者【C】。
- 工具栏：单击【绘图】工具栏中的【圆】图标。

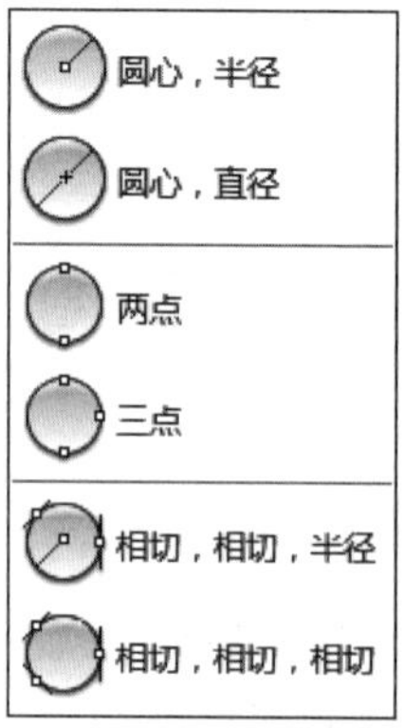

图 2-24　圆的 6 种绘制方式

★实例 2-8 演示：绘制庭院灯

①打开链接网址中 CAD 素材文件—第 2 章—实例 2-8“绘制庭院灯.dwg”，如图 2-25 所示。

②在命令行输入“C”，选定左侧灯杆顶端中点，指定为圆心，如图 2-26 所示。

③命令行输入[圆的半径]5，完成灯罩的绘制，如图 2-27 所示。

④重复步骤②和③，完成剩余两个灯罩的绘制，如图 2-28 所示。

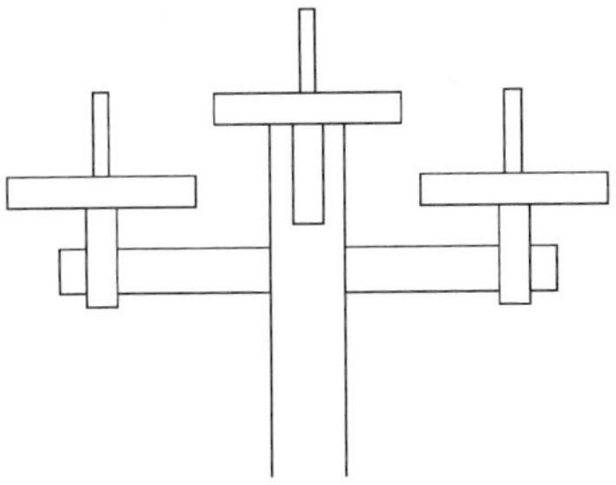

图 2-25　待绘制对象

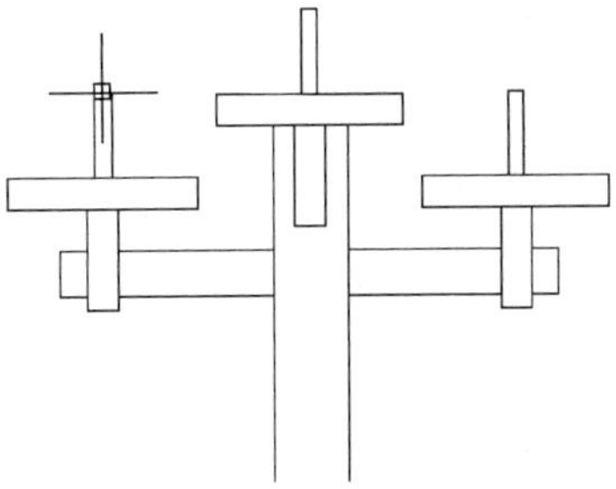

图 2-26　指定圆心

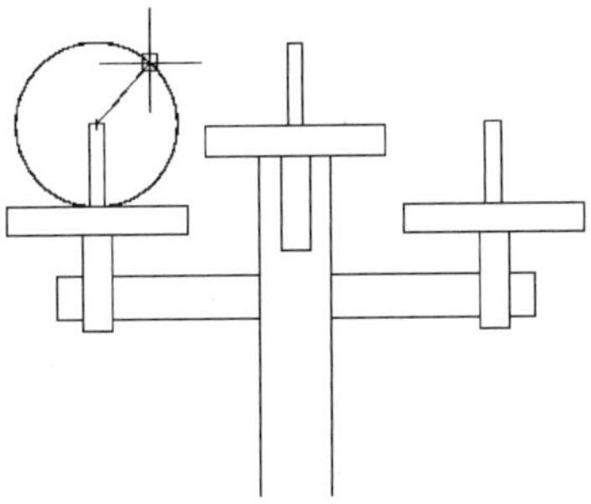

图 2-27　指定圆半径

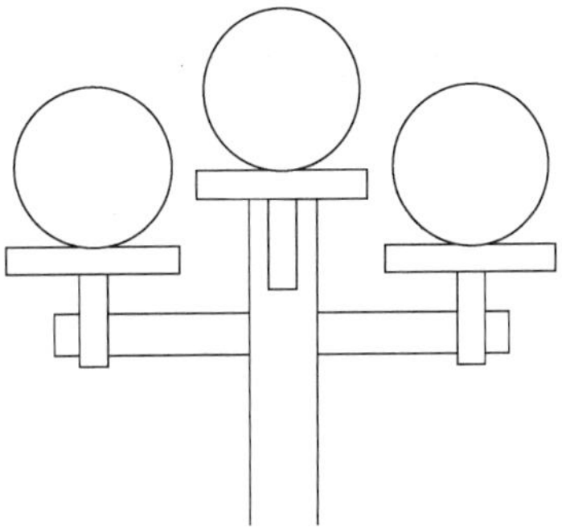

图 2-28　完成圆绘制

【圆】的不同绘制方式(图 2-29)如下：

【圆心、半径】：基于圆心和半径值创建圆。

【圆心、直径】：基于圆心和直径值创建圆。

【三点】：基于圆周上的三点创建圆。

【两点】：基于直径的两个端点创建圆。

【相切、相切、相切】：创建相切于三个对象的圆。

【相切、相切、半径】：基于指定半径和两个相切对象创建圆。

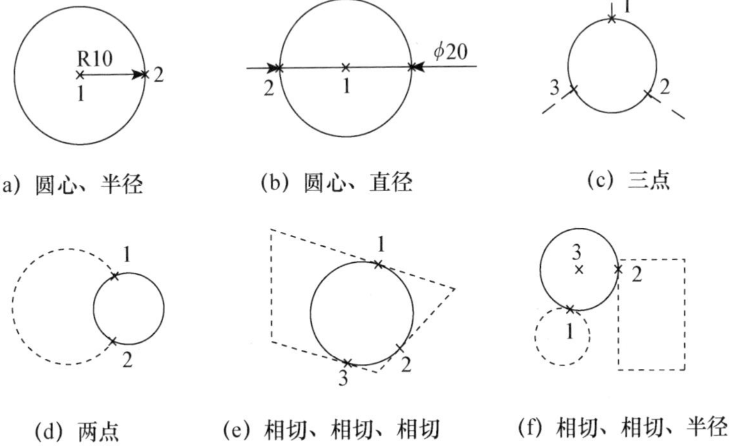

图 2-29　圆的 6 种绘制方式

【圆弧】的操作方式主要有以下 4 种：

◆ 功能区：单击【默认】选项卡中的【圆弧】图标。

◆ 菜单栏：单击【绘图】菜单栏中的【圆弧】，再选择子菜单，如图 2-30 所示。

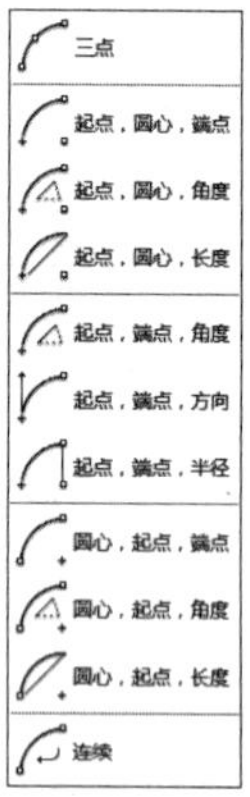

图 2-30 圆弧的 11 种绘制方式

◆ 命令行：输入【ARC】或者【A】。

◆ 工具栏：单击【绘图】工具栏中的【圆弧】图标。

★实例 2-9 演示：绘制张力膜

①打开链接网址中 CAD 素材文件—第 2 章—实例 2-9“绘制张力膜.dwg”，如图 2-31 所示。

②在命令行输入“A”，选定线段上的点 1 作为圆弧起点，再选定点 2 作为圆弧第二点，如图 2-32 所示。

③选定线段中的点 3，作为圆弧端点，完成圆弧绘制，如图 2-33 所示。

④重复步骤②和③，完成剩余 3 条圆弧的绘制，如图 2-34 所示。

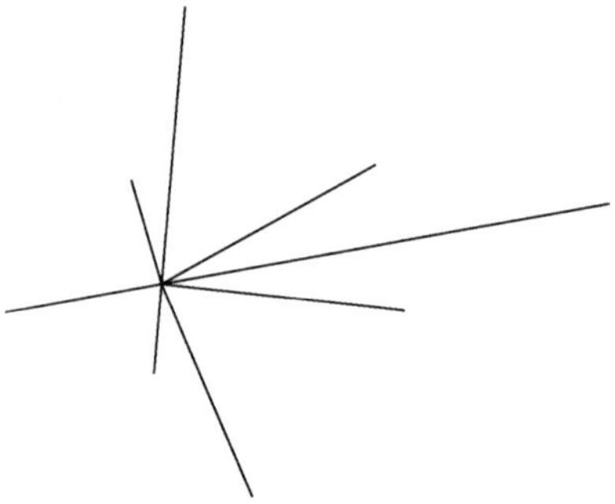

图 2-31 待绘制对象

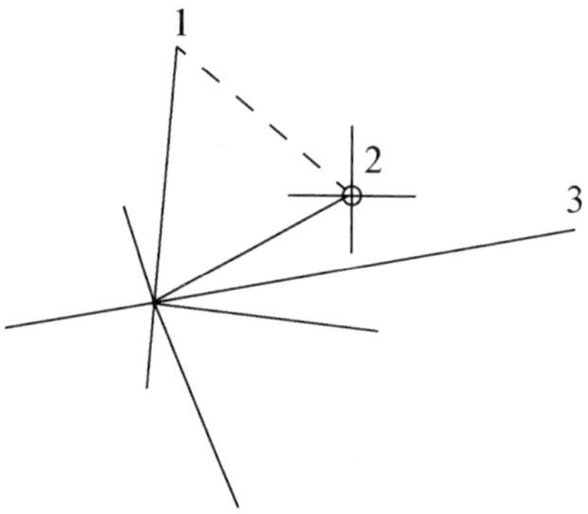

图 2-32 指定圆弧的起点和第二点

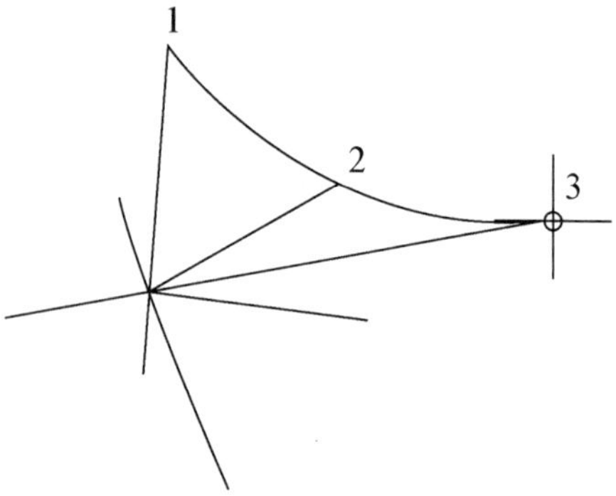

图 2-33 确定圆弧端点

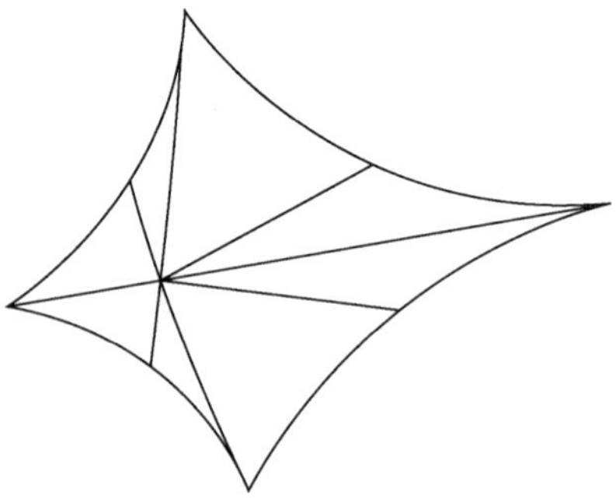

图 2-34 完成对象绘制

【圆弧】的不同绘制方式如图 2-35 所示：

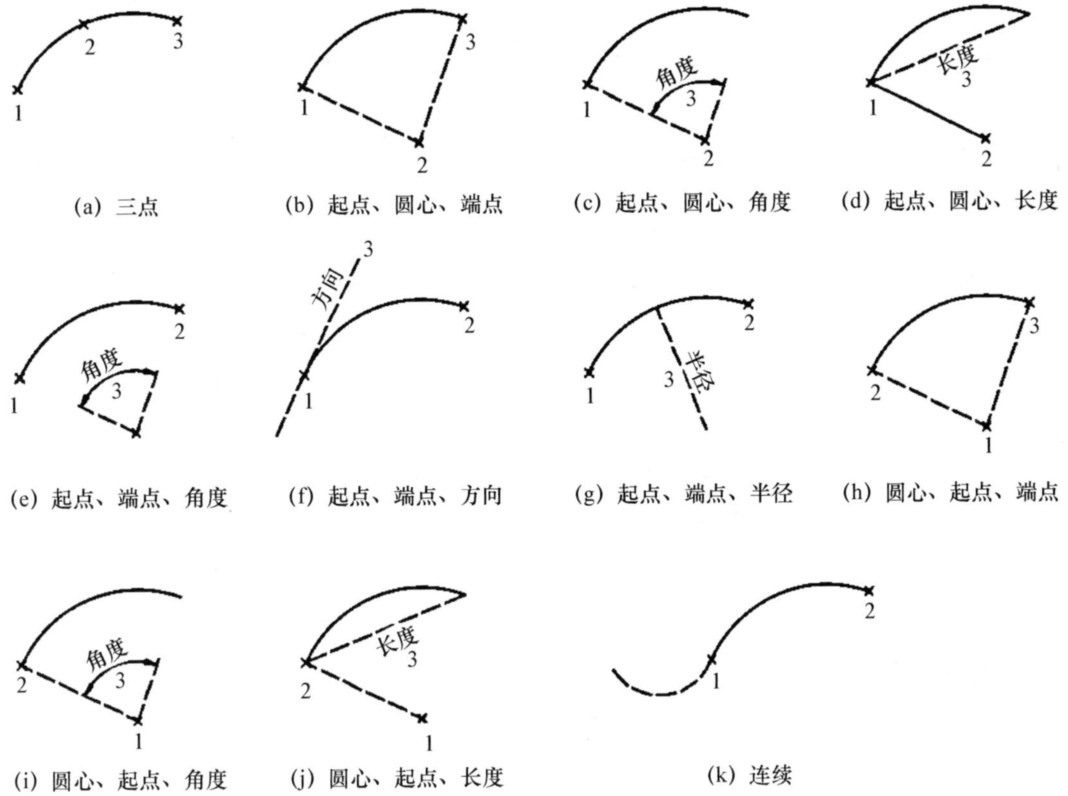

图 2-35　圆弧的 11 种绘制方式

提示：圆弧默认以逆时针方向绘制。按住 Ctrl 键，以顺时针方向绘制圆弧。

2.3.2　绘制椭圆和椭圆弧

【椭圆】和【椭圆弧】的操作方式主要有以下 4 种：

- 功能区：单击【默认】选项卡中的【椭圆】图标。
- 菜单栏：单击【绘图】菜单栏中的【椭圆】，再选择子菜单，如图 2-36 所示。
- 命令行：输入【ELLIPSE】或者【EL】。
- 工具栏：单击【绘图】工具栏中的【椭圆】图标。

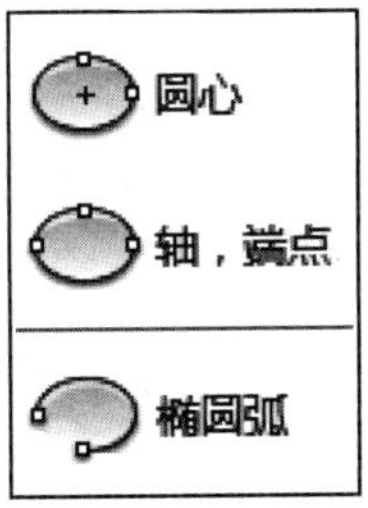

图 2-36　椭圆的绘制方式

★实例 2-10 演示：绘制椭圆喷水池

①打开链接网址中 CAD 素材文件—第 2 章—实例 2-10“绘制椭圆喷水池.dwg”。

②在命令行输入“EL”，再输入“C”，选定中间喷水口中点，确定为椭圆中心点，再垂直向上移动光标，如图 2-37 所示。

③在命令行输入 10，确定第一条半轴长度，将会出现椭圆的预览，如图 2-38 所示。

④向右移动光标，椭圆形状将会随光标移动发生改变，如图 2-39 所示。

⑤在命令行输入 15，确定第二条半轴长度，完成椭圆绘制，如图 2-40 所示。

⑥重复步骤②，绘制另一个椭圆，如图 2-41 所示。

⑦重复步骤③，在命令行输入 9，如图 2-42 所示。

⑧重复步骤④和⑤，在命令行输入 14，完成第二个椭圆绘制，如图 2-43、图 2-44 所示。

图 2-37　确定椭圆中点

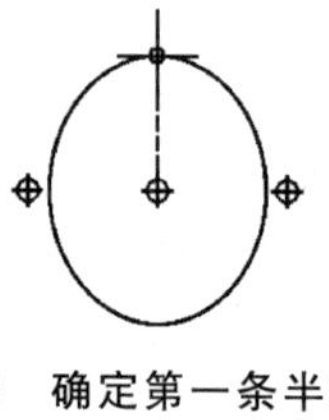
图 2-38　确定第一条半轴

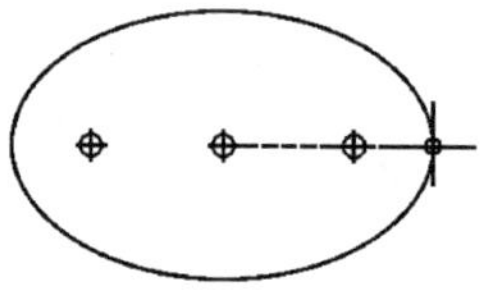
图 2-39　确定第二条半轴

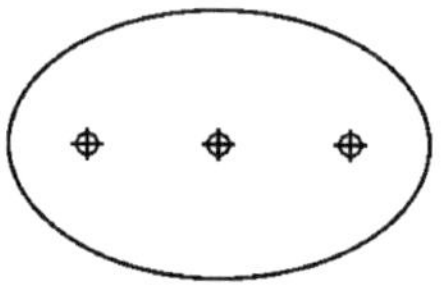
图 2-40　完成椭圆绘制

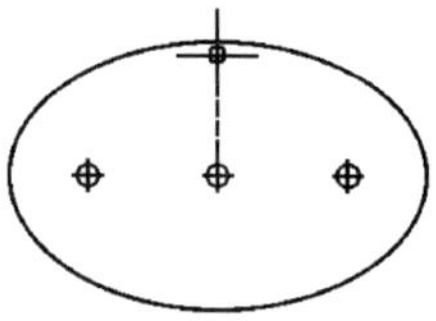
图 2-41　确定椭圆中点

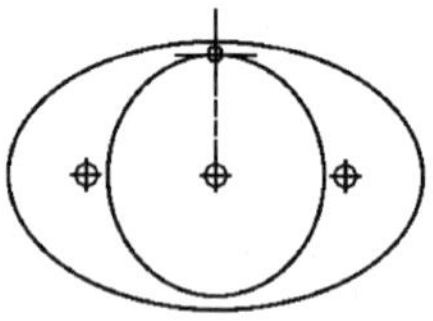
图 2-42　确定第一条半轴

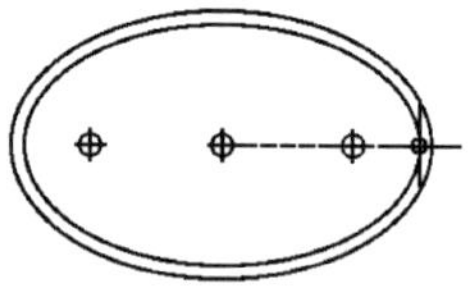
图 2-43　确定第二条半轴

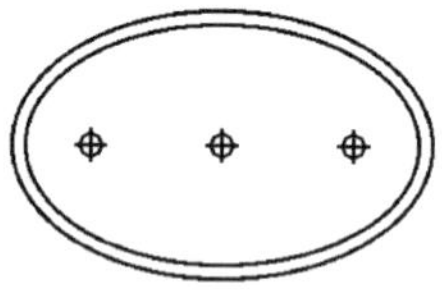
图 2-44　完成椭圆绘制

【椭圆】的不同绘制方式如下：

【圆心】：使用中心点、第一条半轴的端点和第二条半轴的长度来创建椭圆。通过单击所需距离处的某个位置或输入长度值来指定距离。

【轴、端点】：根据两个端点定义椭圆的第一条半轴，轴的角度确定整个椭圆的角度，第一条半轴既可定义椭圆的长轴也可定义短轴。

【椭圆弧】：创建一段椭圆弧。第一条半轴的角度确定了椭圆弧的角度，可以根据其大小定义长轴或短轴。

2.3.3　绘制圆环

【圆环】命令用于绘制实心圆或较宽的环，操作方式主要有以下 3 种：

- 功能区：单击【默认】选项卡中的【圆环】图标◎。
- 菜单栏：单击【绘图】菜单栏中的【圆环】。
- 命令行：输入【DONUT】或者【DO】。

★实例 2-11 演示：绘制圆环

①打开链接网址中 CAD 素材文件—第 2 章—实例 2-11“绘制圆环. dwg”，如图 2-45 所示。

②在命令行输入“DO”，输入[内环半径]5，输入[外环半径]10，将会在光标位置出现圆环预览，如图 2-45 所示。

③将光标移动至圆环中心点，作为圆环中点，单击后完成圆环绘制，如图 2-46 所示。

> **提示：**使用“FILL”命令可以设置创建的圆环是否自动填充，如图 2-47 所示。

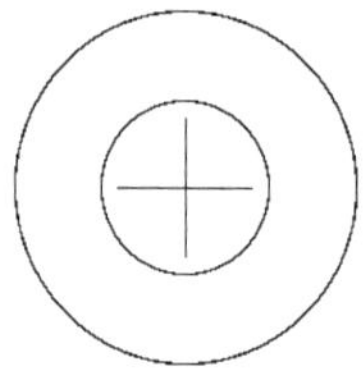
图 2-45　确定圆环内外径

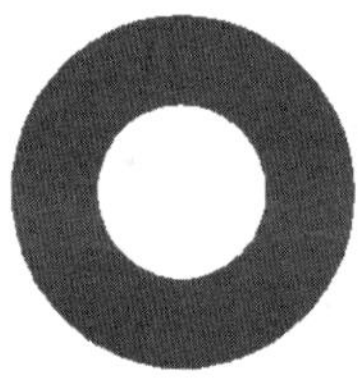
图 2-46　完成圆环绘制

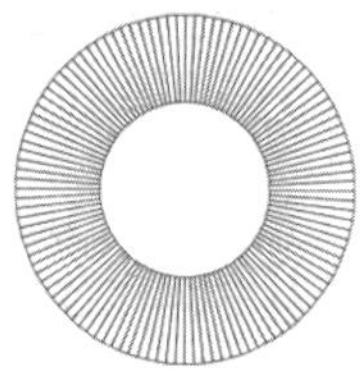
图 2-47　圆环是否填充

2.4　矩形与正多边形的绘制

2.4.1　绘制矩形

【矩形】命令通过指定的矩形参数绘制多段矩形线（长度、宽度、旋转角度）和角点类型（圆角、倒角或直角）。操作方式主要有以下 4 种：

- 功能区：单击【默认】选项卡中的【矩形】图标。
- 菜单栏：单击【绘图】菜单栏中的【矩形】。
- 命令行：输入【RECTANG】或者【REC】
- 工具栏：单击【绘图】工具栏中的【矩形】图标。

★实例 2-12 演示：绘制铺装图案

①打开链接网址中 CAD 素材文件—第 2 章—实例 2-12“绘制铺装图案. dwg”，如图 2-48 所示。

②在命令行输入“REC”，选定左侧点 1，确定矩形第一个角点，在命令行输入“R”，[旋转角度]45，移动光标将会出现矩形预览，如图 2-49 所示。

③移动光标至右侧点 2 位置，单击确定完成大矩形绘制，如图 2-50 所示。

④在命令行输入“REC”，选定左侧点 3，确定小矩形第一个角点，在命令行输入“R”，[旋转角度]0，移动光标将会出现矩形预览，如图 2-51 所示。

⑤在命令行输入“D”，[矩形长度]5，单击确定完成小矩形绘制，如图 2-52 所示。

⑥重复步骤④和⑤，在另外三个角也绘制出小矩形，如图 2-53 所示。

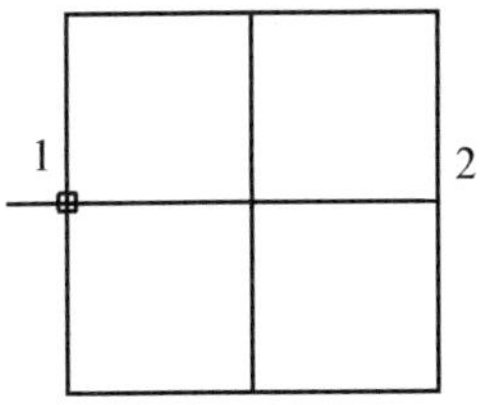

图 2-48　待绘制对象

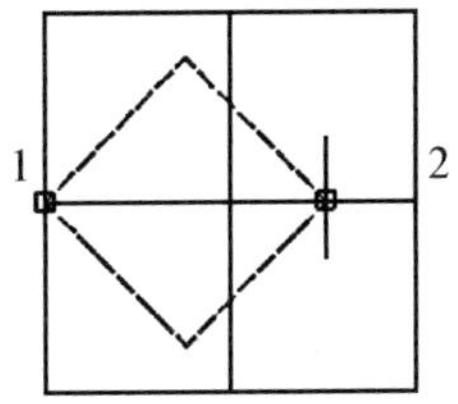

图 2-49　绘制大矩形

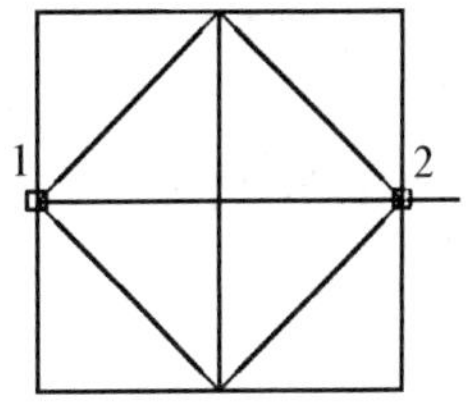

图 2-50　完成大矩形绘制

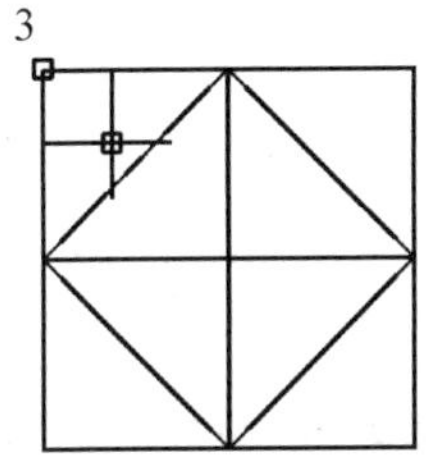

图 2-51　绘制小矩形

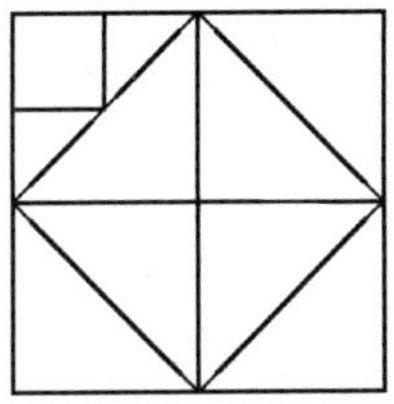

图 2-52　完成小矩形绘制

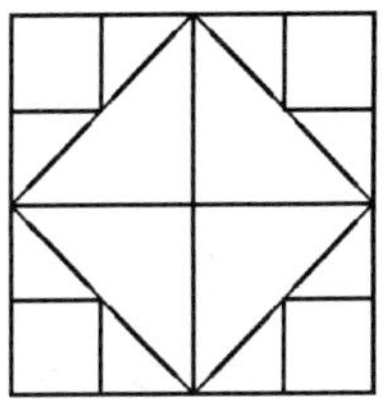

图 2-53　完成铺装图案绘制

【矩形】命令行提示各选项内容如下：

【第一个角点】：指定矩形的一个角点。

【标高】：指定矩形的标高。

【厚度】：指定矩形的厚度。

【宽度】：为要绘制的矩形指定多段线的宽度。

【倒角】：设定矩形的倒角距离[图 2-54(b)]。

【圆角】：指定矩形的圆角半径[图 2-54(c)]。

【另一个角点】：使用指定的点作为对角点创建矩形，如图 2-55 所示。

【面积】：使用面积与长度或宽度创建矩形。如果倒角或圆角选项被激活，则区域将包括倒角或圆角在矩形角点上产生的效果。

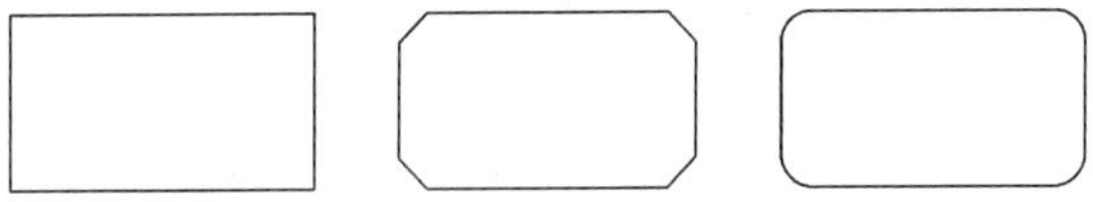

(a) 标准矩形　(b) 倒角矩形　(c) 圆角矩形

图 2-54　矩形的倒角和圆角

【尺寸】：使用长和宽创建矩形。

【旋转】：按指定的旋转角度创建矩形。

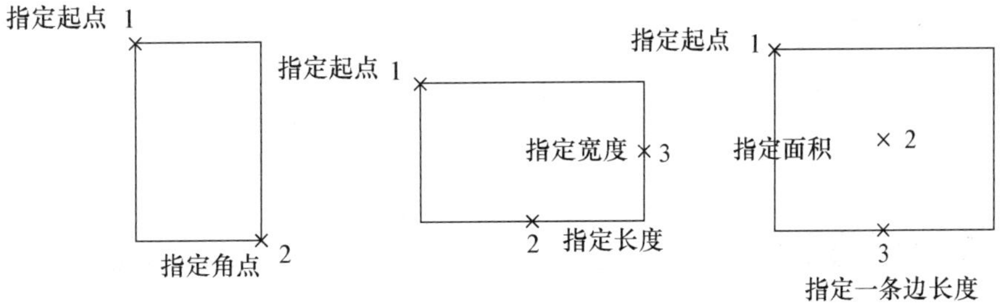

(a) 两点绘制　(b) 尺寸绘制　(c) 面积绘制

图 2-55　矩形的不同绘制方式

2.4.2 绘制正多边形

【正多边形】命令用于创建等边闭合多段线。操作方式主要有以下 4 种：

- 功能区：单击【默认】选项卡中的【多边形】图标。
- 菜单栏：单击【绘图】菜单栏中的【多边形】。
- 命令行：输入【POLYGON】或者【POL】。
- 工具栏：单击【绘图】工具栏中的【多边形】图标。

★实例 2-13 演示：绘制正六边形石桌

①打开链接网址中 CAD 素材文件—第 2 章—实例 2-13“绘制正六边形石桌.dwg”，如图 2-56 所示。

②在命令行输入“POL”，输入[侧面数]6，选定图案中心作为正六边形中点。

③在命令行输入“I”内接于圆，向右移动光标，出现正六边形预览，如图 2-57 所示。

④选定正多边形中点，再输入“I”将会出现正多边形预览。

⑤输入[圆半径]0.5，完成正多边形绘制，如图 2-58 所示。

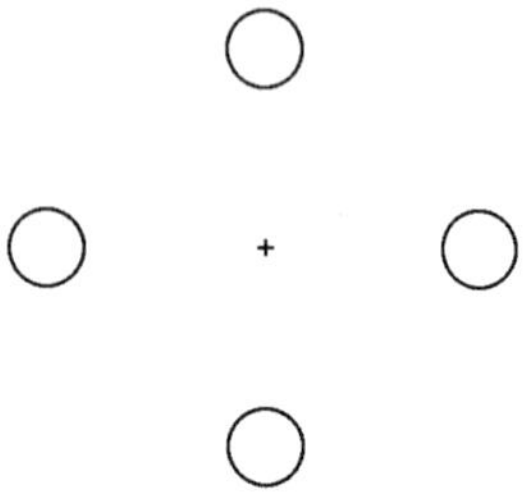

图 2-56 待绘制对象

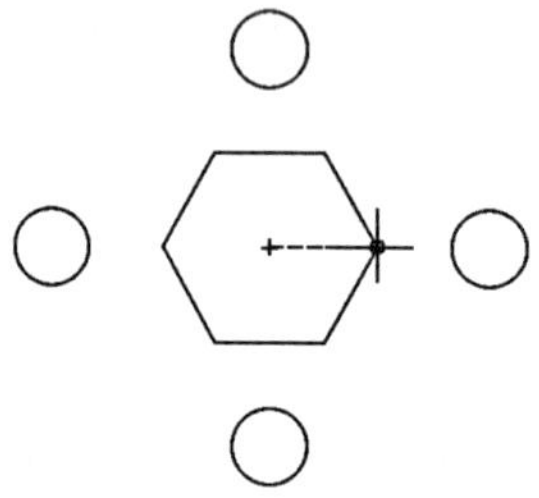

图 2-57 确定正多边形属性

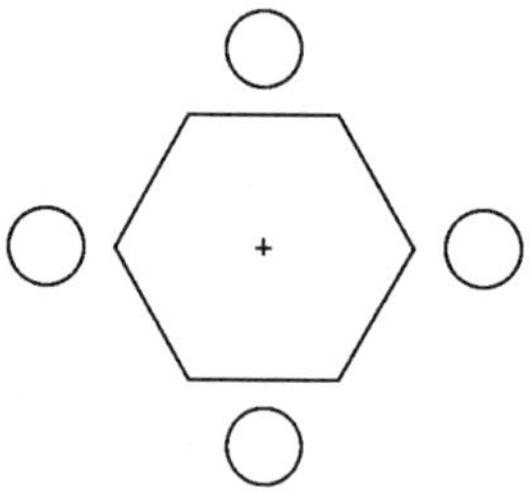

图 2-58 完成正多边形绘制

【正多边形】命令行提示各选项内容如下：

【边】：通过指定第一条边的端点来定义正多边形[图 2-59(a)]。

【内接于圆】：指定外接圆的半径，正多边形的所有顶点都在此圆周上[图 2-59(b)]。

【外切于圆】：指定从正多边形圆心到各边中点的距离[图 2-59(c)]。

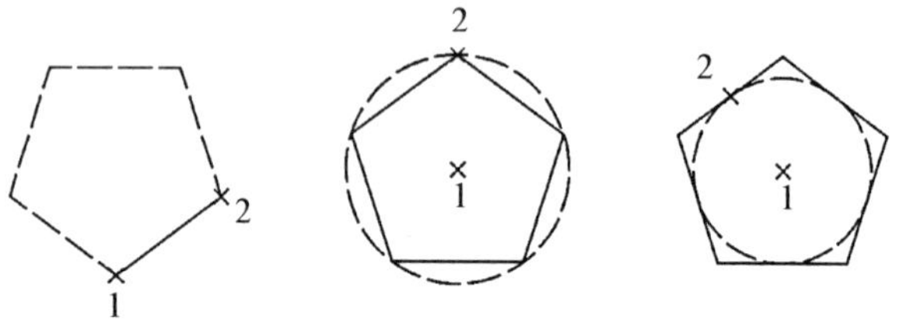

(a) 边绘制　(b) 内接于圆绘制　(c) 外切于圆绘制

图 2-59 正多边形的不同绘制方式

2.5 特殊二维图形的绘制

2.5.1 绘制多段线

【多段线】命令绘制是由直线段和圆弧段组成的二维多段线。与直线段和圆弧相比，多段线更便于编辑与修改，适合绘制各类复杂的图形。操作方式主要有以下 4 种：

- 功能区：单击【默认】选项卡中的【多段线】图标。
- 菜单栏：单击【绘图】菜单栏中的【多段线】。
- 命令行：输入【PLINE】或者【PL】。
- 工具栏：单击【绘图】工具栏中的【多段线】图标。

★实例 2-14 演示：绘制 L 形花坛

①打开链接网址中 CAD 素材文件—第 2 章—实例 2-14“绘制 L 形花坛.dwg”。

②在命令行输入“PL”，选定图中点 1，按“F8”开启正交，向下移动光标，在命令行输入 5，如图 2-60 所示。

③向右移动光标，输入长度 10。

④向上移动光标，在命令行输入 2，如图 2-61 所示。

⑤向左移动光标，在命令行输入 7。

⑥向上移动光标，在命令行输入 3，如图 2-62 所示。

⑦在命令行输入“C”闭合多段线，完成多段线绘制，如图 2-63 所示。

图 2-60　确定起点

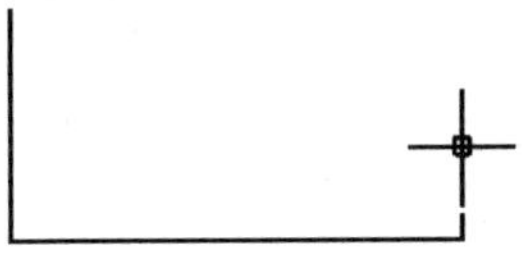

图 2-61　绘制第二边、第三边

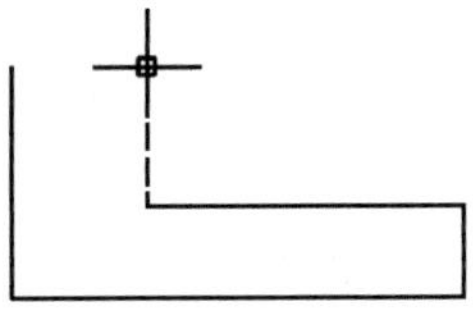

图 2-62　绘制第四边、第五边

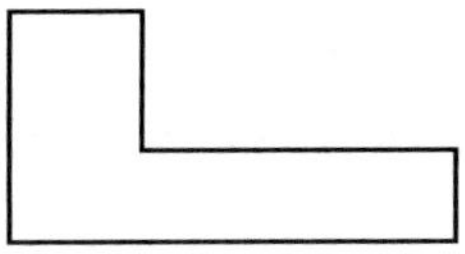

图 2-63　完成图案绘制

【多段线】命令行提示各选项内容如下：

【指定下一点】：指定第二个点。

【圆弧】：开始创建与上一个线段相切的圆弧段，如图 2-64 所示。

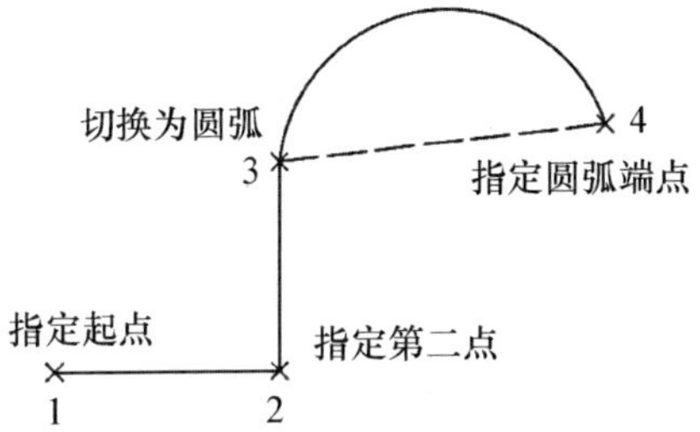

图 2-64　多段线绘制方式

【闭合】：通过定义与第一个点重合的最后一个点，闭合多段线。

【半宽】：指定从宽线段的中心到一条边的宽度。

【长度】：按照与上一线段相同的角度方向创建指定长度的线段。如果上一线段是圆弧，将创建与该圆弧段相切的新直线段。

【放弃】：放弃本次操作，回到上一步。

【宽度】：指定下一线段的宽度。

如果下一点开始为圆弧，命令行提示各选项内容如下：

【角度】：指定圆弧段从起点开始的包含角。

【圆心】：基于其圆心指定圆弧段。

【方向】：指定圆弧段的切线。

【直线】：从图形圆弧段切换到图形直线段。

【半径】：指定圆弧段的半径。

【第二个点】：指定三点圆弧的第二点和端点。

多线段圆弧绘制方式如图 2-65 所示。

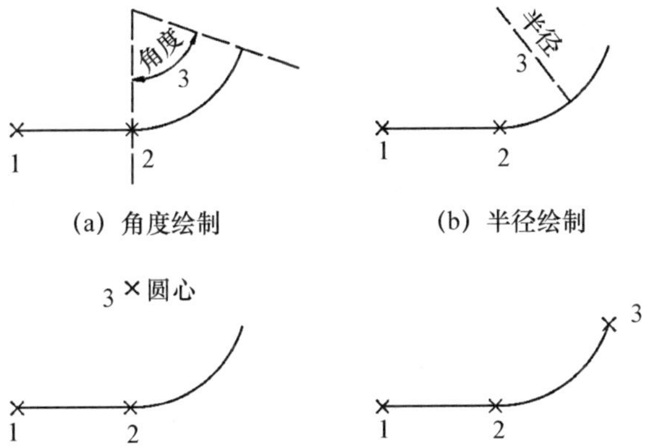

(a) 角度绘制　(b) 半径绘制　(c) 方向绘制

(d) 圆心绘制　(e) 第二点绘制

图 2-65　多段线圆弧绘制方式

2.5.2　绘制样条曲线

【样条曲线】命令通过【拟合点】或【控制点】的方式，绘制由拟合点或由控制框的顶点定义的平滑曲线。操作方式主要有以下 4 种：

◆ 功能区：单击【默认】选项卡中的【样条曲线拟合】或【样条曲线控制点】图标。

◆ 菜单栏：单击【绘图】菜单栏中的【样条曲线】，再选择【拟合点】或【控制点】。

◆ 命令行：输入【SPLINE】或者【SPL】。

◆ 工具栏：单击【绘图】工具栏中的【样条线】图标。

★实例 2-15 演示:绘制水池

①打开链接网址中 CAD 素材文件—第 2 章—实例 2-15“绘制水池.dwg”。

②在命令行输入“SPL”,选定点 1,向右移动光标,选定点 2,如图 2-66 所示。

③向右移动光标,选定点 3,如图 2-67 所示。

④向下移动光标,选定点 4,如图 2-68 所示。

⑤向右移动光标,选定点 5,如图 2-69 所示。

⑥向右移动光标,选定点 6,如图 2-70 所示。

⑦移动光标,依次选定点 7、点 8、点 9、点 10,如图 2-71 所示。

⑧在命令行输入“C”闭合样条曲线,完成水池绘制,如图 2-72 所示。

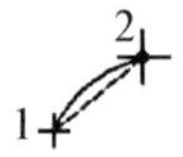

图 2-66　确定起点

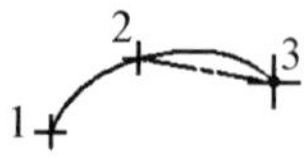

图 2-67　确定点 3

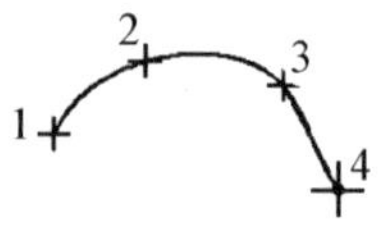

图 2-68　确定点 4

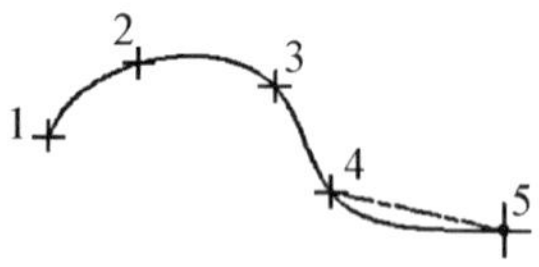

图 2-69　确定点 5

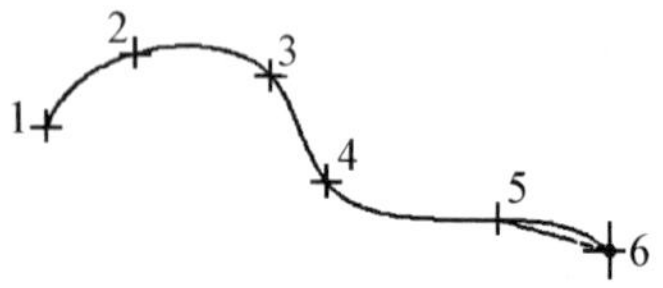

图 2-70　确定点 6

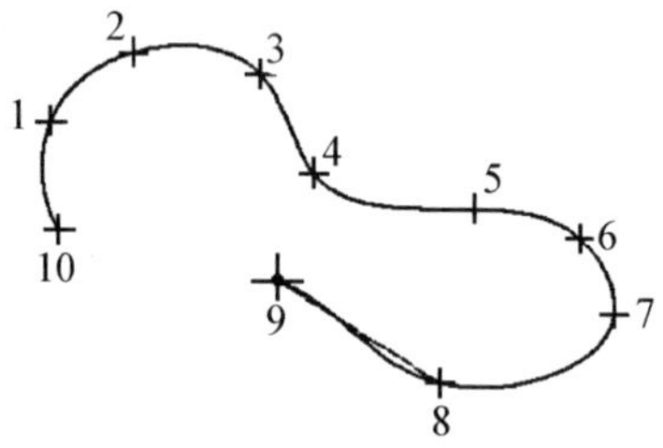

图 2-71　确定剩余点

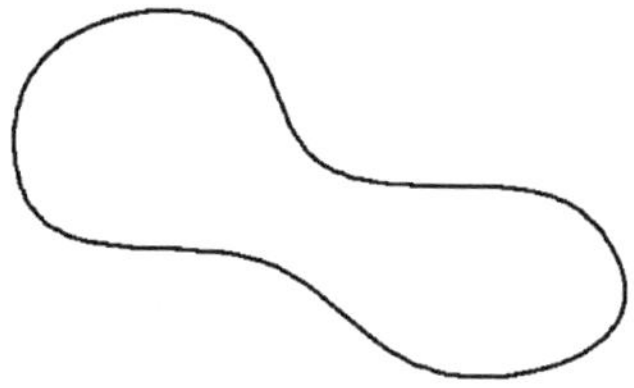

图 2-72　完成绘制

【样条曲线】命令行提示各选项内容如下:

【方式】:切换样条曲线绘制方式【拟合点】或【控制点】,如图 2-73、图 2-74 所示。

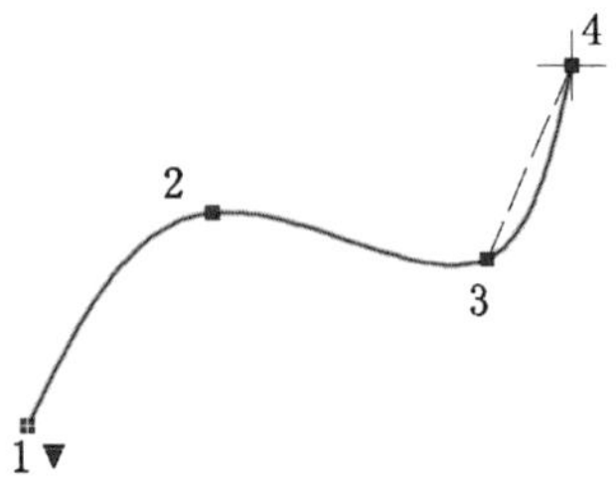

图 2-73　拟合点绘制样条曲线

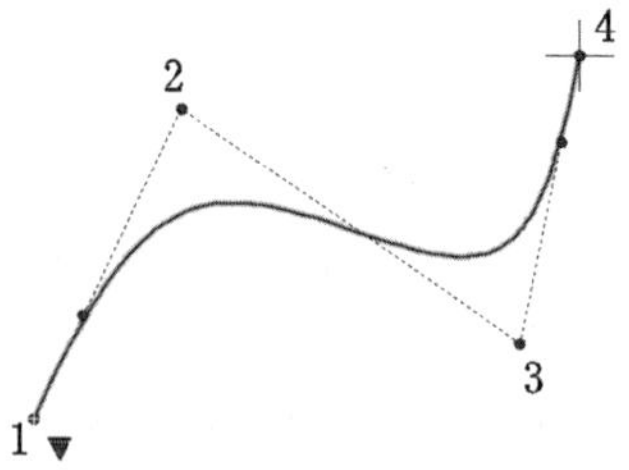

图 2-74　控制点绘制样条曲线

【节点】:指定节点参数,用来确定样条曲线中连续拟合点之间的零部件曲线如何过渡。

【对象】:将二维或三维的二次或三次样条曲线拟合多段线转换成等效的样条曲线。

指定点 1 后,命令行提示各选项内容如下:

【起点切向】:指定在样条曲线起点的相切条件。

【公差】:指定样条曲线可以偏离指定拟合点的距离。公差值为 0 则样条曲线直接通过拟合点。

【闭合】:通过定义与第一个点重合的最后一个点,闭合样条曲线。

【方式】:切换样条曲线绘制方式【拟合点】或【控制点】。

【阶数】:设置生成的样条曲线的多项式阶数。使用该选项可以创建 1 阶(线性)、2 阶(二次)、3 阶(三次)直到最高 10 阶的样条曲线。

2.5.3　绘制多线

【多线】命令用于绘制由复合直线组成的多线,操作方式主要有以下 2 种:

- 菜单栏:单击【绘图】菜单栏中的【多线】。
- 命令行:输入【MLINE】或者【ML】。

★实例 2-16 演示：绘制树池

①打开链接网址中 CAD 素材文件—第 2 章—实例 2-16“绘制树池.dwg”。

②在命令行输入“ML”，选定点 1 作为多线起点。

③按“F8”开启正交，向下移动光标，出现多线预览，输入长度 20。

④向右移动光标，输入长度 20，如图 2-75 所示。

⑤向上移动光标，输入长度 20，向左移动光标，如图 2-76 所示。

⑥在命令行输入“C”闭合多线，完成绘制，如图 2-77 所示。

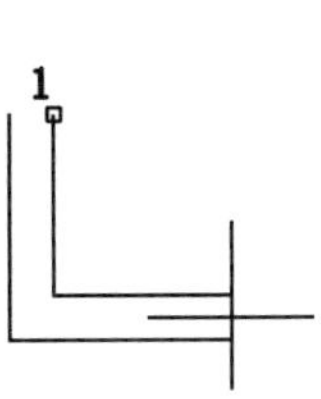

图 2-75　确定多线起点

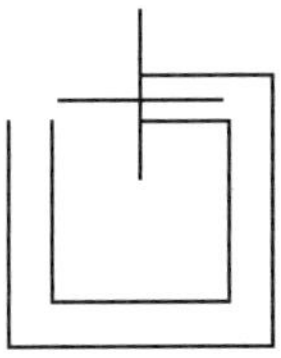

图 2-76　确定多线终点

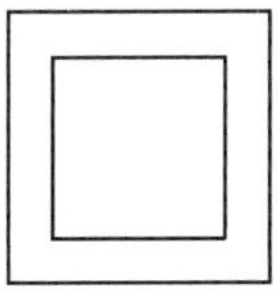

图 2-77　完成多线绘制

【多线】命令行提示各选项内容如下：

【对正】：指定多线的基准。分为【上】【无】和【下】3 种类型，表示以某一侧的线为基准。

【比例】：设置双线之间的间距，0 表示重合，负表示倒置。

【样式】：设置当前多线的样式。

自定义【多线样式】的方法如下：

◆ 菜单栏：【格式】菜单栏中的【多线样式】，弹出“多线样式”对话框，如图 2-78 所示。

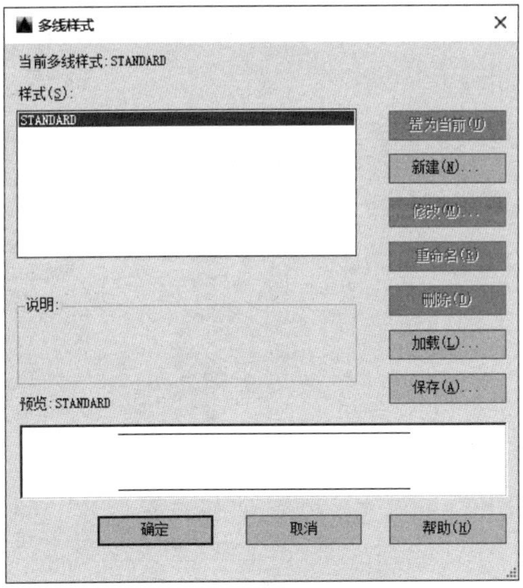

图 2-78　“多线样式”对话框

◆ 命令行：输入【MLSTYLE】，弹出“新建多线样式”对话框，如图 2-79 所示。

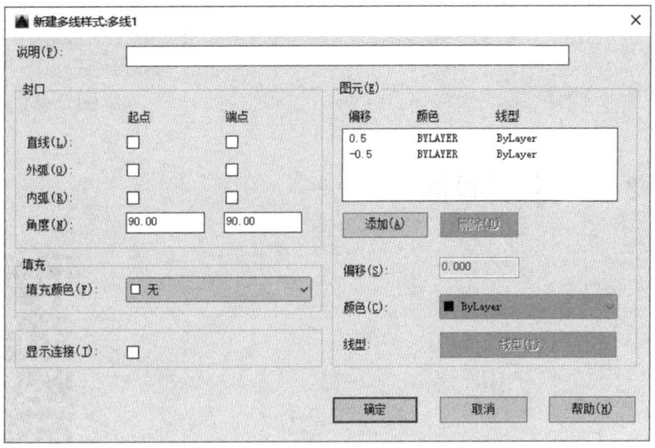

图 2-79　“新建多线样式”对话框

“新建多线样式”对话框各选项内容如下：

【封口】：控制多线起点和端点封口，如图 2-80 所示。

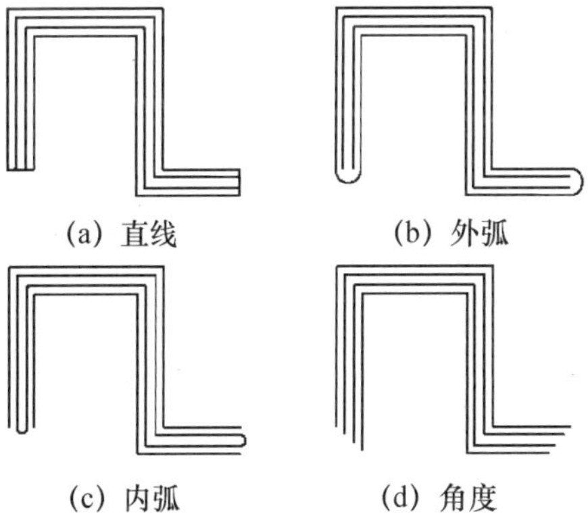

图 2-80　定义多线封口方式

【填充颜色】：控制多线的背景填充。

【显示连接】：控制每条多线线段顶点处连接的

显示。

【图元】:设置新的和现有的多线元素的元素特性，如偏移、颜色和线型。

【添加】:将新元素添加到多线样式中。只有为除STANDARD以外的多线样式选择了颜色或线型后，该选项才可用。

【删除】:从多线样式中删除元素。

【偏移】:为多线样式中的每个元素指定偏移值，如图2-81所示。

【颜色】:显示并设置多线样式中元素的颜色。如果选择【选择颜色】，将显示“选择颜色”对话框。

【线型】:显示并设置多线样式中元素的线型。如果选择【线型】，将显示“选择线型特性”对话框。

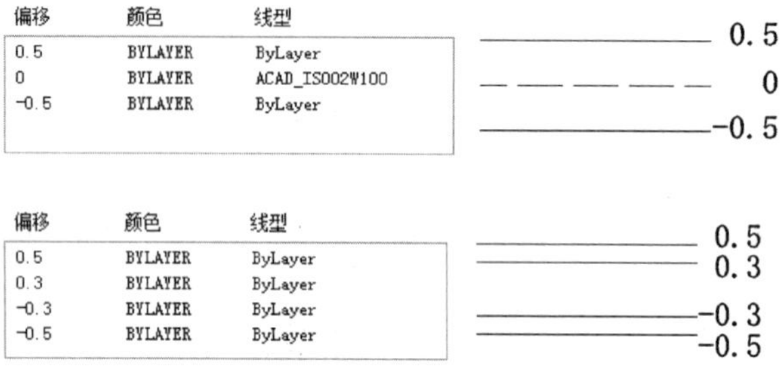

图2-81　定义多线偏移

❖本章数字资源

实例2-3
操作视频

第3章 编辑二维图形

3.1 选择命令

【选择命令】是使用 AutoCAD 软件时最常用到的操作之一，是编辑对象的前提。选择的目标可以是单一对象，也可以是复杂的对象组，通常有以下几种选择方式。

3.1.1 直接选择

【直接选择】又被称为点取，使用十字光标点击对象，完成选择，选择的对象会高亮显示。

3.1.2 窗口与窗交选择

【窗口】与【窗交】选择是通过两点定义的矩形框进行范围框选的方式。根据矩形框拉动方向的不同，选择方式也有差异。

★实例 3-1 演示：通过“窗口”选择对象

①打开链接网址中 CAD 素材文件—第 3 章—实例 3-1 至实例 3-6“选择对象.dwg”。

②单击鼠标左键，再从左上向右下拉出矩形框，框体显示为蓝底实线，如图 3-1 所示。

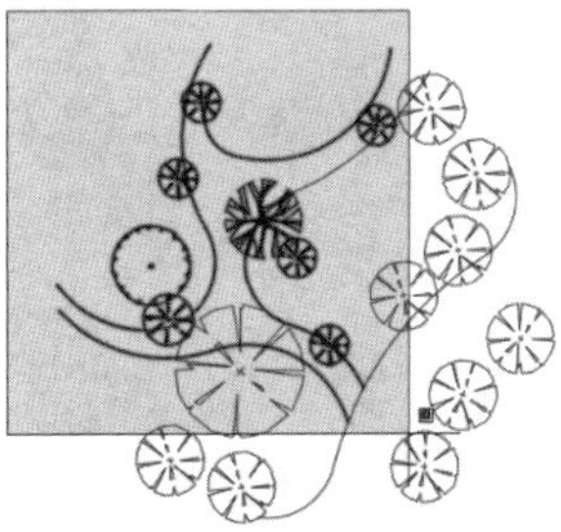

图 3-1　拉出选择矩形框

③全部位于不规则多边形框内的对象被选中，如图 3-2 所示。

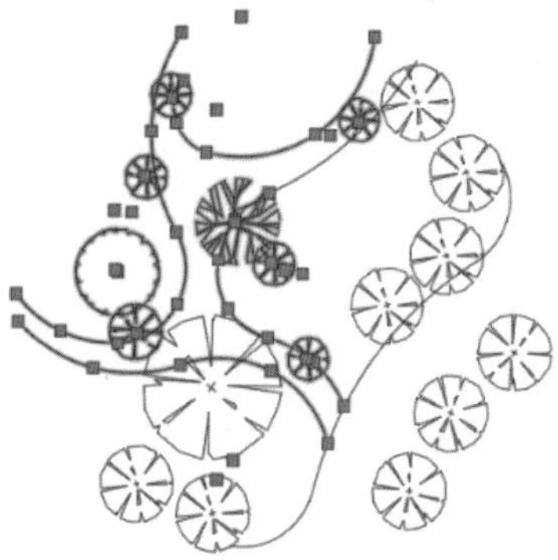

图 3-2　位于矩形框内的对象被选中

★实例 3-2 演示：通过“窗交”选择对象

①打开链接网址中 CAD 素材文件—第 3 章—实例 3-1 至实例 3-6“选择对象.dwg”。

②单击鼠标左键，再从右下向左上拉出矩形框，框体显示为绿底虚线，如图 3-3 所示。

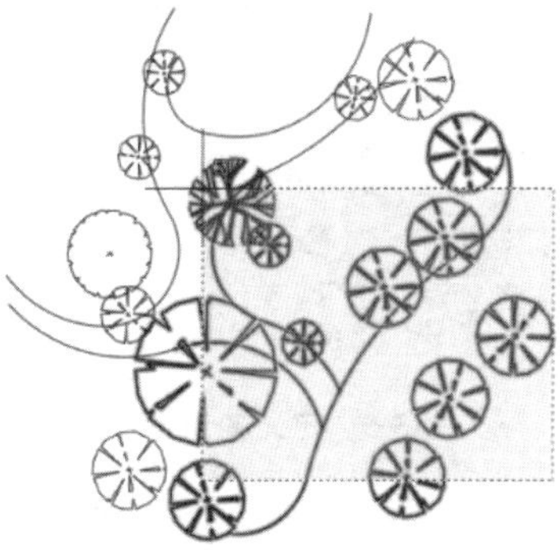

图 3-3　拉出选择矩形框

③任意部分位于矩形框内的对象被选中，如图 3-4 所示。

图 3-4 任意部分位于矩形框内的对象被选中

3.1.3 圈围与圈交选择

【圈围】与【圈交】选择是通过多边形框体进行范围框选的方式，该多边形可以为任意形状，但不能与自身相交或相切。

★实例 3-3 演示：通过"圈围"选择对象

①打开链接网址中 CAD 素材文件—第 3 章—实例 3-1 至实例 3-6"选择对象. dwg"。

②点击鼠标左键，在命令行输入"WP"。

③点击鼠标，定义不规则多边形框，框体显示为蓝底实线，如图 3-5 所示。

图 3-5 定义多边形框

④全部位于不规则多边形框内的对象被选中，如图 3-6 所示。

图 3-6 位于不规划多边形框内的对象被选中

★实例 3-4 演示：通过"圈交"选择对象

①打开链接网址中 CAD 素材文件—第 3 章—实例 3-1 至实例 3-6"选择对象. dwg"。

②点击鼠标左键，在命令行输入"CP"。

③点击鼠标，定义不规则多边形框，框体显示为绿底虚线，如图 3-7 所示。

④任意部分位于不规则多边形框内的对象被选中，如图 3-8 所示。

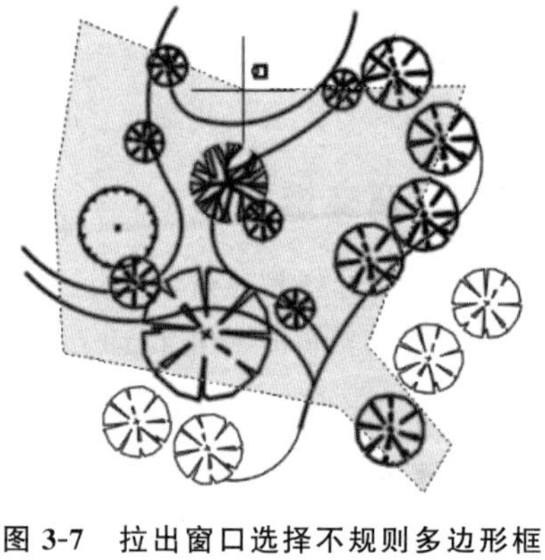

图 3-7 拉出窗口选择不规则多边形框

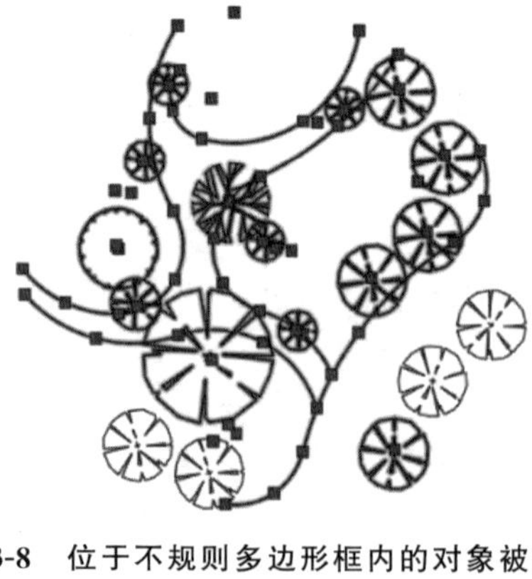

图 3-8 位于不规则多边形框内的对象被选中

3.1.4　栏选选择

【栏选】与【圈交】的选择方式相似，但多边形可不闭合，并且允许与自身相交。

★实例 3-5 演示：通过“栏选”选择对象

①打开链接网址中 CAD 素材文件—第 3 章—实例 3-1 至实例 3-6“选择对象.dwg”。

②点击鼠标左键，在命令行输入“F”。

③点击鼠标，定义不规则多段线，多段线显示为虚线，如图 3-9 所示。

④与多段线相交的对象被选中，如图 3-10 所示。

图 3-9　定义多段线

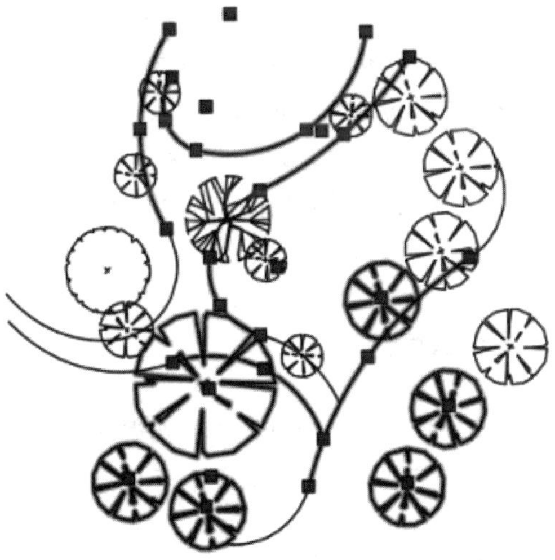

图 3-10　与多段线相交的对象被选中

3.1.5　快速选择

【快速选择】能通过对象类型（直线、多段线、圆等）或是对象特征（图层、线型、线宽、颜色等）准确快速地从复杂图形中选择特定的对象，操作方式主要有以下 3 种：

◆ 菜单栏：单击【工具】菜单栏中的【快速选择】命令，弹出“快速选择”对话框，如图 3-11 所示。

◆ 命令行：输入【QSELECT】。

◆ 空白处右击鼠标：单击【快速选择】，弹出“快速选择”对话框。

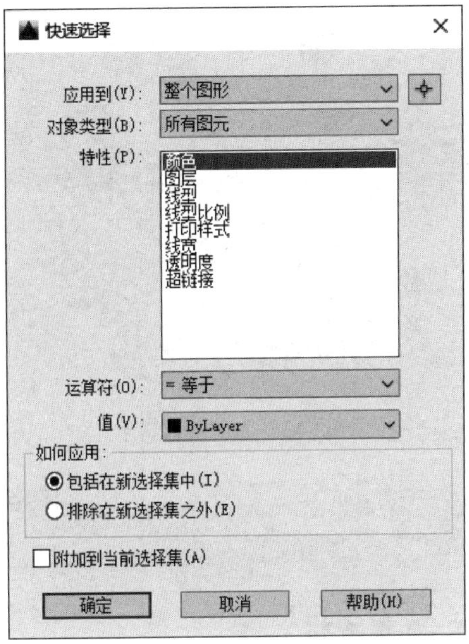

图 3-11　“快速选择”对话框

★实例 3-6 演示：“快速选择”绿色树木

①打开链接网址中 CAD 素材文件—第 3 章—实例 3-1 至实例 3-6“选择对象.dwg”，如图 3-12 所示。

②单击【工具】菜单栏中的【快速选择】命令，弹出“快速选择”对话框。

③在“对象类型”下拉式菜单中选择“所有图元”。

④在“特性”菜单中选择“颜色”。

⑤在“运算符”下拉选择“＝等于”。

⑥在“值”下拉式菜单中选择“ByLayer”。

⑦点击“确定”按键，完成快速选择，如图 3-13 所示。

图 3-12　待选择图案

图 3-13　选中绿色树木

提示：取消某个已被选取对象的方法为按住 Shift 键的同时，再单击该对象。

3.1.6　对象编组

【对象编组】是把若干个对象定义为一个组，选择编组中的任意一个对象即选中了该编组中的所有对象，并可以像修改单个对象那样移动、复制、旋转和修改编组。操作方式主要有以下 4 种：

- 功能区：在【默认】选项卡中，单击【组】中的【组】按钮。
- 菜单栏：单击【工具】菜单栏中的【组】。
- 命令行：输入【GROUP】。
- 工具栏：单击【组】工具栏中的【组】按钮。

★实例 3-7 演示：编组树阵

①打开链接网址中 CAD 素材文件—第 3 章—实例 3-7“编组树阵.dwg”，如图 3-14 所示。

②通过“快速选择”方式选中图中的所有树木。

③在【默认】选项卡中，单击【组】中的【组】按钮。

④完成对象编组(图 3-15)，选择工具栏或功能区里的【编组管理器】，弹出对话框。

⑤使用编组管理器将编组名改为“TREE”，如图 3-16 所示。

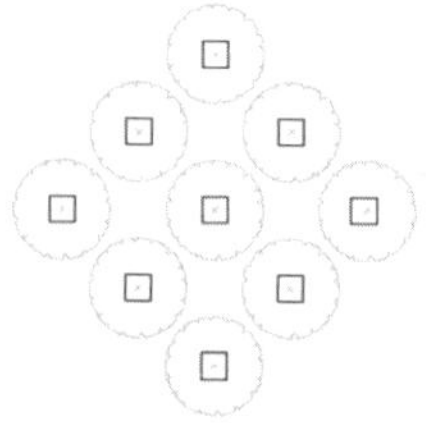

图 3-14　选择编组对象

图 3-15　完成编组

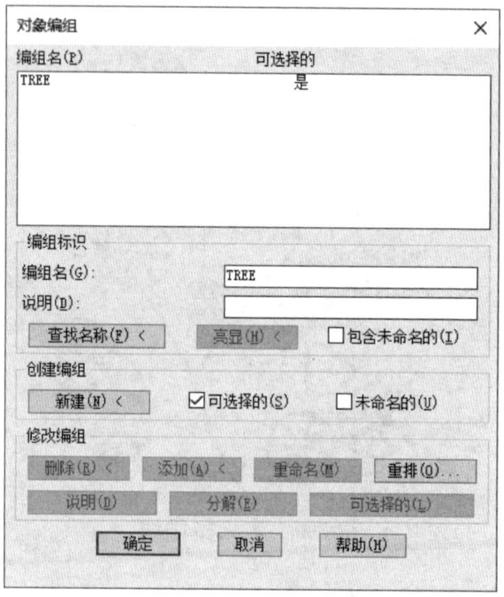

图 3-16　修改编组名

【组】命令行提示各选项内容如下：

【选择对象】：指定应编组的对象。

【名称】：为所选项目的编组指定名称。

【说明】：添加编组的说明。

3.2　删除命令

【删除】命令是在绘图过程中对错误或不符合要求的图形进行删除时所使用的操作。操作方式主要有以下 4 种：

- 功能区：在【修改】选项卡中，单击【删除】按钮。
- 菜单栏：单击【修改】菜单栏中的【删除】。
- 命令行：输入【ERASE】或者【E】。

◆ 工具栏：单击【修改】工具栏中的【删除】按钮。

★实例 3-8 演示：删除对象

①打开链接网址中 CAD 素材文件—第 3 章—实例 3-8“删除对象.dwg”，如图 3-17 所示。

②选中图中的圆和三角，如图 3-18 所示。

③在命令行输入“E”，完成对象的删除，如图 3-19 所示。

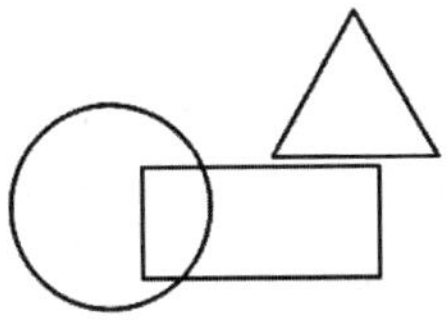

图 3-17　待删除对象

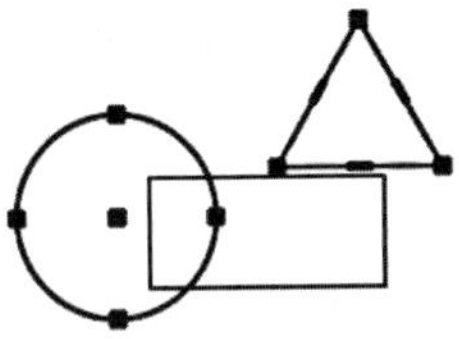

图 3-18　选择需删除对象

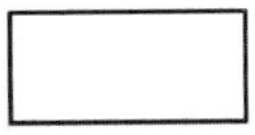

图 3-19　完成删除

> **提示**：“删除”命令无须选择对象，输入“L”删除绘制的上一个对象，输入“P”删除前一个选择集，输入“ALL”删除所有对象。

3.3　放弃与重做命令

3.3.1　对象的放弃

【放弃】命令用来撤销最近一次操作，直到图形与开始当前编辑任务时相同为止。操作方式主要有以下 3 种：

◆ 菜单栏：单击【编辑】菜单栏中的【放弃】。

◆ 命令行：输入【U】或者【UNDO】。【U】每次只能放弃前一步的操作，【UNDO】可以通过输入数字指定放弃相同数量的操作。

◆ 快捷键：Ctrl＋Z。

★实例 3-9 演示：放弃命令

①打开链接网址中 CAD 素材文件—第 3 章—实例 3-9“放弃命令.dwg”，在命令行输入“C”，画出一个圆，再输入命令“REC”画出矩形，如图 3-20 所示。

②在命令行输入“U”，放弃上一步画出的矩形，如图 3-21 所示。

③继续重复执行命令“U”，放弃上一步画出的圆，如图 3-22 所示。

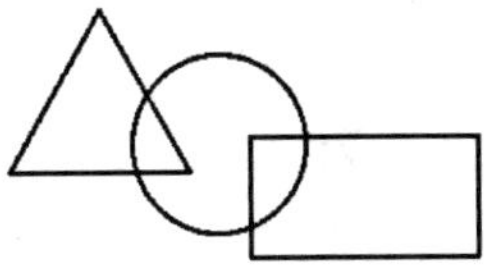

图 3-20　待放弃对象

图 3-21　放弃矩形

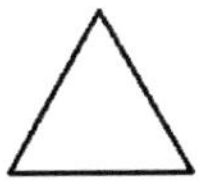

图 3-22　放弃圆

3.3.2　对象的重做

【重做】命令与【放弃】命令相反，它可以恢复上一次【U】或者【UNDO】所取消的操作。需要注意的是，【重做】命令必须在【放弃】命令之后立即执行，才能起到恢复【放弃】命令的作用。操作方式主要有以下 3 种：

◆ 菜单栏：单击【编辑】菜单栏中的【重做】。

◆ 命令行：输入【MREDO】。

◆ 快捷键：Ctrl＋Y。

★实例 3-10 演示：重做对象

①打开链接网址中 CAD 素材文件—第 3 章—实例 3-10“重做对象.dwg”。

②重复实例 3-9 的步骤，如图 3-23 所示。

③在命令行输入“MREDO”，重新恢复放弃后的圆，如图 3-24 所示。

④重复命令“MREDO”，恢复放弃后的矩形，如图 3-25 所示。

图 3-23　待重做对象

图 3-24　重做圆

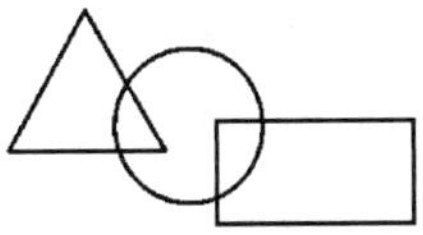

图 3-25　重做矩形

提示：连续使用“Ctrl+Z”或“Ctrl+Y”快捷键便可达到“放弃”或“重做”特定操作的效果。

3.4 复制类命令

3.4.1 对象的复制

【复制】命令是在指定方向上按指定距离复制对象，既可复制单个对象，也可同时复制多个对象或对象组。操作方式主要有以下 5 种：

- 功能区：单击【修改】选项卡中的【复制】按钮。
- 菜单栏：单击【修改】菜单栏中的【复制】。
- 命令行：输入【COPY】或【CO】。
- 工具栏：单击【绘图】工具栏中的【复制】按钮。
- 快捷键：Ctrl+C。

★实例 3-11 演示：复制行道树

①打开链接网址中 CAD 素材文件—第 3 章—实例 3-11“复制行道树.dwg”，如图 3-26 所示。

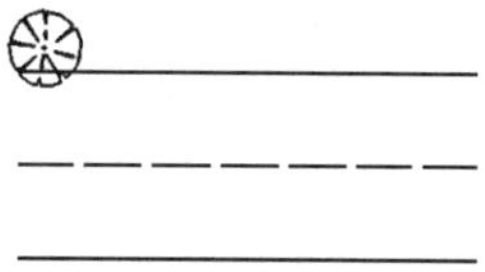

图 3-26 复制图中的行道树

②选中图中的树木，在命令行中输入“CO”。

③再输入“O”进入模式选项，输入“M”将复制模式设为“多个”。

④向右平移树木，在命令行中输入“15”，表示复制的树木与源树木相距 15 m。

⑤再次分别输入“30”和“45”，复制出第 3 棵树、第 4 棵树，如图 3-27 所示。

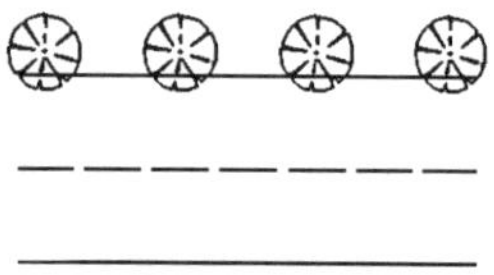

图 3-27 完成一侧行道树复制

⑥选中全部 4 棵树，向下平移并在命令行输入“25”，将树复制到道路对侧，完成行道树布置，如图 3-28 所示。

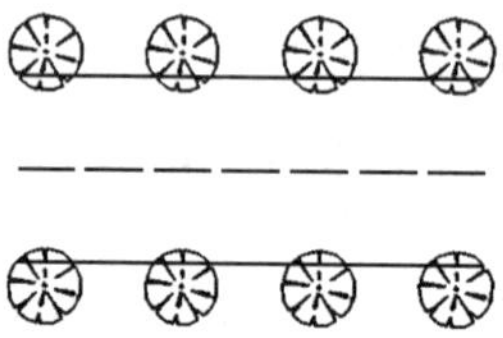

图 3-28 完成两侧行道树复制

【复制】命令行提示各选项内容如下：

【指定基点】：选择复制对象的基点，再指定第二点，对象副本会复制到第二点。

【位移】(D)：使用坐标指定相对距离和方向。表示将复制对象以拾取点为基准，移动到拾取点加上输入位移值后的位置点。

【模式】(O)：选择默认命令是单次复制还是多次复制。

- 单个(S)：创建选定对象的单个副本，并结束命令。
- 多个(M)：重复单个副本复制，直到取消。

3.4.2 对象的偏移

【偏移】命令用于创建同心圆、平行线和平行曲线。可以在保持对象的形状下，生成尺寸大小不同的一个新对象。操作方式主要有以下 4 种：

- 功能区：单击【修改】选项卡中的【偏移】按钮。
- 菜单栏：单击【修改】菜单栏中的【偏移】。
- 命令行：输入【OFFSET】或【O】。
- 工具栏：单击【绘图】工具栏中的【偏移】按钮。

★实例 3-12 演示：绘制小径

①打开链接网址中 CAD 素材文件—第 3 章—实例 3-12“偏移对象.dwg”，如图 3-29 所示。

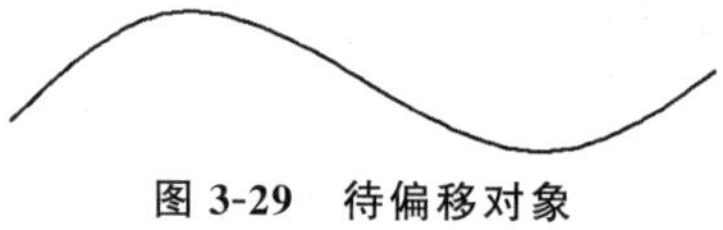

图 3-29 待偏移对象

②使用光标选中需偏移的样条曲线。

③在命令行中输入“O”，然后输入偏移距离“2”，设置小径宽度为 2 m。

④将光标移动到对象下方，出现偏移对象的预览，单击鼠标确定后完成偏移，如图 3-30 所示。

图 3-30 完成偏移

【偏移】命令行提示各选项内容如下：

【指定偏移距离】:在距现有对象指定的距离处创建对象,如图 3-31 所示。

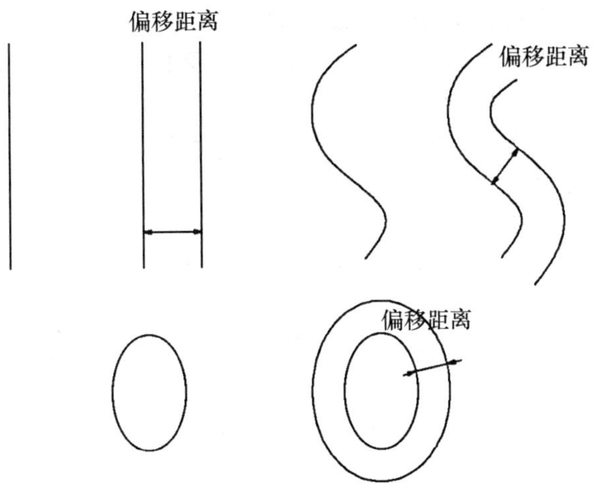

图 3-31　指定距离偏移对象

【退出】(E):退出命令。

【多个】(M):使用当前偏移距离重复进行偏移操作。

【放弃】(U):恢复前一个偏移。

【通过】(T):创建通过指定点的对象。见图 3-32。

【删除】(E):偏移完成后是否删除源对象。

【图层】(L):确定偏移对象创建是在当前图层,还是在源对象所在图层。

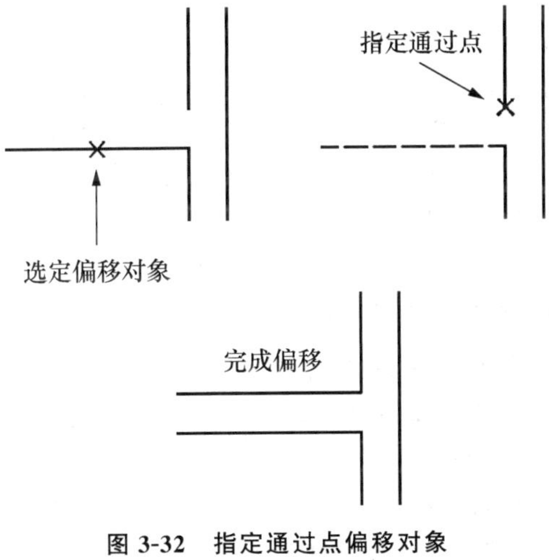

图 3-32　指定通过点偏移对象

3.4.3　对象的镜像

【镜像】命令是沿指定的线在另一侧创建与对象完全一致的镜像图案。操作方式主要有以下 4 种:

- 功能区:单击【修改】选项卡中的【镜像】按钮。
- 菜单栏:单击【修改】菜单栏中的【镜像】。
- 命令行:输入【MIRROR】或【MI】。
- 工具栏:单击【绘图】工具栏中的【镜像】按钮。

★实例 3-13 演示:使用镜像绘制铺地

①打开链接网址中 CAD 素材文件—第 3 章—实例 3-13“使用镜像绘制铺地.dwg”。

②使用光标选中图中的所有对象,如图 3-33 所示。

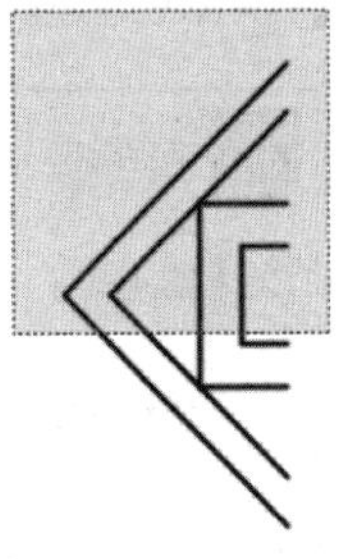

图 3-33　选取镜像部分

③在命令行中输入“MI”,然后根据提示,使用光标点击对象顶端作为镜像线第一点,移动光标将会出现镜像对象的预览。

④同理,继续点击底端作为镜像线第二点,如图 3-34 所示。

⑤最后单击鼠标,确定完成镜像对象,如图 3-35 所示。

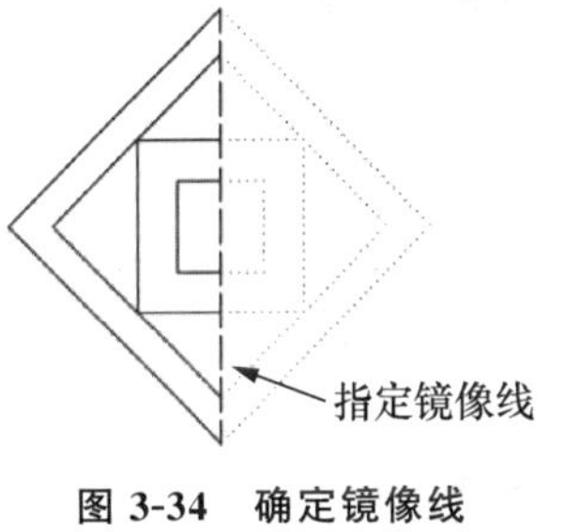

图 3-34　确定镜像线

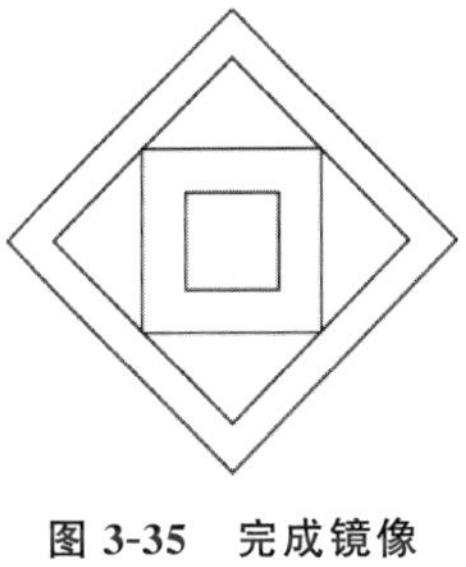

图 3-35　完成镜像

【镜像】命令行提示各选项内容如下:

【删除源对象】:确定在镜像原始对象后,是删除还是保留它们。

> **提示:**镜像文字时,默认状态不会更改文字的方向。如果需要反转文字,执行 MIRRTEXT 命令,将值设为 1。

3.4.4　对象的阵列

【阵列】命令是将对象复制多个副本,并将副本按一定规律进行排列。根据排列形状的不同，分为【矩形阵列】【路径阵列】和【环形阵列】。阵列的操作方式主要有以下 4 种：

◆ 功能区：单击【修改】选项卡中的【阵列】，再选择【阵列类型】按钮。

◆ 菜单栏：单击【修改】菜单栏中的【阵列】，再选择【阵列类型】，如图 3-36 所示。

◆ 命令行：输入【ARRAY】或【AR】。

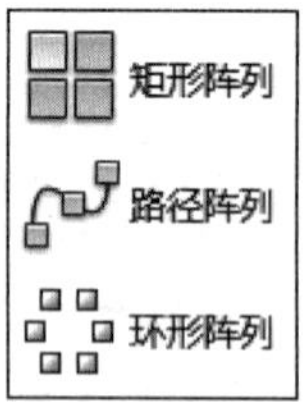

图 3-36　阵列类型菜单

◆ 工具栏：单击【绘图】工具栏中的【阵列】按钮，再选择【阵列类型】按钮。

★实例 3-14 演示：矩形阵列

①打开链接网址中 CAD 素材文件—第 3 章—实例 3-14“矩形阵列.dwg”。

②使用光标选中图中的对象，然后点击“修改”功能区里的“矩形阵列”按钮。

③软件功能区将会跳转到矩形阵列创建，如图 3-37 所示，并且生成矩形阵列预览。

④在矩形阵列功能区内设置［列数］：4；［介于］：15；［行数］：3；［介于］：7.5。输入完毕后将会刷新阵列预览，如图 3-38、图 3-39 所示。

⑤最后单击鼠标，确定完成矩形阵列，如图 3-40 所示。

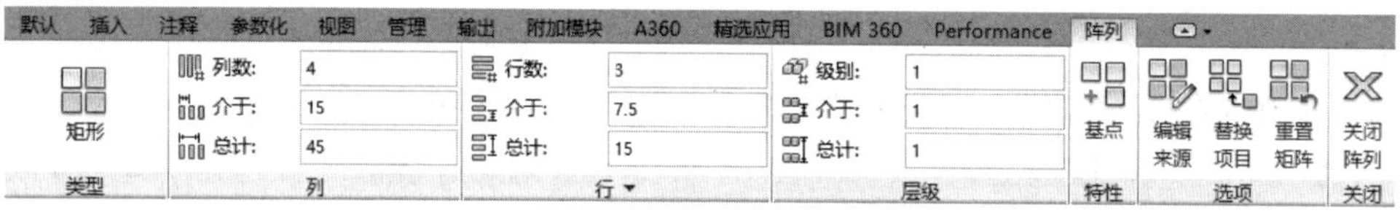

图 3-37　矩形阵列功能区

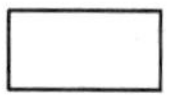

图 3-38　选定阵列对象

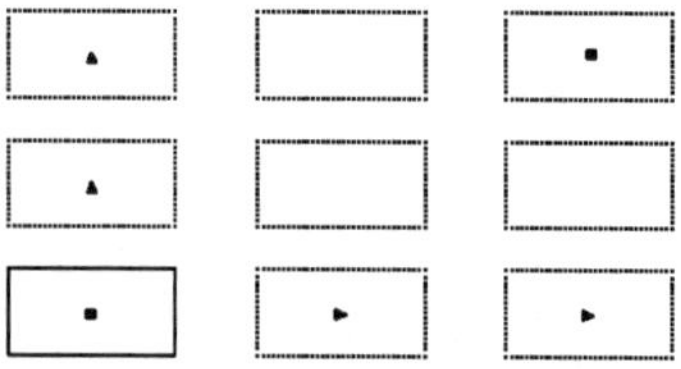

图 3-39　调整阵列参数

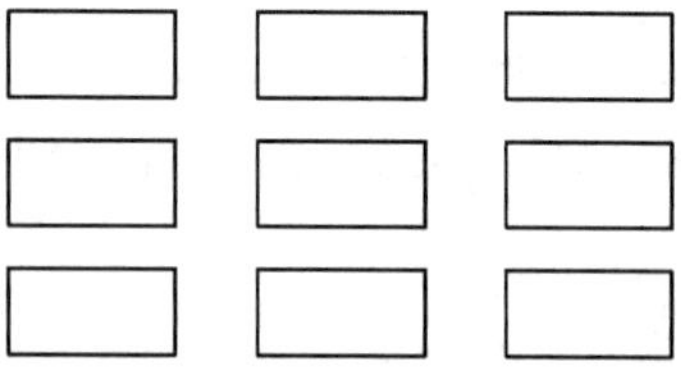

图 3-40　完成阵列

【矩形阵列】各参数内容如下：

【列数】【介于】【总计】：阵列包含的列数、每列之间的间距、第一列到最后一列的总距离。

【行数】【介于】【总计】：阵列包含的行数、每行之间的间距、第一行到最后一行的总距离。

【级别】【介于】【总计】：阵列包含的层数、每层之间的间距、第一层到最后一层的总距离，只作用于三维阵列。

【关联】：指定阵列中的对象是关联还是独立。

【基点】：定义阵列基点和基点夹点的位置。

【编辑来源】：编辑阵列的源对象。

【替换项目】：将阵列中的某个对象替换为指定对象。

【重置矩阵】：将阵列重置为初始形态。

【关闭阵列】：关闭阵列编辑。

★实例 3-15 演示：路径阵列

①打开链接网址中 CAD 素材文件—第 3 章—实例 3-15“路径阵列.dwg”。

②使用光标选中图中的矩形，然后点击“修改”功能区里的“路径阵列”按钮。

③根据提示，再次选择图中的样条曲线作为阵列的路径。

④软件功能区将会跳转到路径阵列创建，如图 3-41 所示，并且生成路径阵列预览。

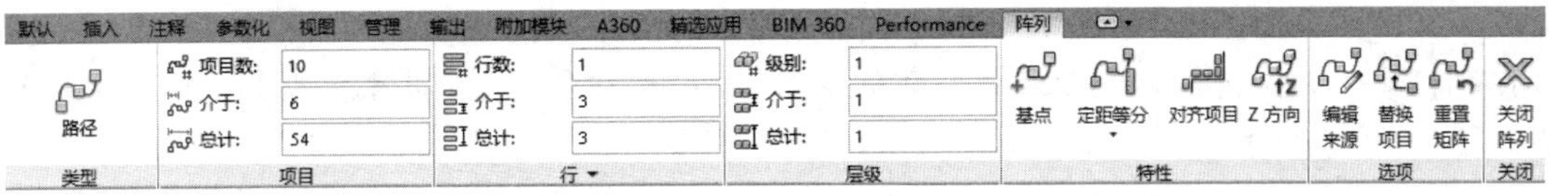

图 3-41　路径阵列功能区

⑤在路径阵列功能区内设置[项目数]:10;[介于]:6[行数]:1;[介于]:3。输入完毕后将会刷新阵列预览,如图 3-42、图 3-43 所示。

图 3-42　选定阵列对象

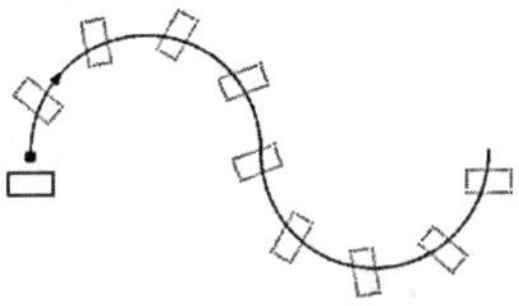

图 3-43　调整阵列参数

⑥最后单击鼠标确定完成路径阵列,如图 3-44 所示。

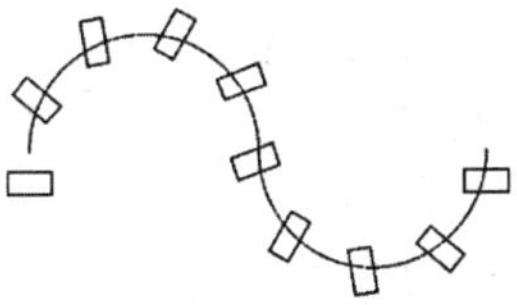

图 3-44　完成阵列

【路径阵列】各参数内容如下:

【项目数】【介于】【总计】:阵列对象的个数、每个对象之间的间距、第一对象到最后一对象的总距离。

【行数】【介于】【总计】:阵列包含的行数、每行之间的间距、第一行到最后一行的总距离。

【级别】【介于】【总计】:阵列包含的层数、每层之间的间距、第一层到最后一层的总距离,只作用于三维阵列。

【关联】:指定阵列中的对象是关联还是独立。

【基点】:定义阵列的基点。路径阵列中的项目相对于基点放置。

【定距等分】:阵列对象按固定长度等分路径。

【定数等分】:阵列对象按固定数量等分路径。

【对齐项目】:指定是否对齐每个项目以与路径的方向相切。对齐是相对于第一个项目的方向而言的,如图 3-45 所示。

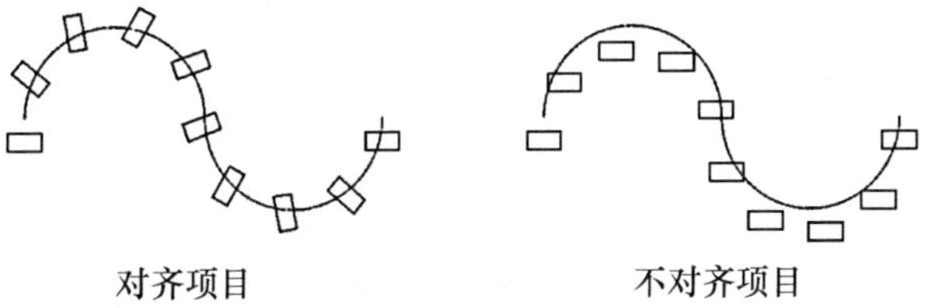

图 3-45　是否对齐项目

【Z 方向】:保持阵列对象初始 Z 方向或沿三维路径倾斜。

【编辑来源】:编辑阵列的源对象。

【替换项目】:将阵列中的某个对象替换为指定对象。

【重置矩阵】:将阵列重置为初始形态。

【关闭阵列】:关闭阵列编辑。

★实例 3-16 演示:环形阵列

①打开链接网址中 CAD 素材文件—第 3 章—实例 3-16"环形阵列.dwg"。

②使用光标选中图中的矩形,然后点击"修改"功能区里的"环形阵列"按钮。

③使用光标在矩形右侧不远处,点击作为环形阵列的中心点。

④软件功能区将会跳转到环形阵列创建,如图 3-46 所示,并且生成环形阵列预览。

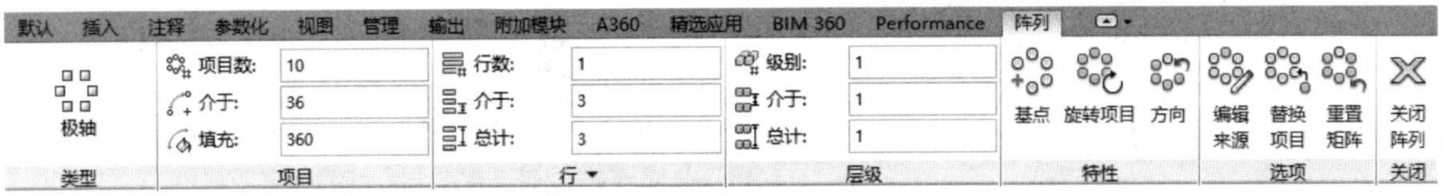

图 3-46　环形阵列功能区

⑤在环形阵列功能区内设置[项目数]:10;[介于]:36;[行数]:1;[介于]:3。输入完毕后将会刷新阵列预览,如图 3-47、图 3-48 所示。

⑥最后单击鼠标确定完成路径阵列,如图 3-49 所示。

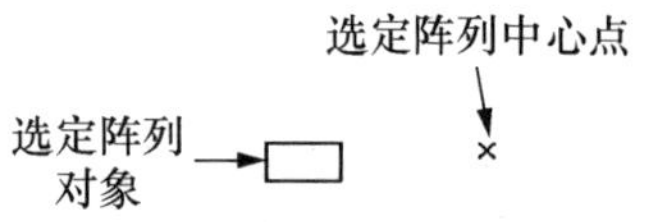

图 3-47 选定阵列对象

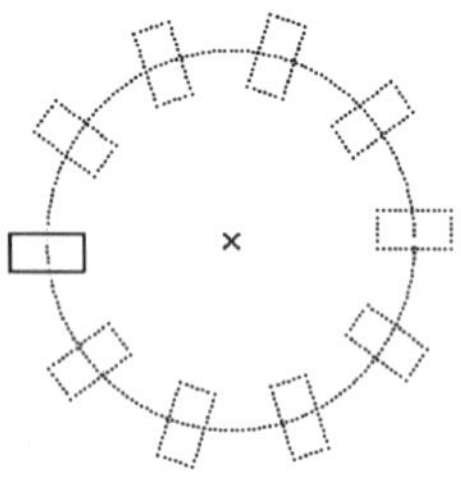

图 3-48 调整阵列参数

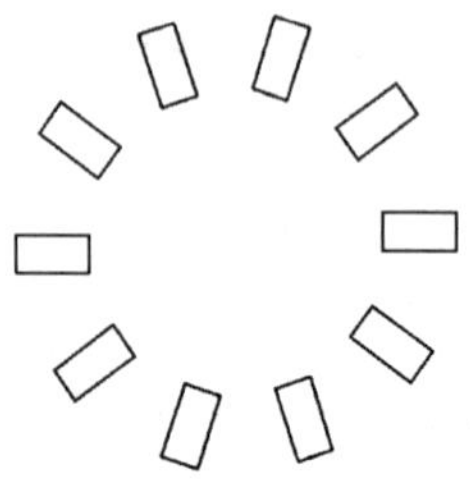

图 3-49 完成阵列

【环形阵列】各参数内容如下:

【项目数】【介于】【总计】:阵列对象的个数、每个对象之间的角度差、第一对象到最后一对象的总距离。

【行数】【介于】【总计】:阵列包含的行数、每行之间的间距、第一行到最后一行的总距离。

【级别】【介于】【总计】:阵列包含的层数、每层之间的间距、第一层到最后一层的总距离,只作用于三维阵列。

【关联】:是否将阵列中的所有对象作为一个对象组。

【基点】:指定阵列的基点。

【旋转项目】:阵列对象是否朝向中心点旋转。与【路径阵列】的对齐项目相似。

【方向】:阵列对象按顺时针或逆时针排列。

【编辑来源】:编辑阵列的源对象。

【替换项目】:将阵列中的某个对象替换为指定对象。

【重置矩阵】:将阵列重置为初始形态。

【关闭阵列】:关闭阵列编辑。

3.5 改变位置类命令

3.5.1 对象的移动

【移动】命令用于在指定方向上按指定距离移动对象,操作方式主要有以下 4 种:

- 功能区:单击【修改】选项卡中的【移动】按钮。
- 菜单栏:单击【修改】菜单栏中的【移动】。
- 命令行:输入【MOVE】或【M】。
- 工具栏:单击【绘图】工具栏中的【移动】按钮。

按上述方式执行命令后,选择需移动的单个对象或对象组,再指定移动后位置。

【移动】命令行提示各选项内容如下:

【基点】:指定移动的起点。

【第二点】:结合使用第一个点来指定一个矢量,以指明选定对象要移动的距离和方向。

【位移】:指定相对距离和方向。表示复制对象的放置离原位置有多远以及以哪个方向放置。

3.5.2 对象的旋转

【旋转】命令用于使对象绕指定点旋转特定角度,操作方式主要有以下 4 种:

- 功能区:单击【修改】选项卡中的【旋转】按钮。
- 菜单栏:单击【修改】菜单栏中的【旋转】。
- 命令行:输入【ROTATE】或【RO】。
- 工具栏:单击【绘图】工具栏中的【旋转】按钮。

★实例 3-17 演示:旋转对象

①打开链接网址中 CAD 素材文件—第 3 章—实例 3-17"旋转对象.dwg",如图 3-50 所示。

②选中指北针,在命令行中输入"RO"。

③输入旋转角度"45",完成指北针的旋转,如图 3-51 所示。

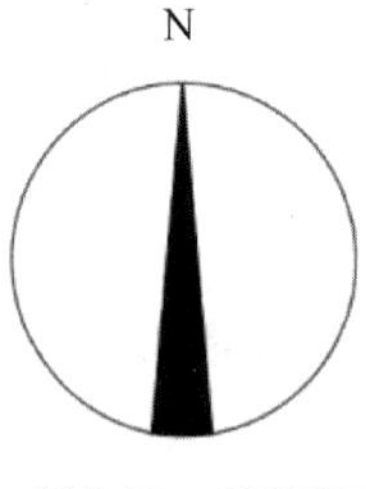

图 3-50 待旋转对象

图 3-51 完成旋转

【旋转】命令行提示各选项内容如下:

【复制】(C):源对象保持不变,创建新的对象进行旋转,如图 3-52 所示。

【参照】(R):使对象按参考的角度或旋转后的角度进行旋转。

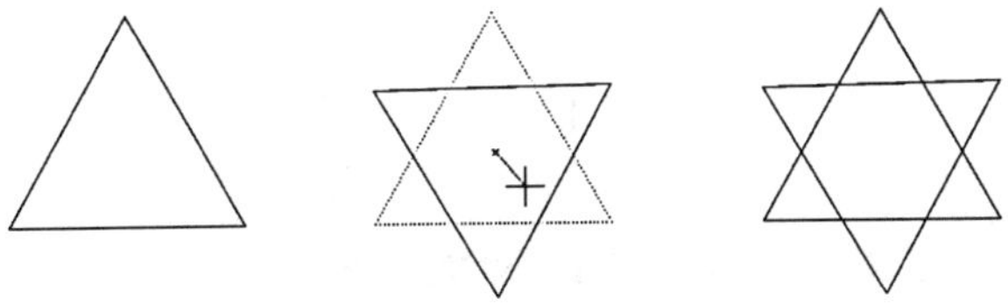

图 3-52　复制对象进行旋转

3.5.3　对象的缩放

【缩放】命令用于在对象保持比例不变的状态下,整体放大或缩小,操作方式主要有以下 4 种:

- 功能区:单击【修改】选项卡中的【缩放】按钮。
- 菜单栏:单击【修改】菜单栏中的【缩放】。
- 命令行:输入【SCALE】或【SC】。
- 工具栏:单击【绘图】工具栏中的【缩放】按钮。

★实例 3-18 演示:缩放对象

①打开链接网址中 CAD 素材文件—第 3 章—实例 3-18“缩放对象.dwg”,如图 3-53 所示。

②选中图中的对象,在命令行中输入“SC”。

③根据提示,使用光标点击对象中央确定缩放基点。

④在命令行输入缩放比例“0.5”,如图 3-54 所示。

⑤单击鼠标确定后完成对象的缩放,如图 3-55 所示。

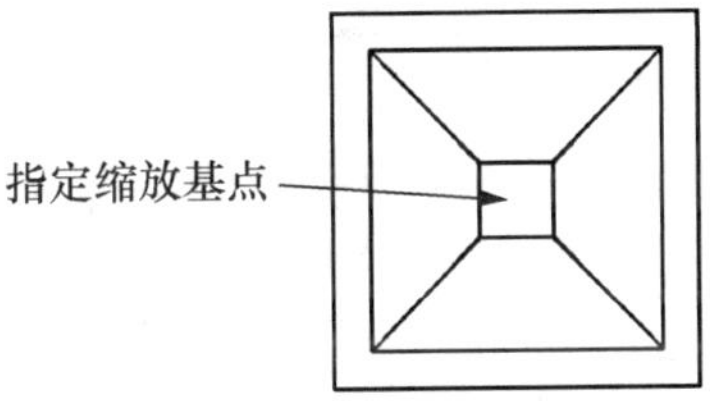

图 3-53　选定缩放对象

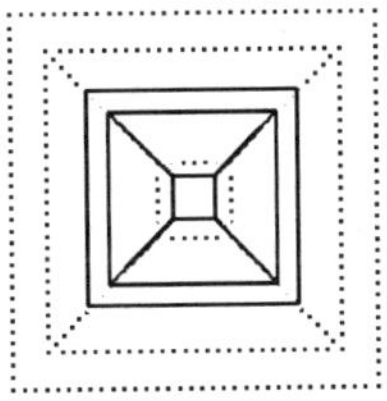

图 3-54　设定缩放比例

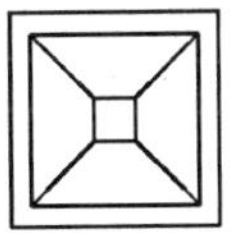

图 3-55　完成缩放

【缩放】命令行提示各选项内容如下:

【复制】(C):源对象保持不变,创建新的对象进行缩放。

【参照】(R):使对象按参考的比例或缩放后的比例进行缩放。

提示: 对象的默认比例为 1,大于 1 的比例因子使对象放大,介于 0 和 1 之间的比例因子使对象缩小。

3.5.4　对象的对齐

【对齐】命令用于使对象在位置、角度、比例等方面与目标对象保持对齐,操作方式主要有以下 3 种:

- 功能区:单击【修改】选项卡中的【对齐】按钮。
- 菜单栏:单击【修改】菜单栏中的【三维操作】,再选择【对齐】。
- 命令行:输入【ALIGN】或【AL】。

★实例 3-19 演示:对齐对象

①打开链接网址中 CAD 素材文件—第 3 章—实例 3-19“对齐对象.dwg”,如图 3-56 所示。

②选中图中的三角形,在命令行中输入“AL”。

③根据提示,使用光标选中三角形右下角作为第一源点,紧接着选中矩形左下角作为第一目标点。两点之间将会出现一条参考线。

④继续使用光标,选中三角形顶角作为第二源点,紧接着选中矩形左上角作为第二目标点,如图 3-57 所示。

⑤按空格键确定,根据命令行提示,输入“Y”缩放对象。确定后完成两个对象的对齐,如图 3-58 所示。

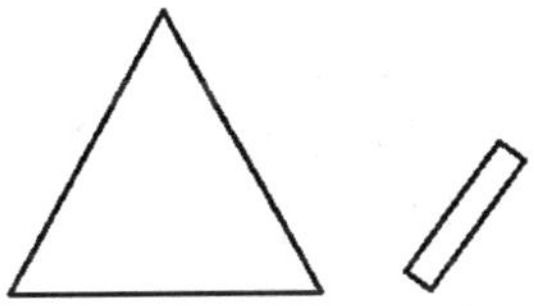

图 3-56　选定对齐对象

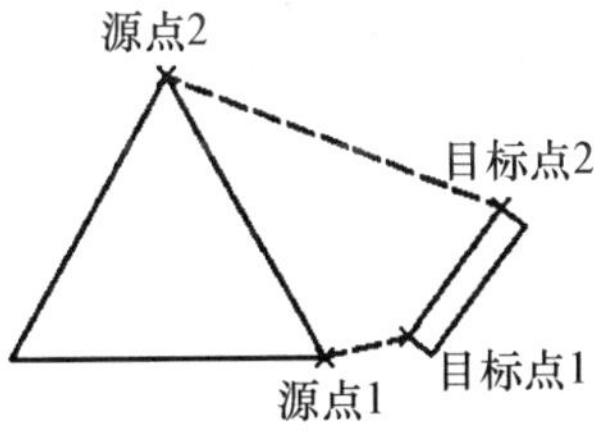

图 3-57　设定对齐参考点

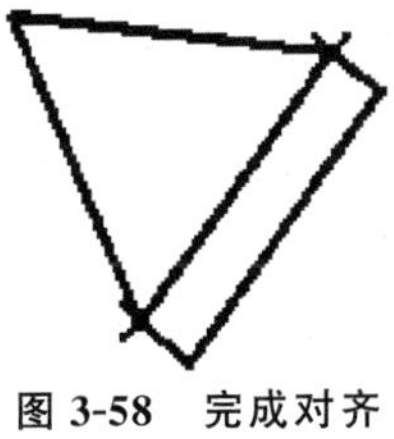

图 3-58　完成对齐

【对齐】命令行提示各选项内容如下：

【是否基于对齐点缩放对象】：选择“是”(Y)则两源点将会移动缩放至与两目标点完全重合，选择“否”(N)则只有第一个源点与第一目标点重合，如图 3-59 所示。

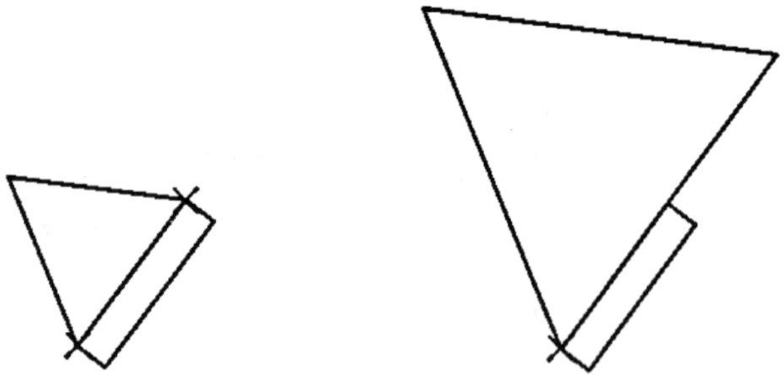

图 3-59 对齐对象的方式

3.6 改变形状类命令

3.6.1 对象的修剪

【修剪】命令用于修剪对象使之与其他对象的边相接。操作方式主要有以下 4 种：

◆ 功能区：单击【修改】选项卡中的【修剪】按钮 -/--。

◆ 菜单栏：单击【修改】菜单栏中的【修剪】。

◆ 命令行：输入【TRIM】或【TR】。

◆ 工具栏：单击【绘图】工具栏中的【修剪】按钮 /-。

★实例 3-20 演示：修剪对象

①打开链接网址中 CAD 素材文件—第 3 章—实例 3-20“修剪对象.dwg”，如图 3-60 所示。

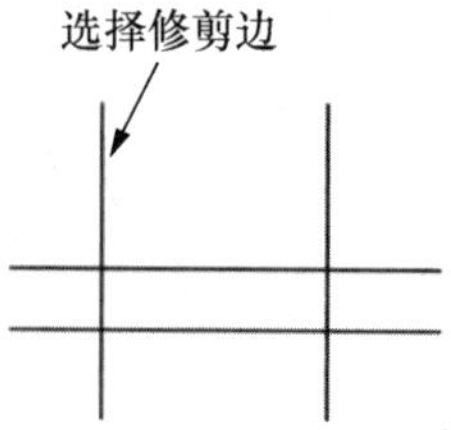

图 3-60 选定修剪边

②选中图中的两条竖直线，在命令行中输入“TR”。

③点击空格键确定后，将光标移动至两竖直线之间的横直线，被修剪部分将会减淡为浅灰色，如图 3-61 所示。

④单击鼠标确定后，完成直线的修剪，如图 3-62 所示。

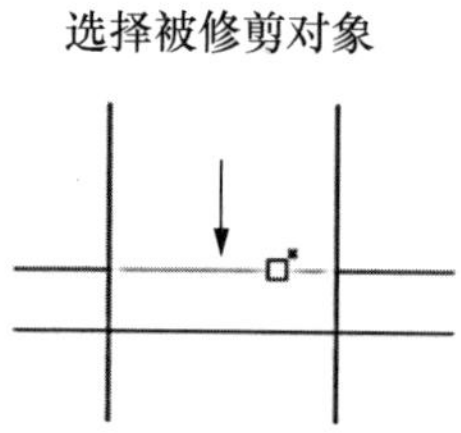

图 3-61 选择被修剪对象

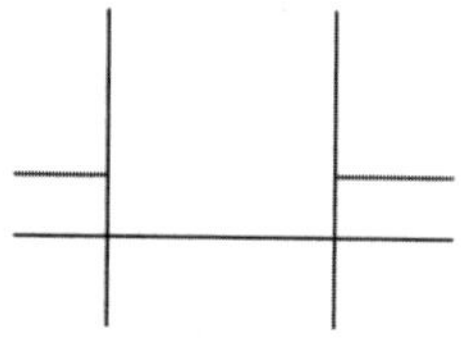

图 3-62 完成修剪

【修剪】命令行提示各选项内容如下：

【按 Shift】：按住 Shift，软件会自动将【修剪】命令变为【延伸】命令，【延伸】命令的使用方法将在下一小节介绍。

【栏选】(F)：选择与选择栏相交的所有对象。

【窗交】(C)：选择矩形区域(由两点确定)内部或与之相交的对象。

【投影】(P)：指定修剪对象时使用的投影方式。

【边】(E)：选择对象的修剪方式是延伸还是不延伸，如图 3-63 所示。

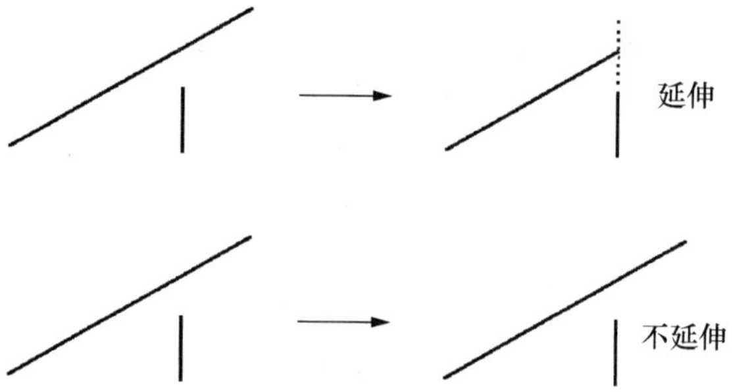

图 3-63 修剪对象时是否延伸边

◆ 延伸(E)：对延伸对象边界进行修剪，如果剪切边与需修剪对象没有相交，软件就会延伸剪切边与剪切对象相交进行修剪。

◆ 不延伸(N)：对不延伸对象边界进行修剪，只修剪与修剪边相交的对象。

【删除】(R)：删除选定对象。

【放弃】(U)：撤销【修剪】命令所做的最近一次更改。

3.6.2 对象的延伸

【延伸】命令用于扩展对象以使之与其他对象的边相接，操作方式主要有以下 4 种：

◆ 功能区：单击【修改】选项卡中的【延伸】按钮--/。

◆ 菜单栏：单击【修改】菜单栏中的【延伸】。

◆ 命令行：输入【EXTEND】或【EX】。

◆ 工具栏：单击【绘图】工具栏中的【延伸】按钮。

★实例 3-21 演示：延伸对象

①打开链接网址中 CAD 素材文件—第 3 章—实例 3-21“延伸对象. dwg”，如图 3-64 所示。

②选中图中的竖直线，在命令行中输入“EX”。

③点击空格键确定后，将光标移动至横直线的左端，将延伸部分会出现浅灰色线条预览，如图 3-65 所示。

④单击鼠标确定后，完成直线的延伸，如图 3-66 所示。

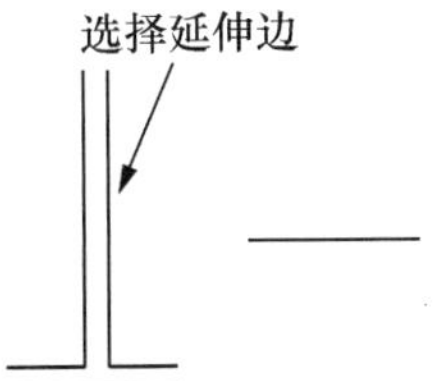

图 3-64 选定延伸边

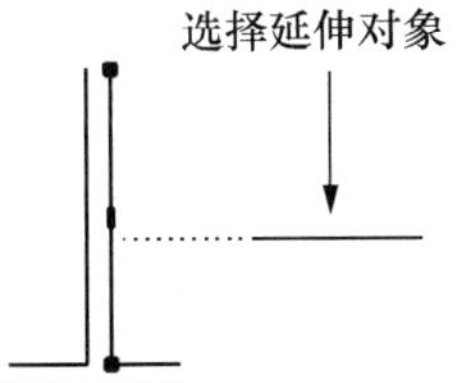

图 3-65 选择延伸对象

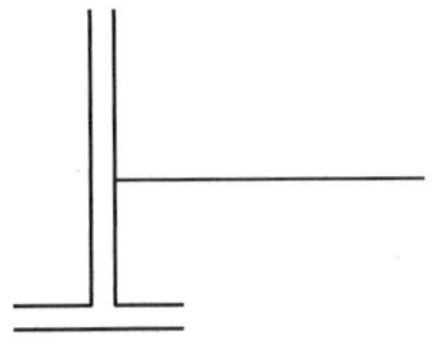

图 3-66 完成修剪

【延伸】命令行提示各选项内容如下：

【按 Shift】：按住 Shift，软件会自动将【延伸】命令变为【修剪】命令。

【栏选】(F)：选择与选择栏相交的所有对象。

【窗交】(C)：选择矩形区域(由两点确定)内部或与之相交的对象。

【投影】(P)：指定延伸对象时使用的投影方法。

【边】(E)：选择对象的延伸方式，是延伸还是不延伸。

◆ 延伸(E)：延伸对象边界进行修剪，如果边界与需延伸对象没有相交，软件会延伸边界与需延伸对象相交进行延伸。

◆ 不延伸(N)：不延伸对象边界，只延伸与对象边界相交的对象。

【放弃】(U)：放弃最近由【延伸】命令所做的更改。

3.6.3 对象的拉伸

【拉伸】命令用于拉伸与选择窗口或多边形交叉的对象，操作方式主要有以下 4 种：

◆ 功能区：单击【修改】选项卡中的【拉伸】按钮。

◆ 菜单栏：单击【修改】菜单栏中的【拉伸】。

◆ 命令行：输入【STRETCH】或【STR】。

◆ 工具栏：单击【绘图】工具栏中的【拉伸】按钮。

★实例 3-22 演示：拉伸对象

①打开链接网址中 CAD 素材文件—第 3 章—实例 3-22“拉伸对象. dwg”，如图 3-67 所示。

②在命令行中输入“S”，点空格键确定后，使用窗交方式选中图中的弧形。

③点击空格键确定后，选择弧形顶点作为拉伸基点，如图 3-68 所示。

④向右平移光标，在命令行输入移动距离“4”，确定后完成对象拉伸，如图 3-69 所示。

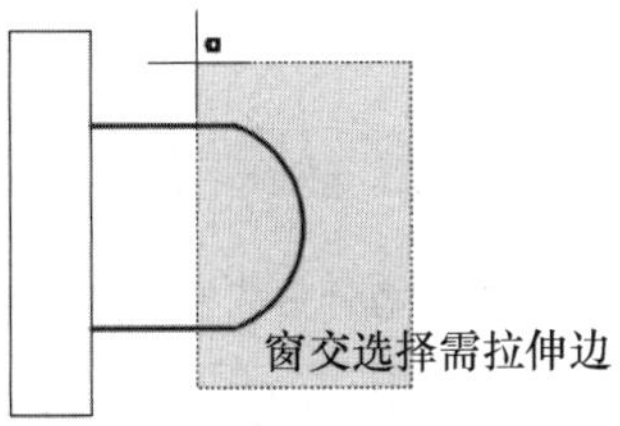

图 3-67 使用窗交选定拉伸边

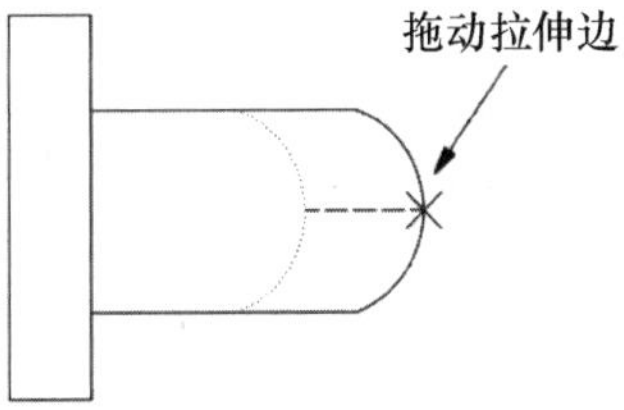

图 3-68 确定拉伸位置

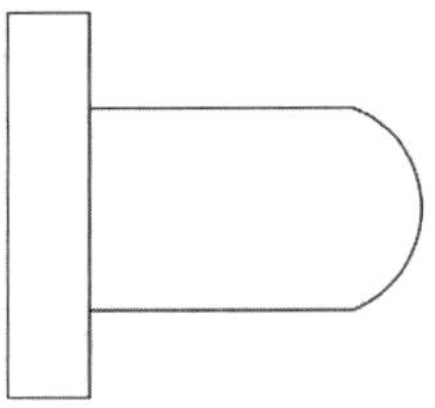

图 3-69 完成拉伸

提示：“拉伸”命令必须采用窗交的方式选择对象需拉伸部分。采用其他方式选择的对象，只是将对象移动而不是拉伸至目标点。

3.6.4 对象的拉长

【拉长】命令用于更改对象的长度和圆弧的包含角，操作方式主要有以下 3 种：

◆ 功能区：单击【修改】选项卡中的【拉长】按钮。

◆ 菜单栏：单击【修改】菜单栏中的【拉长】。

◆ 命令行：输入【LENGTHEN】或【LEN】。

【拉长】命令行提示各选项内容如下：

【增量】(DE)：以指定的增量修改对象的长度，该增量从距离选择点最近的端点处开始测量，见图 3-70。

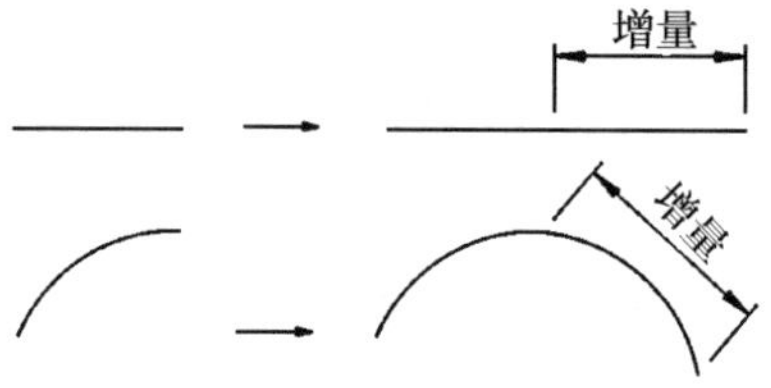

图 3-70　增量方式拉长对象

【百分比】(P)：通过指定对象总长度的百分数设定对象长度。

【总计】(T)：将对象从离选择点最近的端点拉长到指定值，如图 3-71 所示。

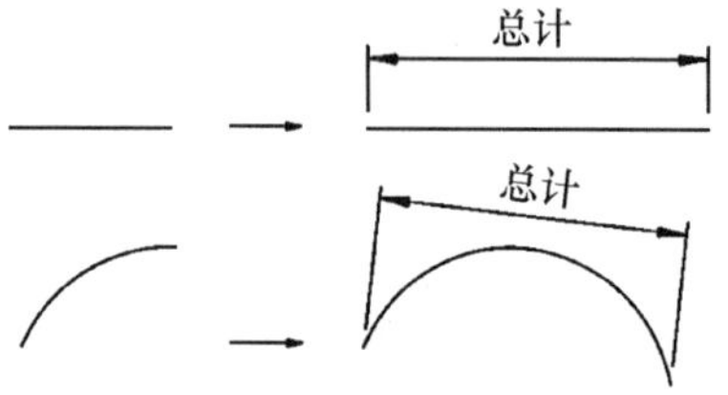

图 3-71　总计方式拉长对象

【动态】(DY)：通过拖动选定对象的端点之一来更改其长度。

3.6.5　对象的打断

【打断】命令用于在两点之间打断选定对象，操作方式主要有以下 4 种：

◆ 功能区：单击【修改】选项卡中的【打断】按钮。

◆ 菜单栏：单击【修改】菜单栏中的【打断】。

◆ 命令行：输入【BREAK】或【BR】。

◆ 工具栏：单击【绘图】工具栏中的【打断】按钮。

★实例 3-23 演示：打断对象

①打开链接网址中 CAD 素材文件—第 3 章—实例 3-23“打断对象.dwg”，如图 3-72 所示。

②选中图中直线，在命令行中输入“BR”。

③点空格键确定后，使用光标点击直线上的位置 1，再将光标移动到直线上的位置 2，被打断部分会减淡为浅灰色。

④点击鼠标确定后，完成直线打断。

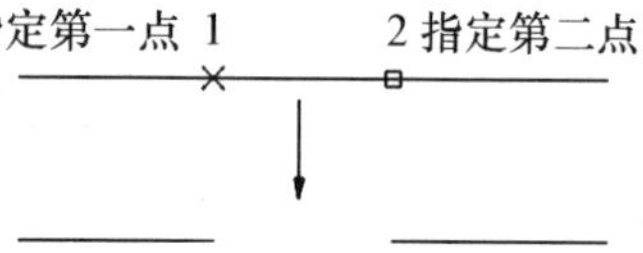

图 3-72　打断命令打断对象

【打断于点】命令能在单个点处打断选定的对象，操作方式与【打断】命令相似，如图 3-73 所示。操作方式主要有以下 2 种：

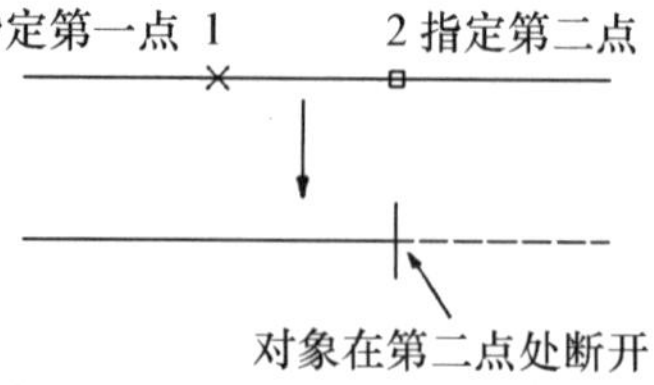

图 3-73　“打断于点”命令打断对象

◆ 功能区：单击【修改】选项卡中的【打断于点】按钮。

◆ 工具栏：单击【绘图】工具栏中的【打断于点】按钮。

3.6.6　对象的合并

【合并】命令用于合并线性和弯曲对象的端点，以便创建单个对象，操作方式主要有以下 4 种：

◆ 功能区：单击【修改】选项卡中的【合并】按钮。

◆ 菜单栏：单击【修改】菜单栏中的【合并】。

◆ 命令行：输入【JOIN】或【J】。

◆ 工具栏：单击【绘图】工具栏中的【合并】按钮。

★实例 3-24 演示：合并对象

①打开链接网址中 CAD 素材文件—第 3 章—实例 3-24“合并对象.dwg”，如图 3-74 所示。

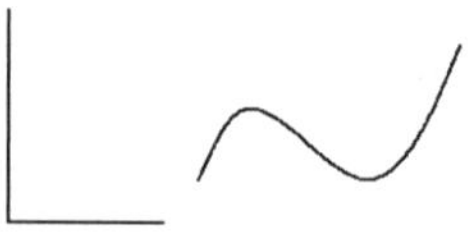

图 3-74　选择合并对象

②选中图中的样条曲线，在命令行中输入“M”，将样条曲线左端点与多段线右端点相连。

③在命令行输入“J”，选择多段线，再选择样条曲线，如图 3-75 所示。

④点击空格键确定后，完成合并，如图 3-76 所示。

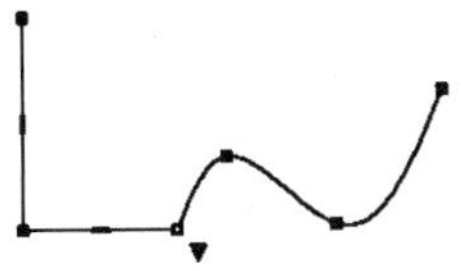

图 3-75 将对象首尾连接

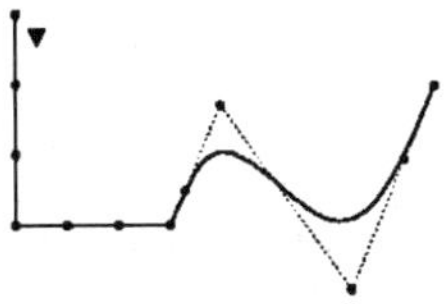

图 3-76 完成合并

3.6.7 对象的分解

【分解】命令用于将复合对象分解为其组件对象，操作方式主要有以下 4 种：

- 功能区：单击【修改】选项卡中的【分解】按钮。
- 菜单栏：单击【修改】菜单栏中的【分解】。
- 命令行：输入【EXPLODE】或【X】。
- 工具栏：单击【绘图】工具栏中的【分解】按钮。

提示：对象被分解后，原有的颜色、线型、线宽等属性可能会发生改变，具体变化根据对象类型的不同而有所区别。

3.6.8 对象的倒角

【倒角】命令用于为两个对象的边创建倒角，对象可以是直线、射线、多段线等，操作方式主要有以下 4 种：

- 功能区：单击【修改】选项卡中的【倒角】按钮。
- 菜单栏：单击【修改】菜单栏中的【倒角】。
- 命令行：输入【CHAMFER】或【CHA】。
- 工具栏：单击【修改】工具栏中的【倒角】按钮。

★实例 3-25 演示：矩形倒角

①打开链接网址中 CAD 素材文件—第 3 章—实例 3-25“矩形倒角.dwg”，如图 3-77 所示。

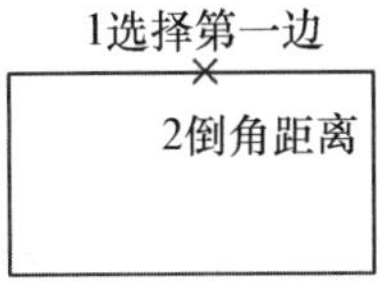

图 3-77 倒角对象

②选中图中的矩形，在命令行中输入“CHA”。

③在命令行输入“D”设置倒角距离，提示第一个距离时输入“2”，提示第二个距离时输入“2”。

④确定后，选中矩形的上边，再将光标移至矩形右边，软件将会自动生成倒角后的预览线段。如图 3-78 所示。

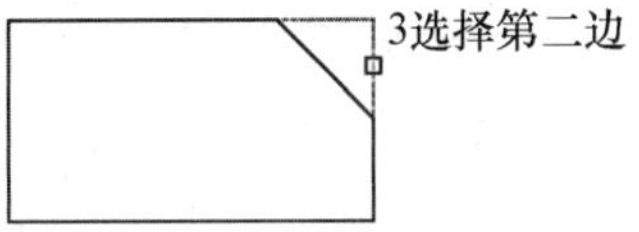

图 3-78 选择倒角边

⑤点击鼠标确定后，完成矩形一个角的倒角，如图 3-79 所示。

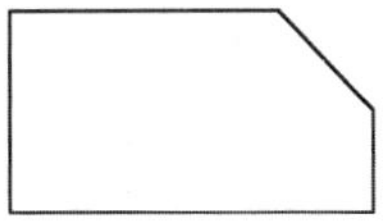

图 3-79 完成倒角

【倒角】命令行提示各选项内容如下：

【按住 Shift】：按住 Shift 键可快速连接两对象而不进行倒角。

【放弃】(U)：恢复【倒角】命令中执行的上一个操作。

【多段线】(P)：在多段线中两条直线段相交的每个顶点处插入倒角线，如图 3-80 所示。

图 3-80 多段线倒角

【距离】(D)：设置距第一个对象和第二个对象的交点的倒角距离，如图 3-81 所示。

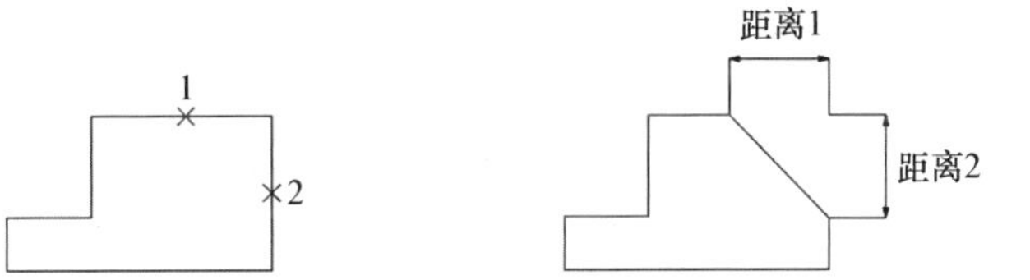

图 3-81 通过距离设置倒角

【角度】(A)：设置距选定对象的交点的倒角距离，以及与第一个对象或线段所成的角度，如图 3-82 所示。

图 3-82 通过角度设置倒角

【修剪】(T):控制是否修剪选定对象以与倒角线的端点相交,如图 3-83 所示。

图 3-83 是否修剪倒角

【方式】(E):选择倒角方式采用【距离】还是【角度】。

【多个】(M):同时对多个对象进行倒角。

3.6.9 对象的圆角

【圆角】命令用于在两个对象之间创建相切的圆弧。圆角对象可以是直线、射线、多段线、样条曲线、圆、圆弧和椭圆等。操作方式主要有以下 4 种:

- 功能区:单击【修改】选项卡中的【圆角】按钮。
- 菜单栏:单击【修改】菜单栏中的【圆角】。
- 命令行:输入【FILLET】或【F】。
- 工具栏:单击【修改】工具栏中的【圆角】按钮。

★实例 3-26 演示:矩形圆角

①打开链接网址中 CAD 素材文件—第 3 章—实例 3-26"矩形圆角.dwg",如图 3-84 所示。

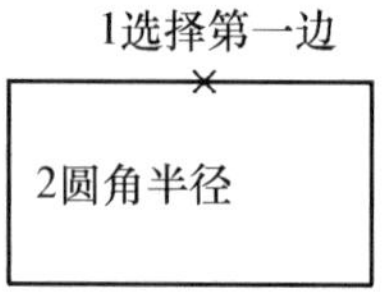

图 3-84 倒角对象

②选中图中的矩形,在命令行中输入"F"。

③在命令行输入"R",根据提示输入"3",设置圆角半径为 3。

④确定后,选中矩形的上边,再将光标移至矩形右边,软件将会自动生成圆角后的预览线段。如图 3-85 所示。

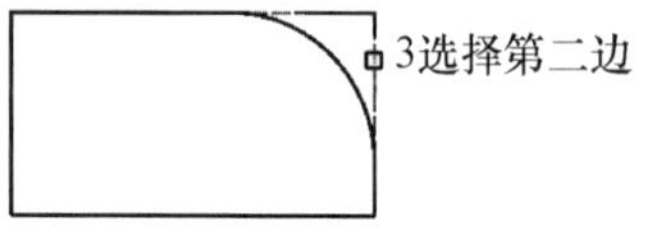

图 3-85 选择倒角边

⑤点击鼠标确定后,完成矩形一个角的圆角,如图 3-86 所示。

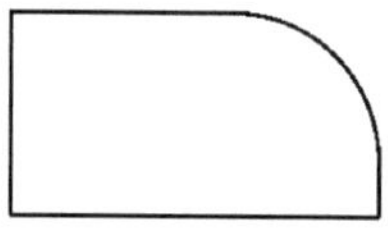

图 3-86 完成倒角

【圆角】命令行提示各选项内容如下:

【按住 Shift】:按住 Shift 键可快速连接两对象而不进行圆角。

【放弃】(U):恢复在【圆角】命令中执行的上一个操作。

【多段线】(P):在多段线中两条直线段相交的每个顶点处插入圆角。

【半径】(R):设置后续圆角的半径,更改此值不会影响现有圆角。

【修剪】(T):设置后续圆角的半径,更改此值不会影响现有圆角。

【多个】(M):同时对多个对象进行圆角。

不同选择方式对圆角形式的影响如图 3-87 所示。

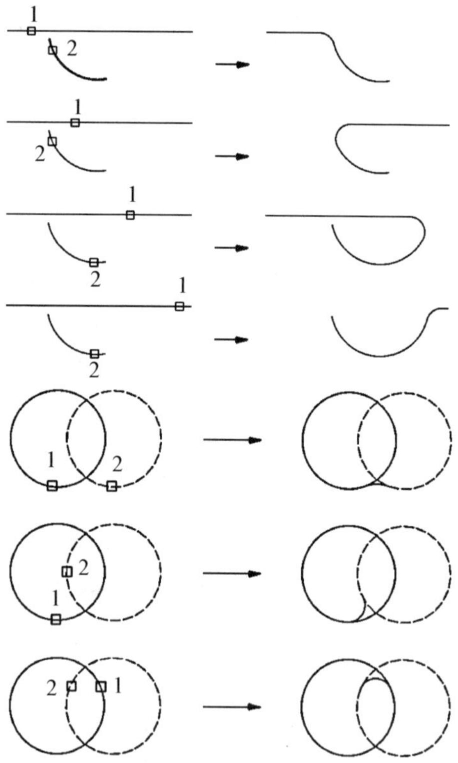

图 3-87 不同选择方式对圆角形式的影响

★实例 3-27 演示:绘制道路交叉口

①在命令行中输入"L"画出一条直线,如图 3-88

所示。

②使用偏移命令“O”向下偏移“20”画出红线宽度为 20 m 的道路。

③继续输入偏移命令“O”，将两直线分别向下和向上偏移“3”，绘制 3 m 宽的人行道，如图 3-89 所示。

图 3-88　绘制直线

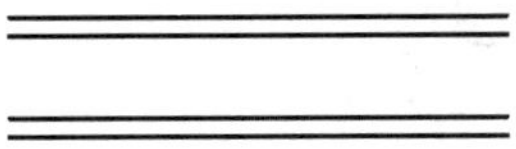

图 3-89　通过偏移绘制道路

④重复步骤①和②，绘制红线宽度为 15 m，人行道宽度为 2 m 的竖向道路，如图 3-90 所示。

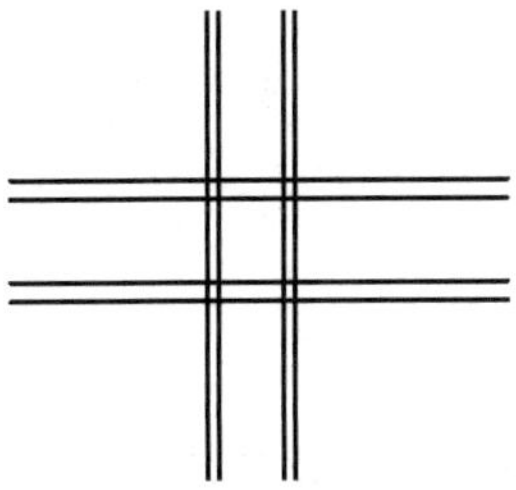

图 3-90　继续绘制另一道路

⑤选择两条道路，在命令行输入“TR”，修剪交叉的直线，如图 3-91 所示。

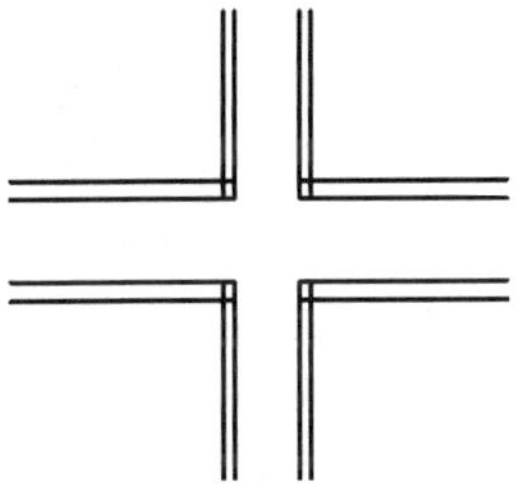

图 3-91　修剪交叉口

⑥单击“修改”功能区中的“倒角”按钮，在命令行输入“D”，设置两个倒角距离都为“5”。

⑦依次两两点击外侧的直线，完成四个角的倒角，如图 3-92 所示。

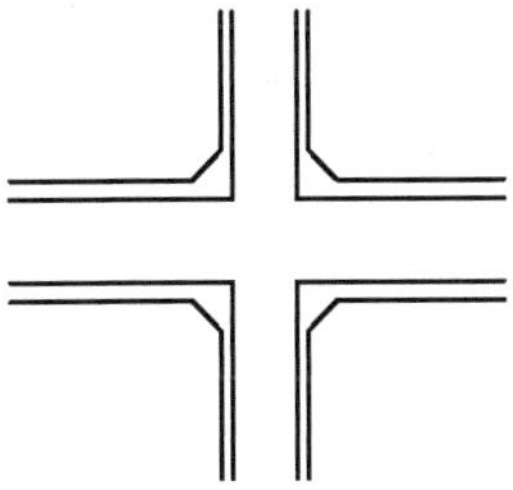

图 3-92　倒角道路红线

⑧单击“修改”功能区中的“圆角”按钮，在命令行输入“R”，设置圆角半径为“8”。

⑨依次两两点击内侧的直线，完成四个角的圆角，从而完成道路交叉口的绘制，如图 3-93 所示。

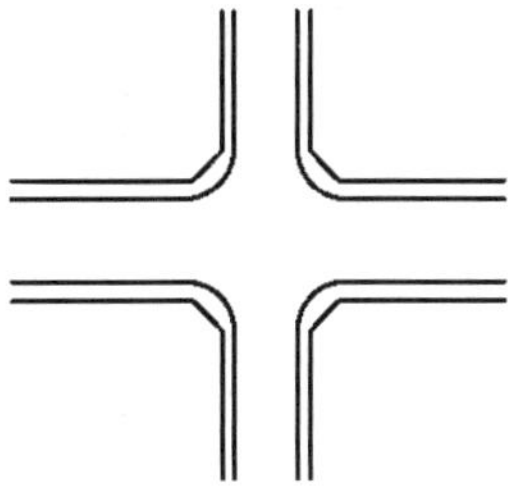

图 3-93　圆角人行道边线

3.7　对象编辑命令

3.7.1　对象夹点编辑

【夹点编辑】可以使用不同类型的夹点和夹点模式重新塑造、移动或操纵对象（图 3-94）。AutoCAD 2024 默认开启【夹点编辑】功能，如需修改，可在命令行输入【GRIPS】进行变量调整。输入【0】表示关闭该功能，【1】表示只在顶点开启，【2】表示在顶点和边均开启。

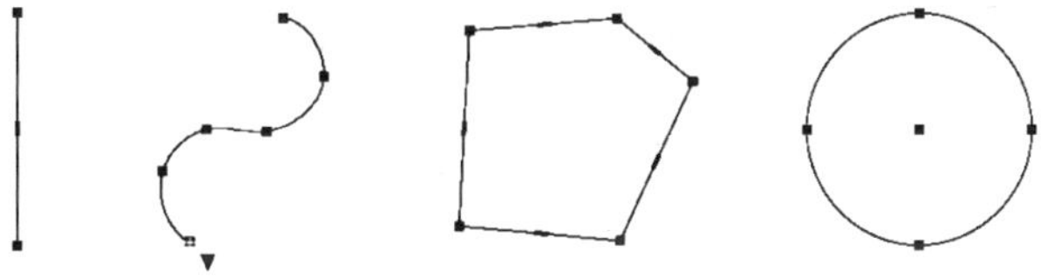

图 3-94　不同对象上的夹点

★实例 3-28 演示：利用夹点编辑对象

①打开链接网址中 CAD 素材文件—第 3 章—实例 3-28“利用夹点编辑对象.dwg”，如图 3-95 所示。

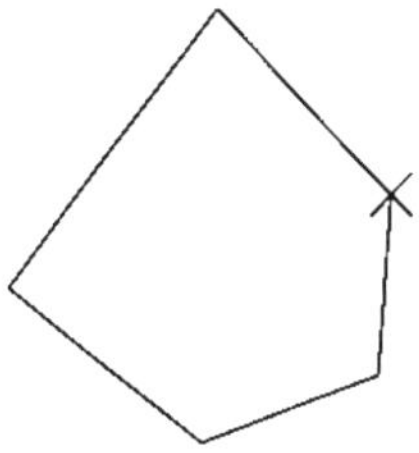

图 3-95　选择多边形夹点

②选中图中的多边形，点击右端点上的蓝色方块，如图 3-96 所示。

③拖动光标，将选中的夹点向左移动。

④再次点击鼠标，确定完成夹点编辑，如图 3-97 所示。

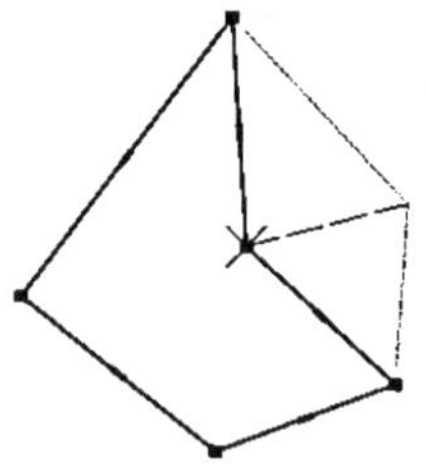

图 3-96　移动夹点

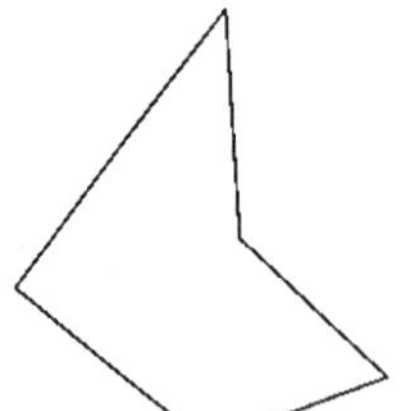

图 3-97　完成夹点编辑

【夹点编辑】常见选项命令内容如下：

【拉伸顶点】：移动顶夹点位置，见图 3-98。

【添加顶点】：在指定位置增加一个顶点，见图 3-99。

【删除顶点】：删除所选顶点，见图 3-100。

【拉长顶点】：增加圆弧的长度，见图 3-101。

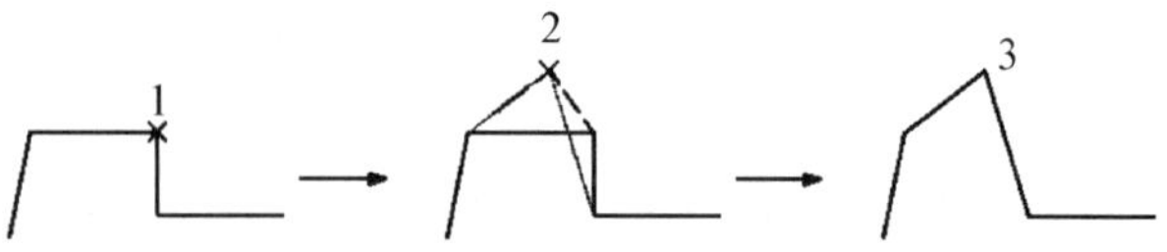

图 3-98　拉伸顶点

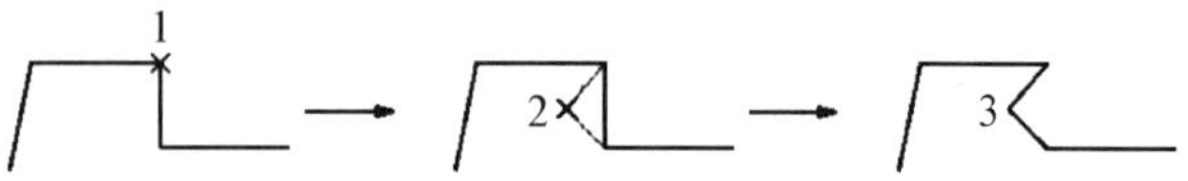

图 3-99　添加顶点

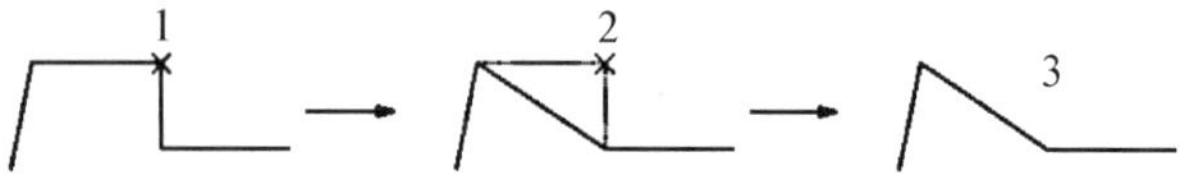

图 3-100　删除顶点

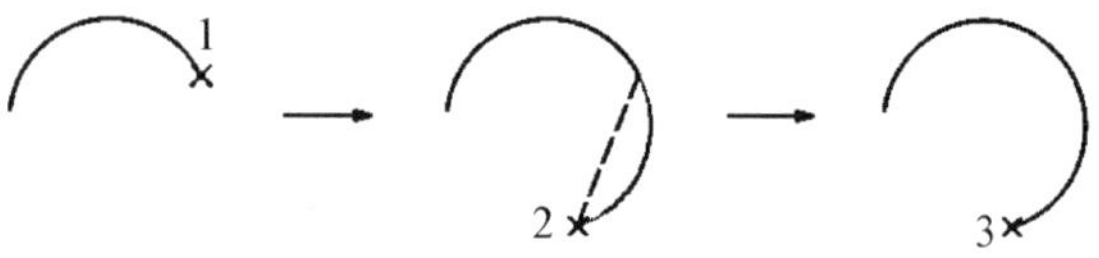

图 3-101　拉长顶点

【相切方向】：改变样条曲线的切线方向。

【拉伸】：随着光标移动边夹点位置，从而改变对象形状。

【转换为圆弧】：如果边为直线则转换为圆弧，如图 3-102 所示。

【转换为直线】：如果边为圆弧则转换为直线，如图 3-103 所示。

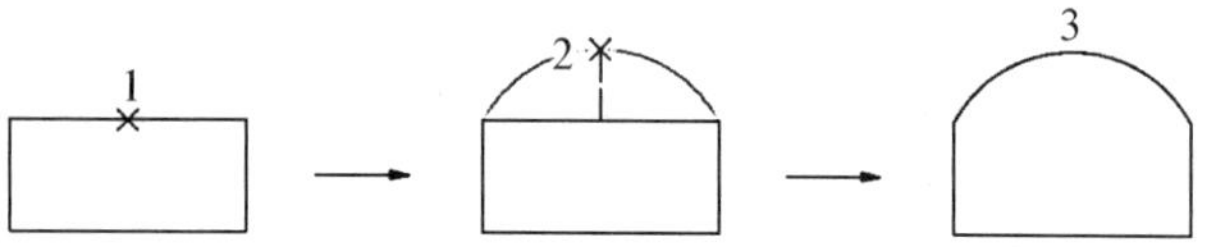

图 3-102　转换为圆弧

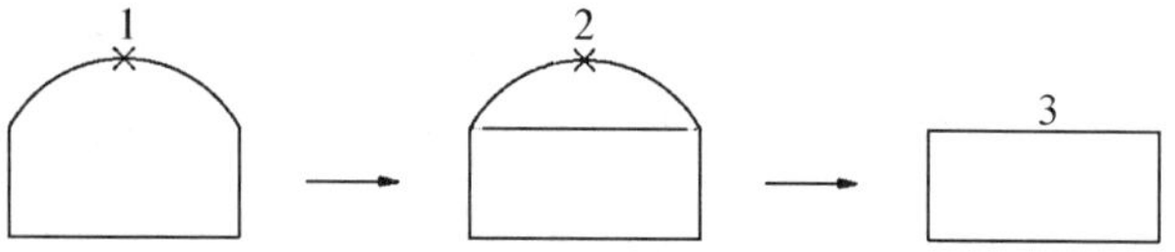

图 3-103　转换为直线

提示：按住 Shift 键，可选择多个夹点。当选择多个夹点作为拉伸对象时，选定的夹点将保持原状，不会因为拉伸而变形。文字、块参照、直线中点、圆心和点对象上的夹点是移动而不是拉伸。

3.7.2　对象特性编辑

【特性】是修改对象特性的一种常用方式，能够直观、准确、快捷地对目标对象进行编辑。操作方式主要有以下 5 种：

- 功能区：单击【特性】选项卡中的【特性】按钮。
- 菜单栏：单击【修改】菜单栏中的【特性】。
- 命令行：输入【DDMODIFY】或【PROPERTIES】。
- 工具栏：单击【标准】工具栏中的【特性】按钮。
- 快捷键：使用【Ctrl+1】快捷键。

不同的对象在【特性】面板里显示的属性各不相同，如图 3-104 所示。要修改对象属性，直接调整属性对话框内的数值或选项即可。

3.7.3　对象特性匹配

【特性匹配】命令用于快速地将目标对象属性与源对象属性进行匹配，从而使前者属性与后者一致。操作方式主要有以下 4 种：

- 功能区：单击【特性】选项卡中的【特性匹配】按钮。
- 菜单栏：单击【修改】菜单栏中的【特性匹配】。
- 命令行：输入【MATCHPROP】或【MA】。
- 工具栏：单击【标准】工具栏中的【特性匹配】按钮。

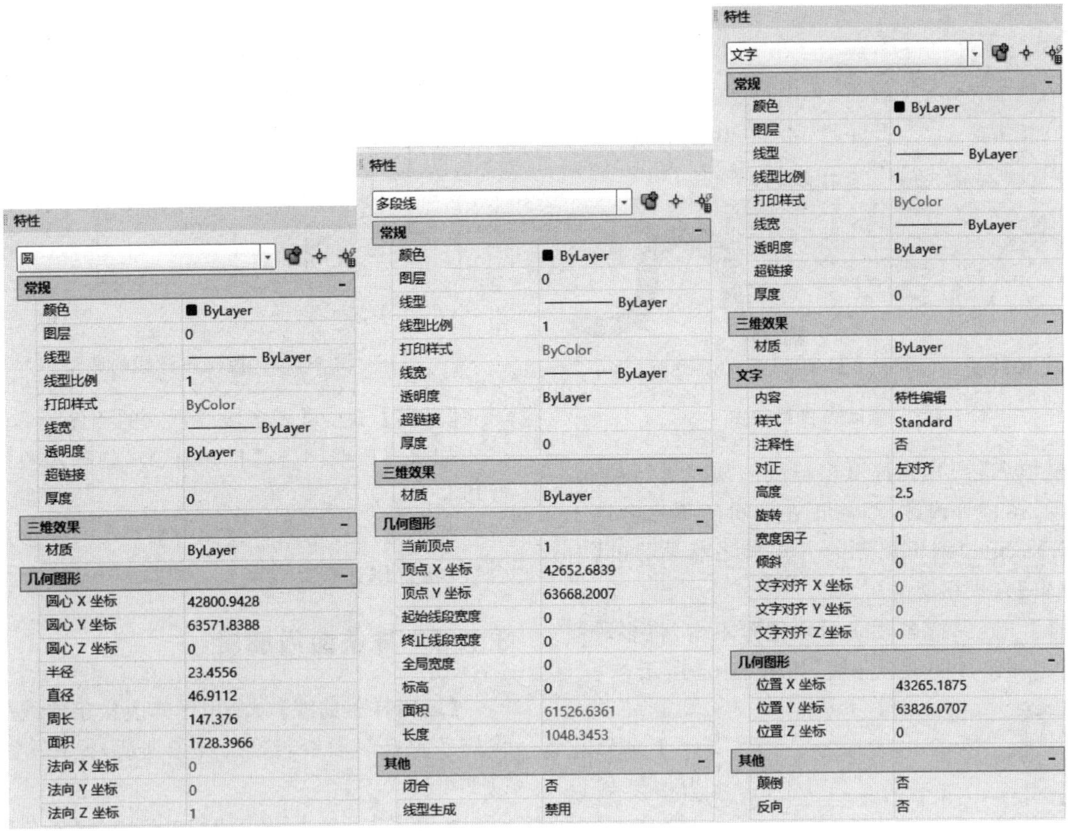

图 3-104　不同对象上的【特性】面板

★实例 3-29 演示：匹配对象特性

①打开链接网址中 CAD 素材文件—第 3 章—实例 3-29"匹配对象特性.dwg"，如图 3-105 所示。

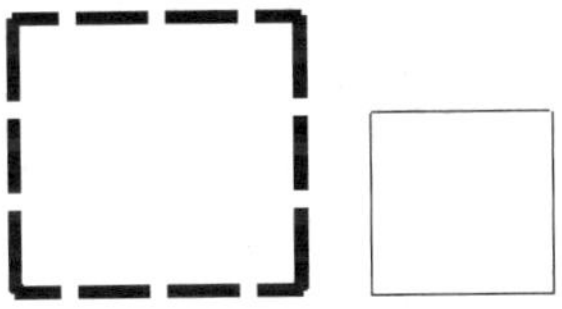

图 3-105　待匹配特性的对象

②在命令行输入"MA"，根据提示选择左侧矩形，完成后光标上将会出现画笔的图案。

③将光标移至右侧小矩形，小矩形线条样式将会变为与大矩形一样，如图 3-106 所示。

④单击鼠标确定，完成对象之间的特性匹配。

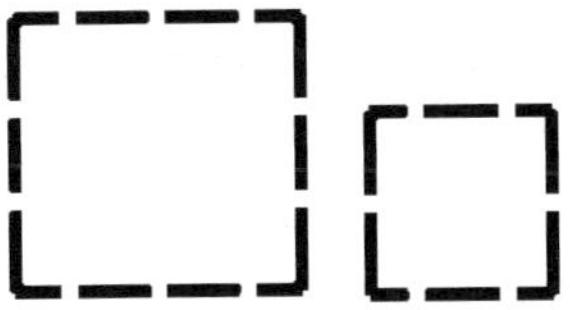

图 3-106　完成特性匹配

3.7.4　多段线编辑

【编辑多段线】命令用于编辑多段线以及相关对象，操作方式主要有以下 4 种：

- 菜单栏：单击【修改】菜单栏中的【对象】，再选择【多段线】。
- 命令行：输入【PEDIT】或【PE】。
- 工具栏：单击【修改 II】工具栏中的【编辑多段线】按钮。
- 右击多段线，弹出菜单选择【多段线】，再选择【编辑多段线】。

【编辑多段线】命令行提示各选项内容如下：

【合并】(J)：将其他首尾端点相连的直线、多段线或圆弧合并到选择的多段线中，使之成为一个对象，如图 3-107 所示。

【宽度】(W)：修改多段线宽度，如图 3-108 所示。

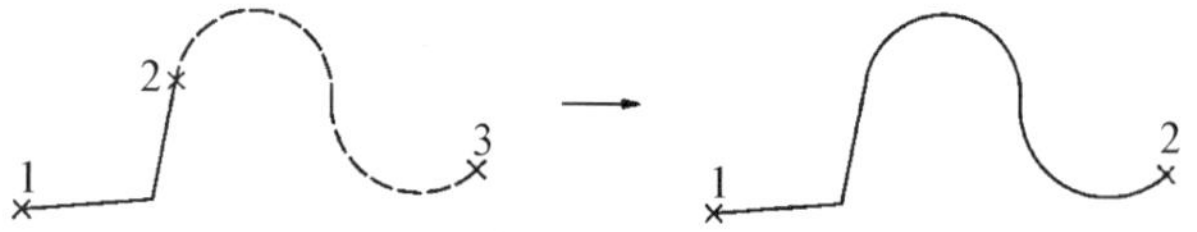

(a) 合并前　　(b) 合并后

图 3-107　合并多段线

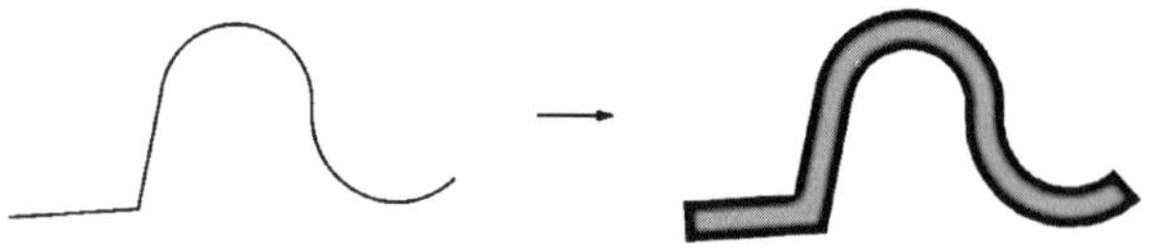

(a) 修改前　　(b) 修改后

图 3-108　修改多段线线宽

【编辑顶点】(E):允许对多段线的顶点进行插入、删除、移动、拉直等修改,当前正在编辑的顶点会以十字形的【X】标记。编辑顶点的方式与之前学习的【对象夹点编辑】方式相似。

【拟合】(F):保持多段线顶点位置不变,将多段线变为平滑圆弧组成的拟合曲线,如图 3-109 所示。

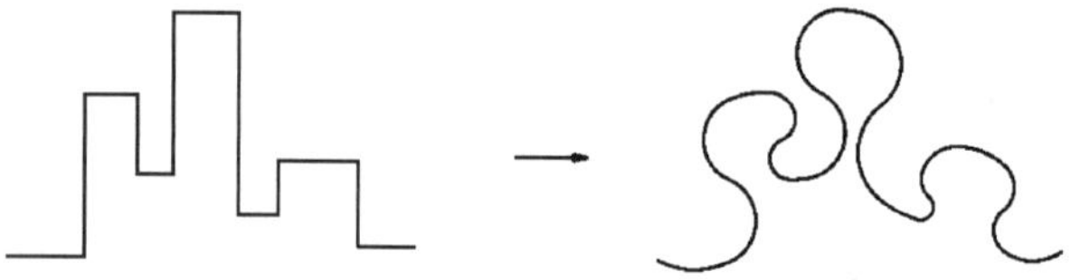

(a) 修改前　　(b) 修改后

图 3-109　修改多段线为拟合曲线

【样条曲线】(S):以多段线顶点为控制点,将多段线变为样条曲线,如图 3-110 所示。

(a) 修改前　　(b) 修改后

图 3-110　修改多段线为样条曲线

【非曲线化】(D):删除由拟合曲线或样条曲线插入的多余顶点,拉直多段线的所有线段,如图 3-111 所示。

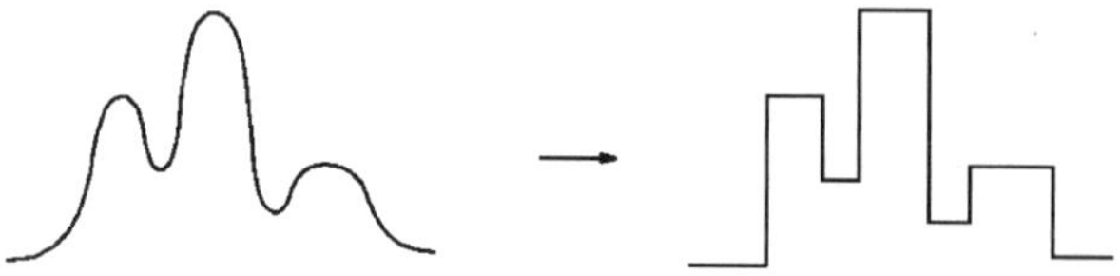

(a) 修改前　　(b) 修改后

图 3-111　使多段线非曲线化

【线型生成】(L):生成经过多段线顶点的连续图案线型,关闭选项将会在每个顶点单独生成线型,如图 3-112 所示。

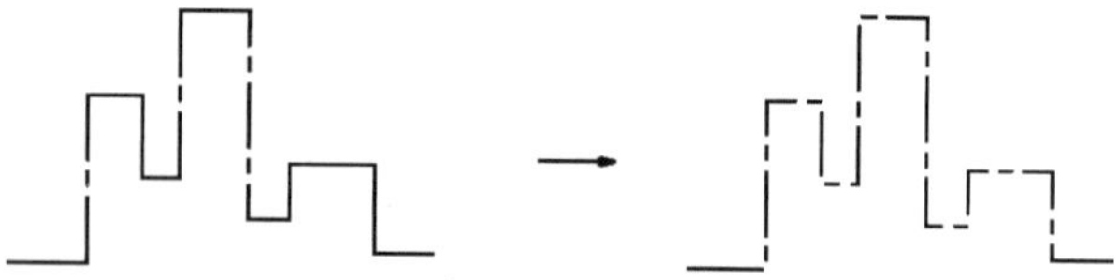

(a) 关闭　　(b) 开启

图 3-112　控制多段线的线型

【反转】(R):反转多段线顶点的顺序。

如果多段线闭合,【打开】(O),删除多段线的闭合线段。

如果多段线不闭合,【闭合】(C),创建多段线的闭合线,将首尾连接。

3.7.5　样条曲线编辑

【编辑样条曲线】命令用于修改样条曲线的参数或将样条拟合多段线转换为样条曲线,操作方式主要有以下 4 种。

- 菜单栏:单击【修改】菜单栏中的【对象】,再选择【样条曲线】。
- 命令行:输入【SPLINEDIT】或【PE】。
- 工具栏:单击【修改 II】工具栏中的【编辑样条曲线】按钮。
- 右击样条曲线,弹出菜单→【样条曲线】。

【编辑样条曲线】命令行提示各选项内容如下:

【合并】(J):将其他端点相连的样条曲线合并到选择的样条曲线,使之成为一个对象。

【拟合数据】(F):对样条曲线的拟合点进行编辑。

【编辑顶点】(E):对样条曲线的控制点进行编辑。

【转换为多段线】(P):将样条曲线转换为多段线。

【反转】(R):反转多段线顶点的顺序。

【放弃】(U):放弃上一步操作。

3.7.6　多线编辑

【编辑多线】命令用于编辑修改多线样式。操作方式主要有以下 3 种。

- 菜单栏:单击【修改】菜单栏中的【对象】,再选择【多线】。
- 命令行:输入【MLEDIT】。

◆ 双击需编辑的多线。

★实例 3-30 演示:编辑多线

①打开链接网址中 CAD 素材文件—第 3 章—实例 3-30“编辑多线.dwg”,如图 3-113 所示。

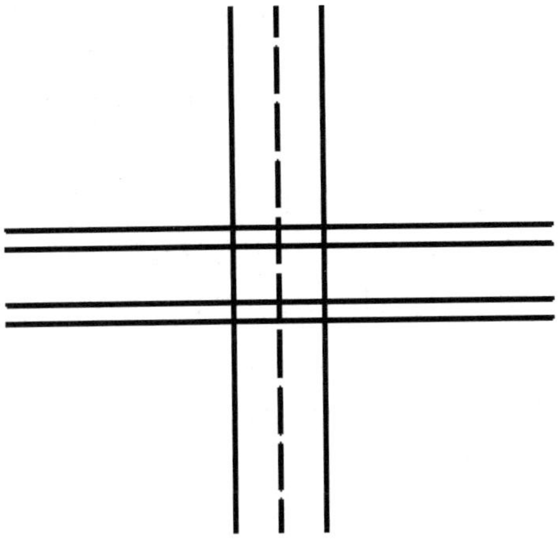

图 3-113　待编辑多线

②双击绘制好的横向多线,弹出“多线编辑工具”对话框,如图 3-114 所示。

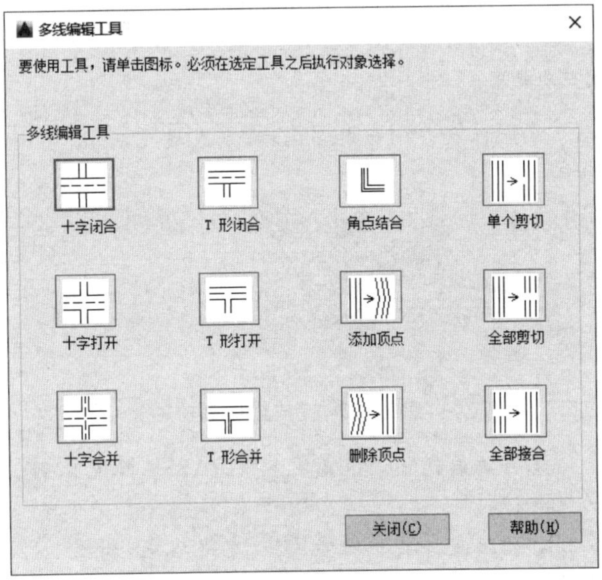

图 3-114　“多线编辑工具”对话框

③在对话框中选择“十字打开”后,点击关闭,退出对话框。

④根据命令行提示,先选择横向多线,再选择竖向多线。单击鼠标确定,完成多线的编辑,如图 3-115 所示。

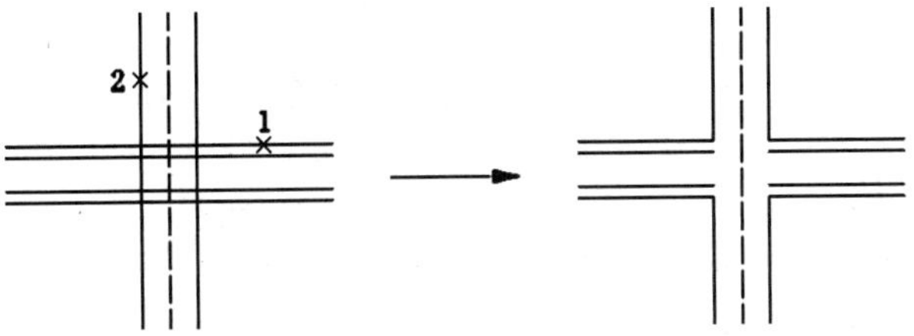

图 3-115　完成多线编辑

3.8　图案填充命令

3.8.1　创建图案填充

在 AutoCAD 软件中,【图案填充】分为 3 种类型,分别是【图案填充】【渐变色】和【边界】。软件默认会在功能区位置显示【图案填充】快捷选项,便于快速操作。如需调整【图案填充】设置,可在执行命令后,根据命令行提示输入【T】调出对话框,如图 3-116 所示。下文主要介绍通过功能区进行填充的操作方式。

图 3-116　“图案填充与渐变色”对话框

进行图案填充时,需要确定填充的区域,该区域必须由线、弧等能够成为图案边界的对象闭合而成。如果填充的区域不闭合,系统便会弹出如图 3-117 所示

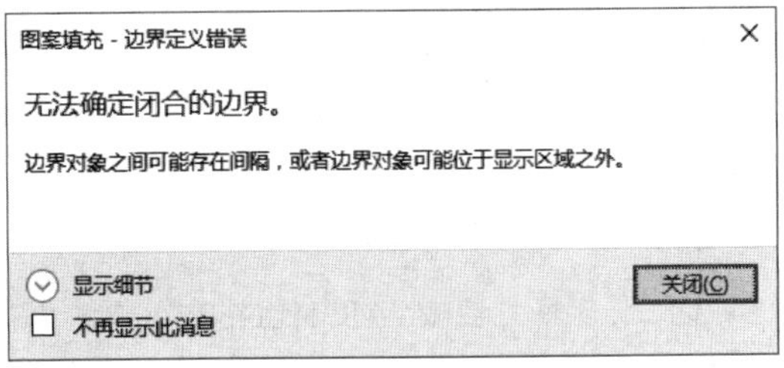

图 3-117　图案填充警告框

的警告窗口。

在 AutoCAD 软件里，把位于填充区域内部的其他封闭区域称为【孤岛】。在实际应用时，我们通常会遇到多个对象交叉组合的复杂情况，这时就需要用到【孤岛】填充。软件预设了如图 3-118 所示的 3 种图案填充方式：

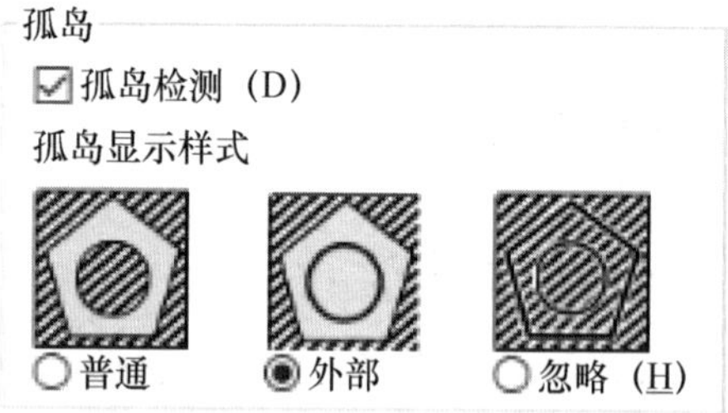

图 3-118　孤岛类型

【普通】：从外部边界向内填充，如遇内部孤岛，填充将关闭，直至遇到孤岛中的另一个孤岛。

【外部】：从外部边界向内填充，此选项只填充选定区域，不影响内部孤岛。

【忽略】：忽略所有内部对象，填充将通过这些对象。

(1)图案填充　【图案填充】用于将指定的图案填充至整个对象或对象的局部区域里，操作方式主要有以下 4 种：

◆ 功能区：单击【绘图】选项卡中的【图案填充】按钮。

◆ 菜单栏：单击【绘图】菜单栏中的【图案填充】。

◆ 命令行：输入【HATCH】或【H】。

◆ 工具栏：单击【绘图】工具栏中的【图案填充】按钮。

★实例 3-31 演示：填充园林铺装

①打开链接网址中 CAD 素材文件—第 3 章—实例 3-31"填充园林铺装.dwg"。

②单击【绘图】选项卡中的【图案填充】按钮，调出图案填充选项卡，如图 3-119 所示。

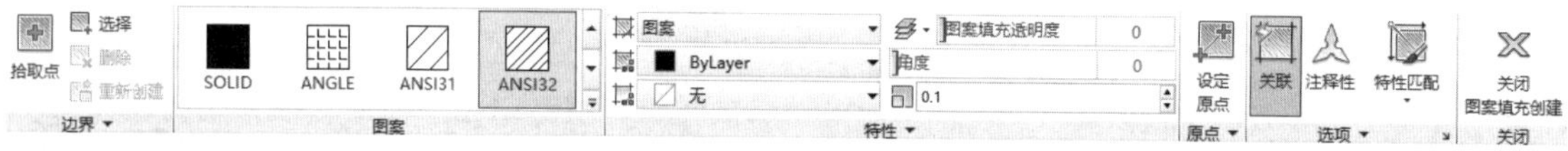

图 3-119　图案填充功能区

③选择预设填充图案"GRAVEL"，填充比例设为"0.1"。

④光标点击游园路内部区域，完成填充，如图 3-120、图 3-121 所示。

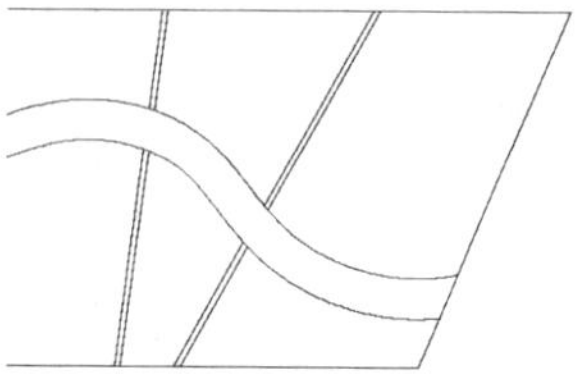

图 3-120　填充对象

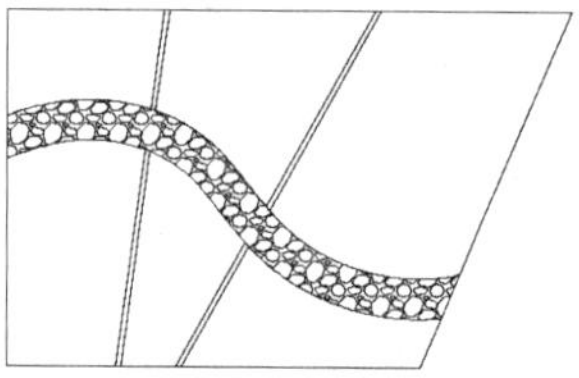

图 3-121　完成游园路填充

⑤选择预设填充图案"AR-HBONE"，填充比例设为"0.01"。

⑥光标点击广场内部区域，完成填充，如图 3-122 所示。

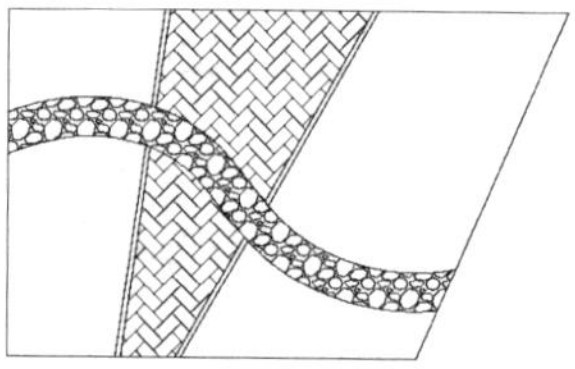

图 3-122　完成广场填充

⑦再次选择预设填充图案"GRASS"，填充比例设为"0.01"。

⑧光标点击草坪内部区域，完成填充，如图 3-123 所示。

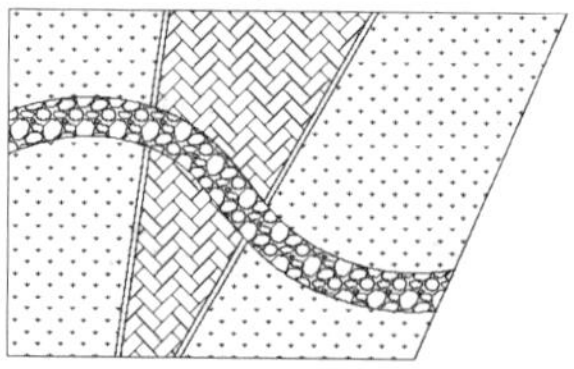

图 3-123　完成草坪填充

【图案填充】选项卡各参数内容如下：

【边界】：通过边界确定填充范围。

◆ 拾取点：光标移动到需填充区域的任意位置，软件将会自动计算填充范围，完成填充，如图 3-124 所示。

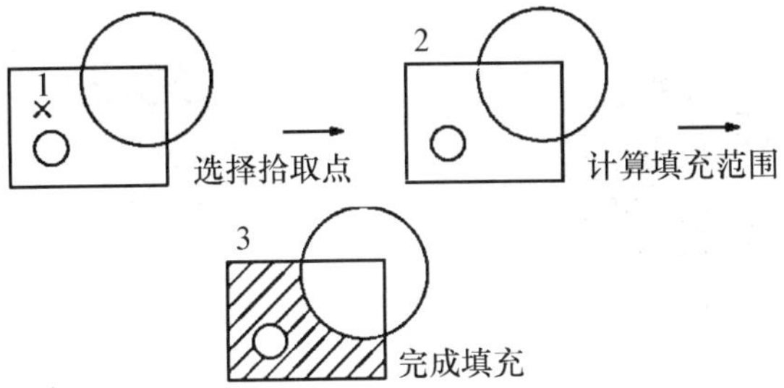

图 3-124　拾取点方式填充

◆ 选择：选择形成封闭区域的对象进行填充，如图 3-125 所示。

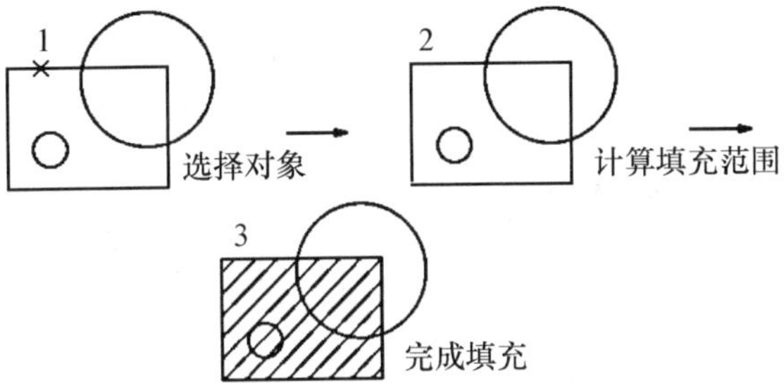

图 3-125　选择对象填充

【图案】：选择软件预设的图案类型或实体色块。

【特性】：选择填充图案的特性。

◆ 图案填充类型：在实体、渐变色、图案和用户定义之间切换。实体：填充实心色块。渐变色：填充平滑过渡的渐变色块。图案：填充 ANSI、ISO 或其他行业标准图案。用户定义：填充用户已设置保存好的图案。

◆ 图案填充颜色：选择填充图案或色块的颜色。

◆ 背景色：选择填充图案的背景颜色，如果填充实体则不可选。

◆ 图案填充透明度：设置填充图案或色块的透明度，最大值为 90。

◆ 图案填充角度：设置图案的旋转角度，如图 3-126 所示。

◆ 图案填充比例：设置图案的缩放比例，如图 3-127 所示。

【原点】：设置填充图案的原点位置。

【选项】：设置填充图案的关联。

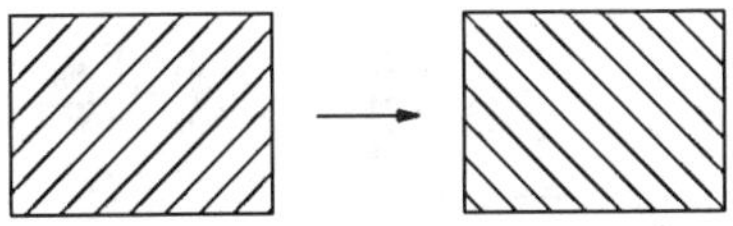

图 3-126　改变图案填充角度

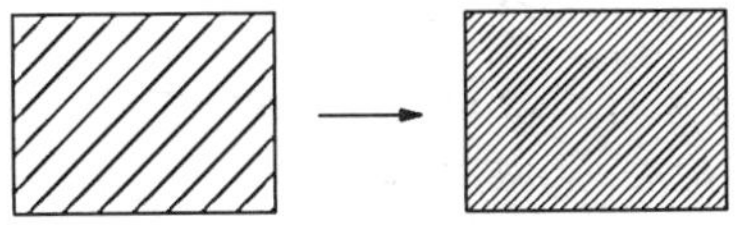

图 3-127　改变图案填充比例

◆ 关联：关联边界与填充图案，选中后调整边界填充图案也会被调整，如图 3-128 所示。

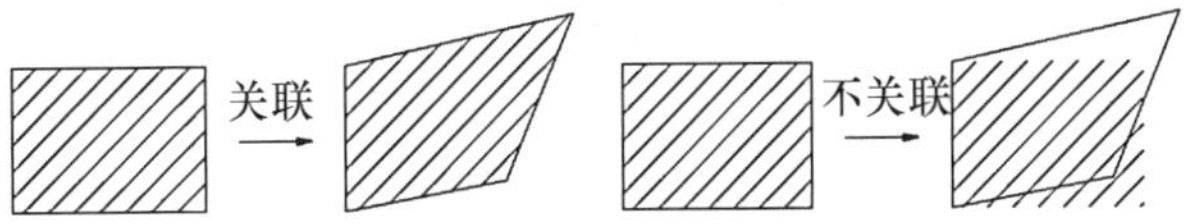

图 3-128　设置填充图案与边界是否关联

◆ 注释性：填充图案比例将会随视口变化而调整。

◆ 特性匹配：将选定对象的图案特性匹配给填充图案。

◆ 独立图案填充：当选择多个填充边界时，是创建单个填充图案还是分别创建多个填充图案，如图 3-129 所示。

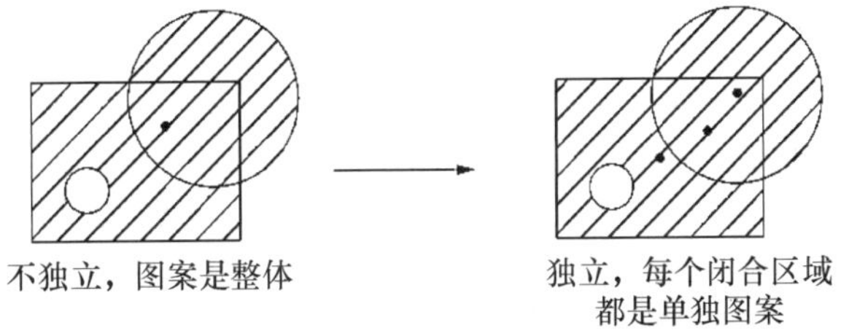

图 3-129　设置填充图案是否独立

◆ 外部孤岛检测：选择孤岛检测的方式。

◆ 绘图次序：改变填充图案的层级。

(2)渐变色　【渐变色】与【图案填充】相似，也是将指定的渐变色填充至整个对象或对象的局部区域里，操作方式主要有以下 4 种：

◆ 功能区：单击【绘图】选项卡中的【渐变色】按钮 。渐变色功能区如图 3-130 所示。

◆ 菜单栏：单击【绘图】菜单栏中的【渐变色】。

◆ 命令行：输入【GRADIENT】或【GRA】。

◆ 工具栏：单击【绘图】工具栏中的【渐变色】按钮 。

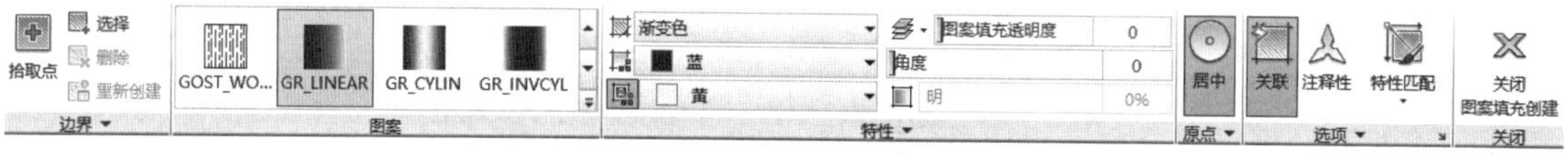

图 3-130 渐变色功能区

★实例 3-32 演示:填充水池

①打开链接网址中 CAD 素材文件—第 3 章—实例 3-32“填充水池.dwg”,如图 3-131 所示。

②单击【绘图】选项卡中的【渐变色】按钮,调出渐变色选项卡。

③选择预设渐变样式“GR-GRLINE”,前景色设为“39,118,187”,背景色设为“213,238,251”。

④光标点击水池内部区域,完成填充,如图 3-132 所示。

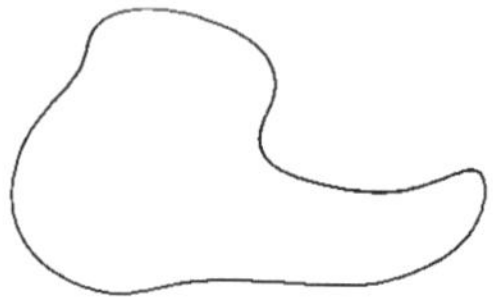

图 3-131 待填充水域

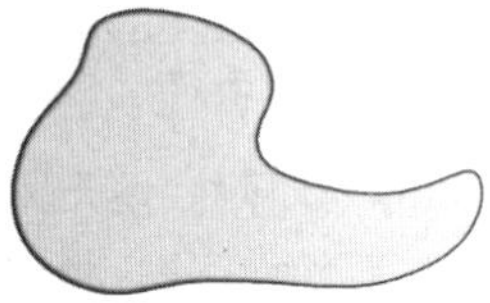

图 3-132 完成水域填充

【渐变色】选项卡各参数内容如下:

【边界】子菜单:选择填充的区域,与【图案填充】相同。

【图案】子菜单:选择预设的渐变色组合类型。

【特性】子菜单:对填充类型进行调整,主要有以下几个选项:

- 图案填充类型:在实体、渐变色、图案和用户定义之间切换。
- 渐变色 1:选择其中一种渐变色。
- 渐变色 2:选择另一种渐变色。
- 图案填充透明度:设置填充色块的透明度,最大值为 90。
- 图案填充角度:设置渐变色的旋转角度。
- 渐变明暗:确定单色渐变的明暗关系。

【原点】子菜单:设置渐变色是否居中填充,见图 3-133。

【选项】子菜单:与【图案填充】相同。

(3)边界 【边界】是在闭合的区域内创建面域或多段线,操作方式主要有以下 3 种:

- 功能区:单击【绘图】选项卡中的【边界】按钮。

(a) 居中　　(b) 不居中

图 3-133 设置渐变色是否居中

- 菜单栏:单击【绘图】菜单栏中的【边界】。
- 命令行:输入【BOUNDARY】。

按上述方式执行命令后,弹出如图 3-134 所示对话框。

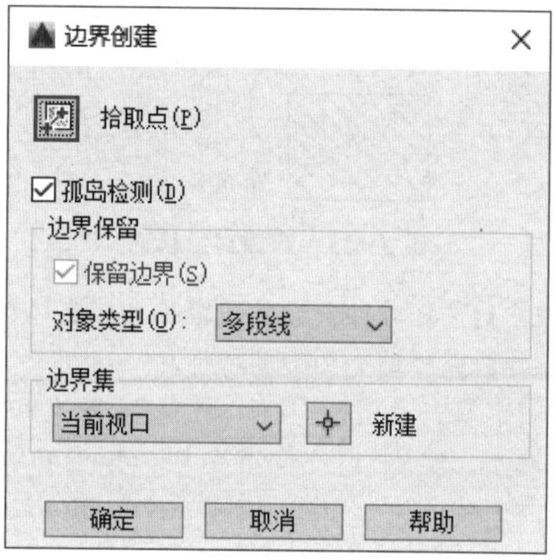

图 3-134 “边界创建”对话框

【边界】选项卡各参数内容如下:

【孤岛检测】:是否进行孤岛检测。

【对象类型】:选择创建对象的类型,多段线或面域。

【边界集】:选择创建边界时,系统检测的范围,只检测当前视口内的对象还是所有对象。选择需生成边界的区域,软件自动计算后沿该区域边界创建闭合多段线,如图 3-135 所示。

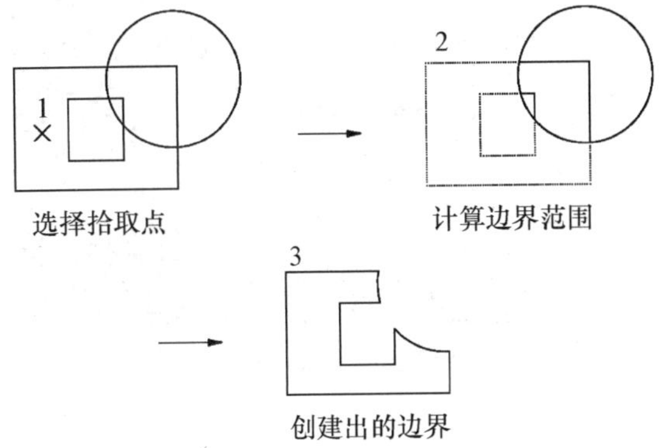

图 3-135 边界创建的方式

3.8.2 编辑图案填充

该命令用于对填充图案进行编辑修改，操作方式主要有以下 3 种：

- 菜单栏：单击【修改】菜单栏中的【对象】，再选择【图案填充】。
- 工具栏：单击【修改 II】工具栏中的【编辑图案填充】按钮。
- 点选已填充图案，功能区会转到图案填充编辑器。

编辑【图案填充】的操作方式与创建方式相同。

❖本章数字资源

实例 3-14
操作视频

第4章 图 块

在绘制园林方案图或施工图时，经常需要在同一图中重复放置同一个对象（如植物、小品图块），在需要时可以直接将图块插入图形中，也可以把已有的外部文件直接插入当前图形。应用图块可简化绘图过程，大幅度提高绘图效率。

4.1 块

“块”是一组图形实体的总称，由多个图形对象构成。在绘图中，块作为一个独立的、完整的对象，可以按一定的比例和角度插入指定的位置。

4.2 图块的创建

块可分为内部块和外部块。在绘图过程中直接定义的块属于内部块。将块定义为一个图形文件，可以在绘图过程中直接插入使用的为外部块。

4.2.1 内部块

内部块是存储在图形文件内部的块，只能在存储文件中使用，而不能在其他图形文件中使用。

创建块的方法如下所示：

◆ 功能区：在【默认】选项卡中，单击【块】中的【创建块】按钮。

◆ 菜单栏：在【绘图】选项卡中，单击【块】中的【创建块】命令。

◆ 工具栏：单击【绘图】工具栏中的【创建块】按钮。

◆ 命令行：输入【BLOCK】或【B】。

★实例 4-1 演示：创建内部块

①打开链接网址中 CAD 素材文件—第 4 章—实例 4-1、实例 4-2“桂花图例.dwg”，如图 4-1 所示。

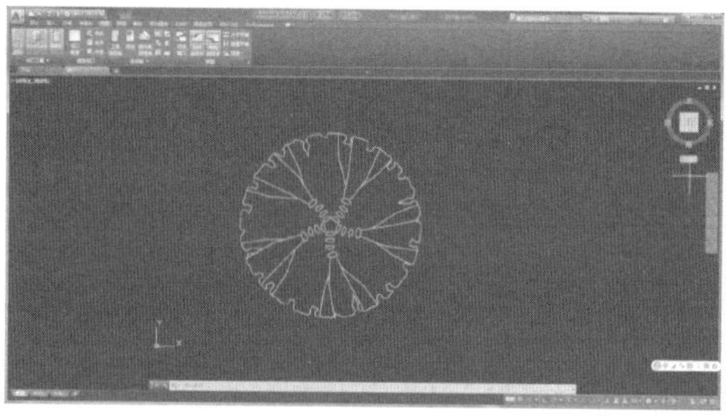

图 4-1 桂花 dwg 文件

②在【绘图】选项卡中，单击【块】中的【创建块】命令，在弹出的“块定义”对话框的【名称】文本框中输入块的名称：“桂花”，如图 4-2 所示。

③单击【拾取点】按钮，拾取图形中心，单击【选择对象】按钮，将图形全选，然后单击【确定】，完成树木内部块的创建。

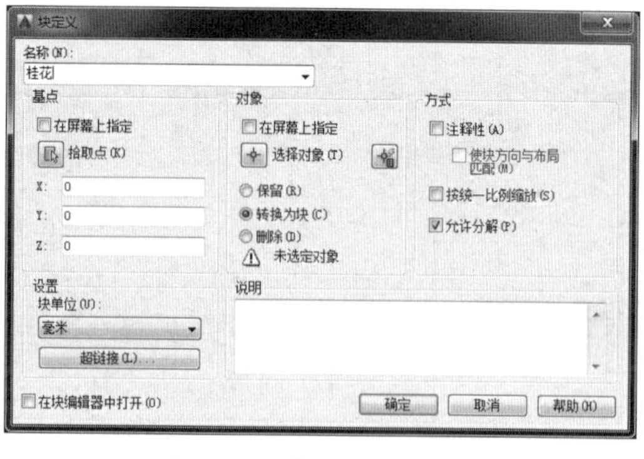

图 4-2 “块定义”对话框

【块定义】对话框中常用选项的含义：

【名称】：用于输入和选择块的名称。

【拾取点】：单击该按钮，系统切换到绘图窗口中拾取基点。

【选择对象】：单击该按钮，系统切换到绘图窗口中拾取创建块的对象。

【保留】：创建块后保留其源对象不变。

【转换为块】：创建块后将源对象转换为块。

【删除】单选按钮：创建块后删除源对象。

【允许分解】复选框：勾选该选项，允许块被分解。

4.2.2　外部块

外部块是可供所有图形文件使用的图块。创建外部块命令可以将外部块以文件的形式存储，以便以后绘图能够随时调用。

创建外部块的方法如下所示：

- 命令行：输入【WBLOCK】或【W】。

★实例 4-2 演示：创建外部块

①打开链接网址中 CAD 素材文件—第 4 章—实例 4-1、实例 4-2“桂花图例.dwg”，如图 4-3 所示。

②在命令行中输入【写块】（快捷键 W），弹出“写块”对话框，如图 4-4 所示。

③单击对话框中的【拾取点】按钮，拾取素材的中心任意一点，如图 4-5 所示。

④单击对话框中的【选择对象】按钮，选择素材，然后单击空格键。

⑤单击按钮，弹出“浏览图形文件”对话框，先选择外部块的保存路径，将外部块的名称改为“桂花”，如图 4-6 所示。

⑥单击【保存】，返回“写块”对话框，然后单击【确定】，完成外部块的创建。

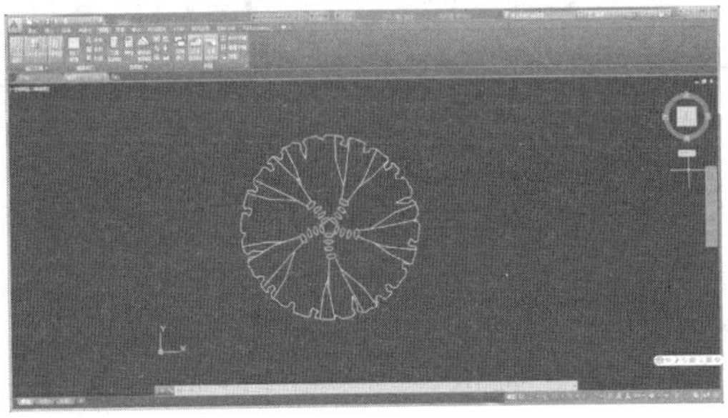

图 4-3　桂花图例

图 4-4　“写块”对话框

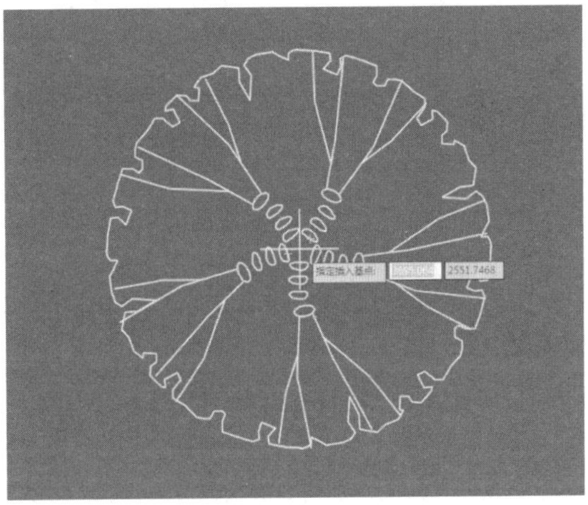

图 4-5　拾取点

图 4-6　“浏览图形文件”对话框

【写块】对话框中常用选项的含义：

【块】：将已定义好的块保存，可以在下拉列表中选择已有的内部块，如果当前文件中没有定义的块，该单选按钮就不可用。

【整个图形】：将当前工作区中的全部图形保存为外部块。

【对象】：选择图形对象定义为外部块。该项为默认选项，一般情况下选择该项即可。

【从图形中删除】：将选择对象另存为文件后，从当前图形中删除它们。

【目标】：用于设置块的保存路径和块名。单击该选项组【文件名和路径】文本框右边的按钮...，可以在打开的对话框中选择保存路径。

4.3 图块的插入

在绘制园林方案图或施工图时，想要简化制图过程，就要调用定义好的块。需要执行【插入】命令时，插入块是可以调整所插入块的图形比例或旋转角度。

4.3.1 插入块

插入块的方法如下所示：

- 功能区：在【默认】选项卡中，单击【块】中的【插入】按钮。
- 菜单栏：点击【插入】中的【块】命令。
- 工具栏：单击【绘图】工具栏中的【插入】按钮。
- 命令行：输入【INSERT】或【I】。弹出"插入"对话框，如果是内部块，可以直接在【名称】下拉列表中选择块的名称进行插入；如果是外部块，需要单击【浏览】，在打开的"选择图形文件"对话框中找到需要插入的外部块图形进行插入。

★实例 4-3 演示：插入块

①打开链接网址中 CAD 素材文件—第 4 章—实例 4-3"树池. dwg"，如图 4-7 所示。

②点击【插入】中的【块】命令，弹出"插入"对话框，单击【名称】下拉列表，选择"桂花"图块，如图 4-8 所示。

③单击【确定】，拾取"桂花"图块应放置的位置，插入图块，插入结果如图 4-9 所示。

④使用以上方法完成"桂花"图块的插入，插入结果如图 4-10 所示。

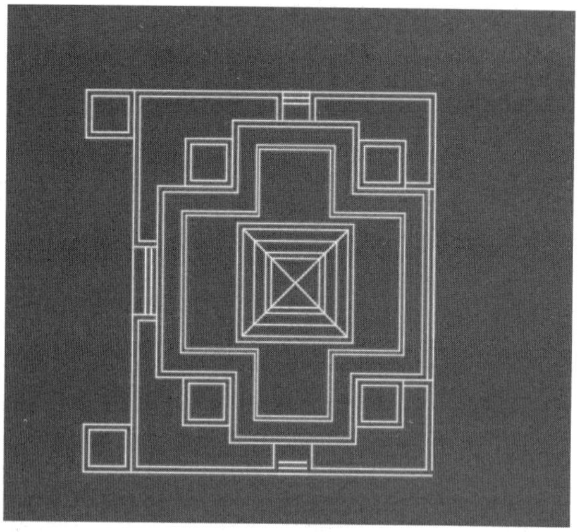

图 4-7　树池

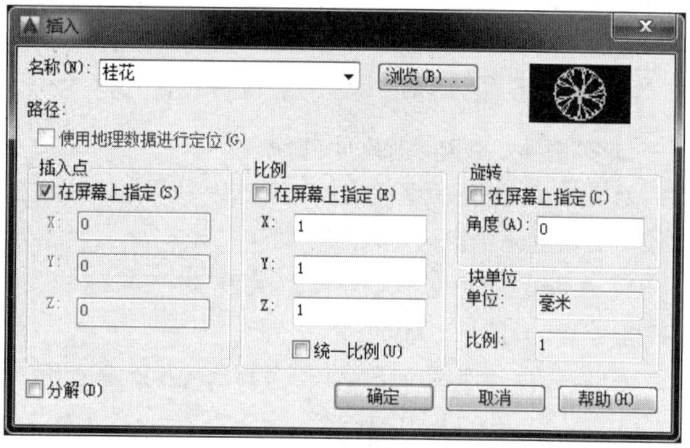

图 4-8　"插入"对话框

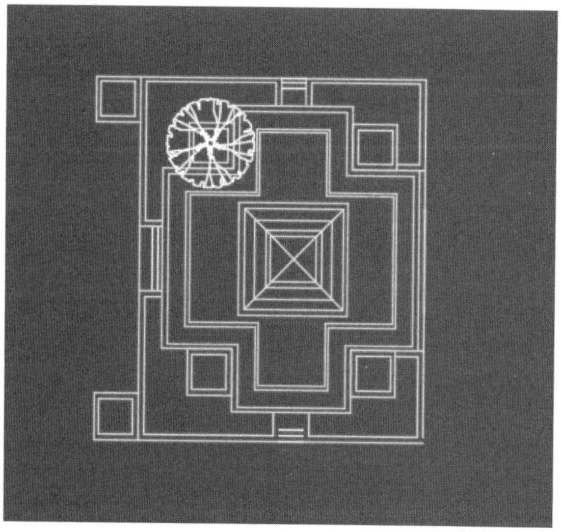

图 4-9　插入"桂花"图块

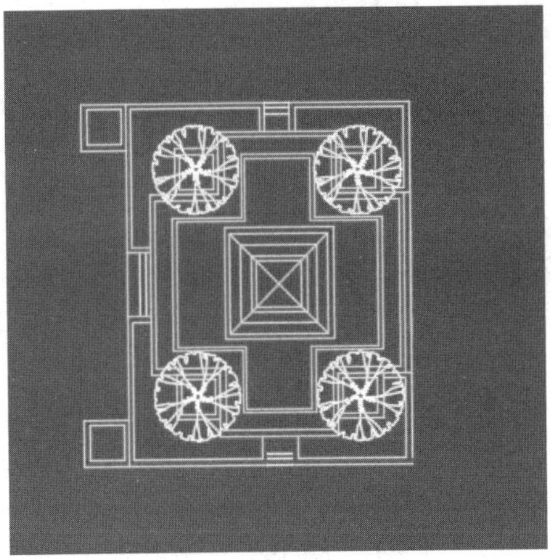

图 4-10 插入完成效果

【插入】对话框中常用选项的含义。

【名称】:选择需要插入块的名称。当插入的块是外部块,则需要单击其右侧的【浏览】,在弹出的对话框中选择外部块。

【插入点】:指定块的插入基点位置,可以直接在X、Y、Z三个文本框中输入插入点的绝对坐标;更简单的方法是通过勾选【在屏幕上指定】复选框,用对象捕捉的方法在绘图区直接捕捉确定。

【比例】:指定插入块的缩放比例。可以直接在X、Y、Z三个文本框中输入三个方向上的缩放比例;也可以通过勾选【统一比例】复选框,则X、Y、Z三个方向的缩放比例相同。

【旋转】:指定插入块的旋转角度。可以直接在【角度】文本框中输入旋转角度值;也可以通过勾选【在屏幕上指定】复选框,在绘图区内动态确定旋转角度。

【分解】:设置是否在插入块的同时分解插入的块。

4.3.2 内部块等分

在绘制园林方案图或施工图时,还可以"定距等分"和"定数等分",使用"内部块"来等分某些图形对象。

★实例 4-4 演示:定距等分

打开在实例 4-1 演示的创建好"桂花"内部块的文件,使用【L】命令绘制一条长 100 m 的道路,如图 4-11 所示。

点击【绘图】中的【点】—【定距等分】命令。定距等分结果如图 4-12 所示。

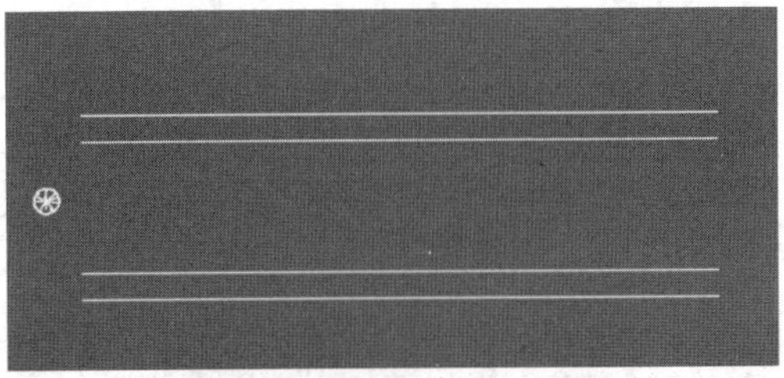

图 4-11 长度为 100 m 的道路

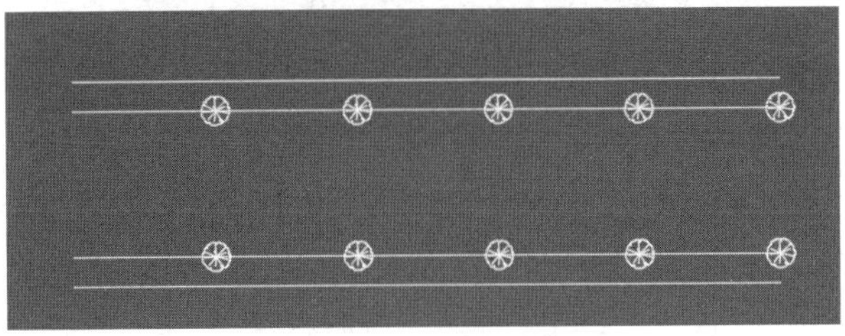

图 4-12 定距等分结果

命令:MEASURE 选择要定距等分的对象://选择矩形

MEASURE 指定线段长度或【块(B)】://输入 B

MEASURE 输入要插入的块名://输入桂花

MEASURE 是否对齐块和对象?【是(Y)否(N)】〈Y〉://回车

MEASURE 指定线段长度://输入线段长度 20

★实例 4-5 演示:定数等分

打开在实例 4-1 演示的创建好"桂花"内部块的文件,使用【PL】命令绘制一个弯曲园路,如图 4-13 所示。

图 4-13 弯曲园路

点击【绘图】中的【点】—【定数等分】命令。定距等分结果如图 4-14 所示。

命令:DIVIDE 选择要定数等分的对象://选择圆

DIVIDE 输入线段数目或【块(B)】://输入 B

DIVIDE 输入要插入的块名://输入桂花

DIVIDE 是否对齐块和对象?【是(Y)否(N)】〈Y〉://回车

DIVIDE 指定线段数目://输入 7

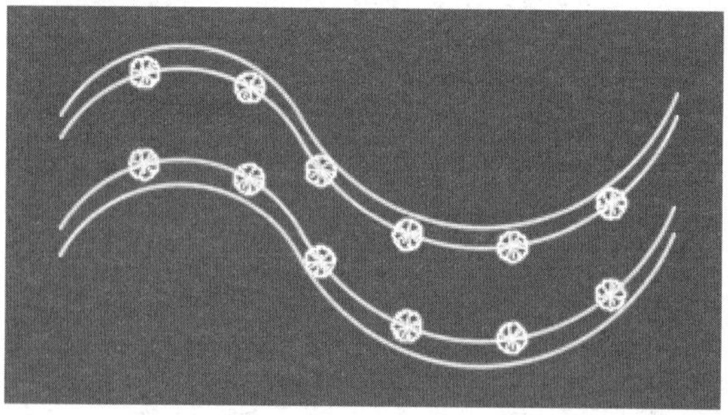

图 4-14 定数等分结果

4.4 图块属性

图块属性就像是附在图块上的标签一样,包含了该图块中的各种信息。定义块属性能增加块在文件中插入、编辑、存储等系列操作中的方便性。

4.4.1 属性图块的定义

图块属性需要先定义后才能使用,图块属性定义是在创建图块之前完成的。

创建块的方法如下所示:

- 命令行:输入【ATTDEF】或【ATT】。
- 菜单栏:点击【绘图】中的【块】—【定义属性】命令。

★实例 4-6 演示:定义标高图块属性

①在新的空白文件中输入【PL】命令,绘制标高符号,如图 4-15 所示。

②点击【绘图】中的【块】—【定义属性】命令,弹出【属性定义】对话框,如图 4-16 所示。

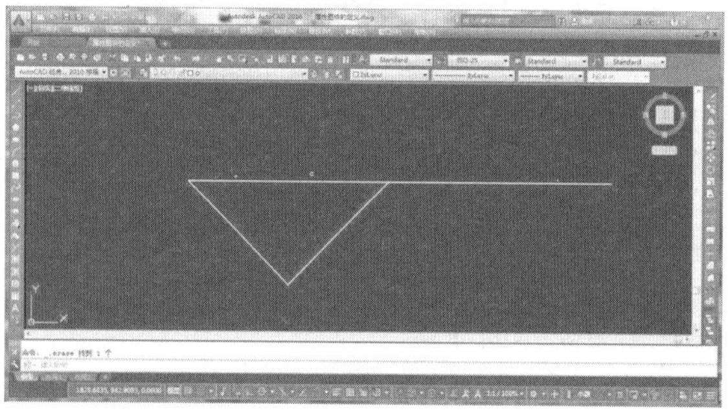

图 4-15 标高符号

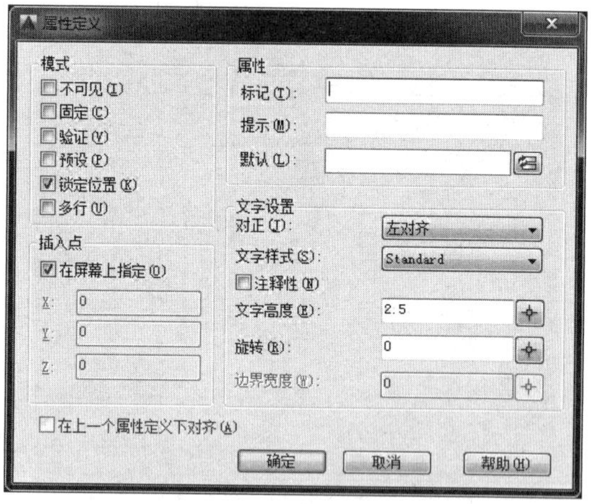

图 4-16 “属性定义”对话框

③在【属性定义】对话框中输入相应的数值,输入结果如图 4-17 所示。单击【确定】键退出【属性定义】对话框。

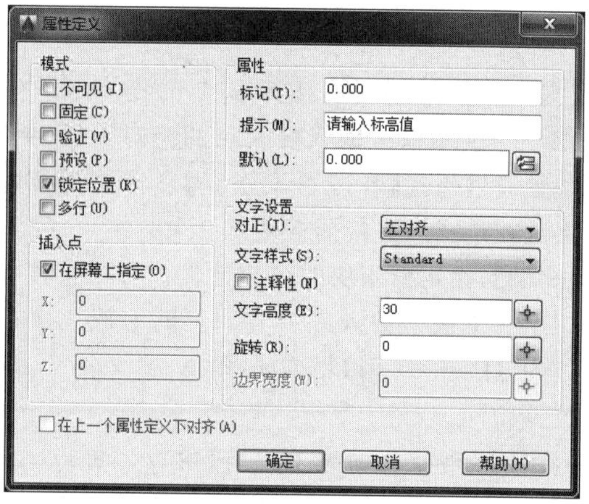

图 4-17 “属性定义”对话框数值输入结果

④将绘制好的标高符号插入相应的位置,如图 4-18 所示。

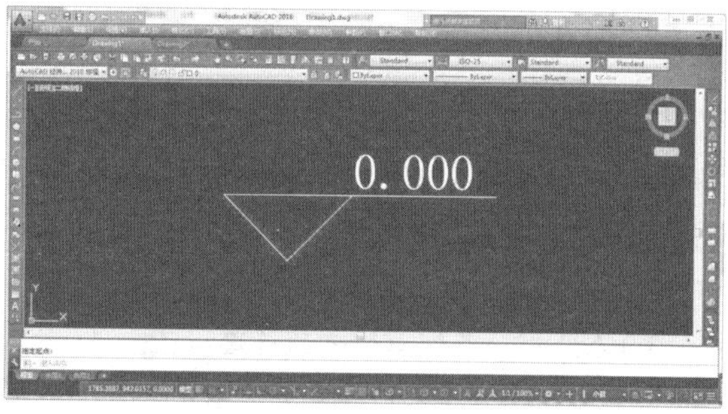

图 4-18 标高符号插入结果

⑤点击【绘图】中的【块】的创建命令，弹出“块定义”对话框，如图4-19 所示。在【名称】中输入“标高”。

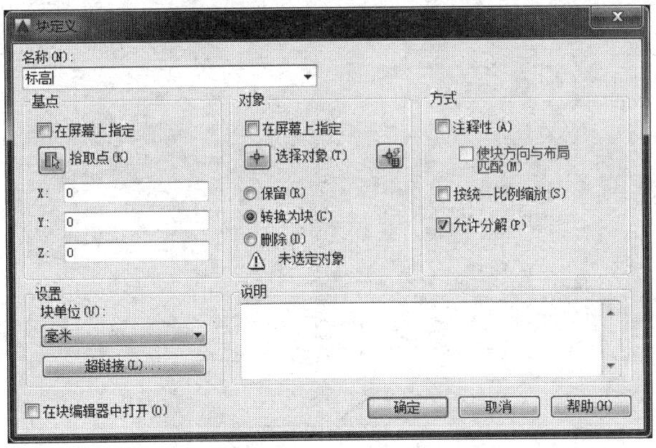

图 4-19　“块定义”对话框

⑥点击【拾取点】按钮，拾取标高符号的下角点，单击【选择对象】按钮，选择标高符号及定义好的属性值，返回“块定义”对话框，如图 4-20 所示，点击【确定】按钮。

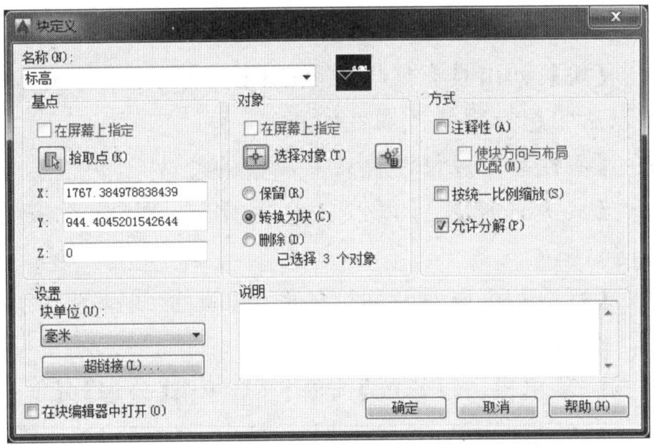

图 4-20　“块定义”对话框定义完成结果

⑦系统会自动弹出“编辑属性”对话框，如图 4-21 所示，直接点击【确定】按钮，然后完成属性块的定义。

【属性定义】对话框中常用选项的含义：

【模式】：指通过四项复选框选择设定属性模式。【不可见】指运用块的属性是不显示的；【固定】指运用块的属性是显示固定格式；【验证】用于验证所输入的属性值是否正确；【预设】表示是否将属性值直接设置成它的默认值；【锁定位置】用于固定插入块的坐标位置，一般都默认选择此项；【多行】指使用多段文字来标注块的属性值。

【属性】：用来设置块的属性。【标记】表示属性的标签；【提示】指输入时提示用户的信息；【默认】文本框用于输入属性的默认值。

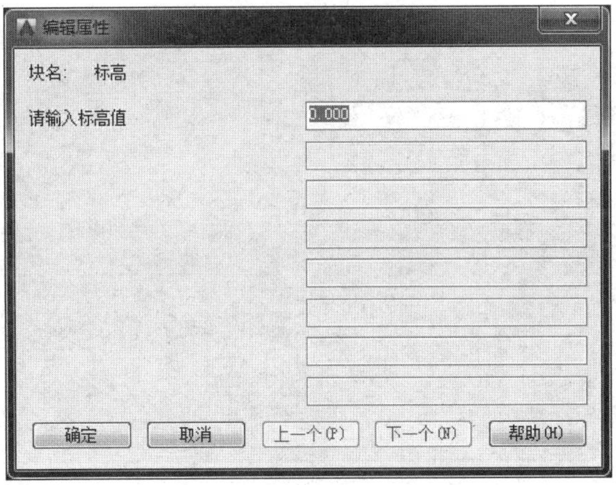

图 4-21　“编辑属性”对话框

【插入点】：指设置属性的插入点。

【文字设置】：用于设置属性文字的格式。【对正】在其下拉式菜单中包含了所有属性文字的文本对正类型；【文字样式】指属性文字的样式；【文字高度】指控制属性文字的高度；【旋转】可以控制属性文字的旋转角度。

4.4.2　块的属性编辑与修改

AutoCAD 中对块的属性编辑与修改主要包括块的分解和块的重定义两部分内容。块的属性设置后，如需要修改，可以通过【编辑属性】进行修改。修改块的方法如下所示：

- 命令行：输入【EATTEDIT】或【EA】。
- 菜单栏：点击【修改】中的【对象】—【属性】—【单个】命令。
- 鼠标左键双击块。

★实例 4-7 演示：修改标高

①打开链接网址中 CAD 素材文件—第 4 章—实例 4-7“修改标高.dwg”，如图 4-22 所示。

②在命令行输入【EA】修改属性命令，选择标高值为“0.900”，标高图块，然后弹出“增强属性编辑器”对话框，如图 4-23 所示，在【值】一栏中输入“0.750”，如图 4-24 所示。

③点击【确定】按钮，完成标高值的图块的属性的编辑，如图 4-25 所示。

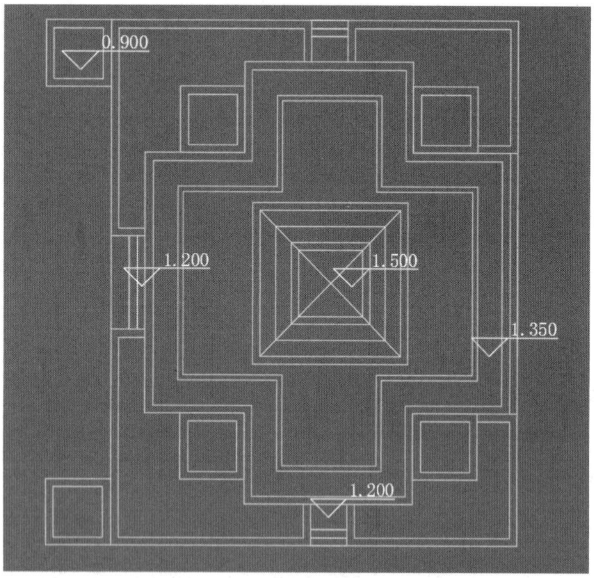

图 4-22 “修改标高”文件打开结果

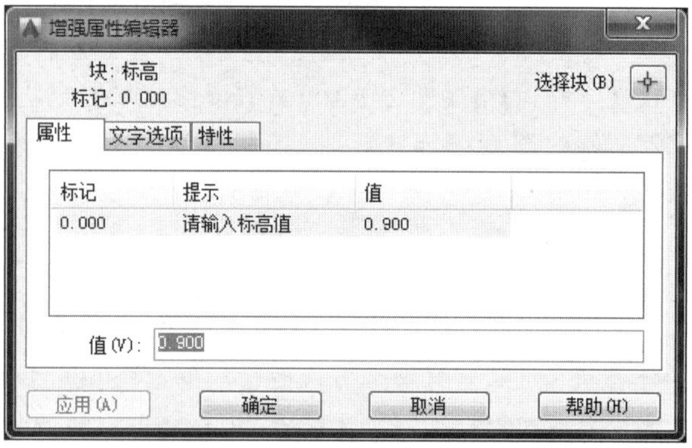

图 4-23 “增强属性编辑器”对话框

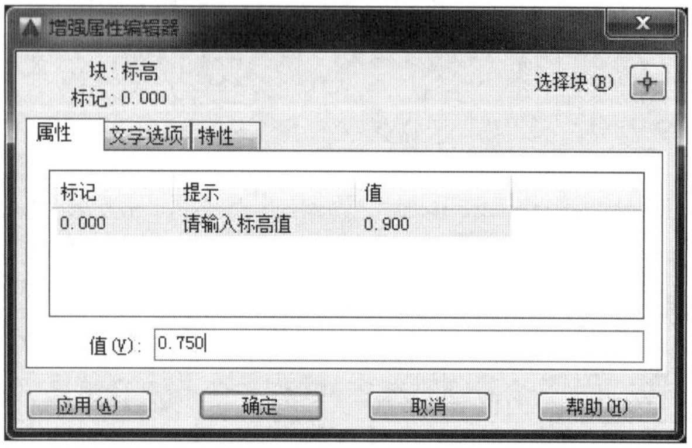

图 4-24 【值】一栏输入“0.750”

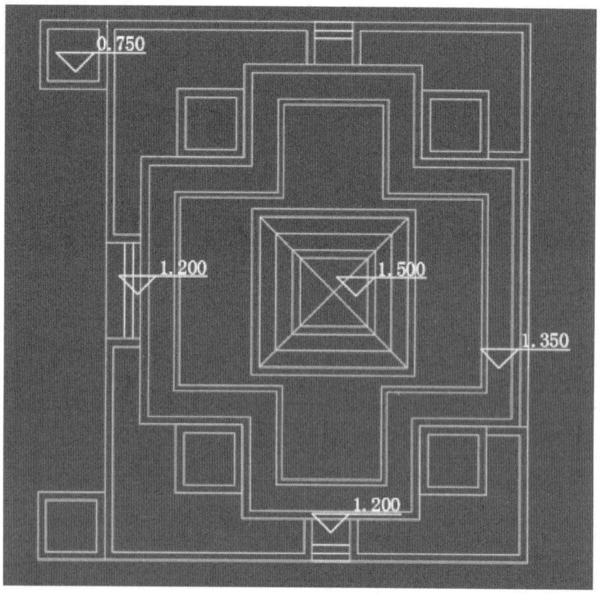

图 4-25 修改标高结果

【增强属性编辑器】对话框中常用选项的含义：

【选择块】：用户可以使用定点设备从绘图区域选择块。

【块】：列出具有属性的当前图形中的所有块定义，可以从中选择要修改属性的块。

【属性】：可以修改模式及属性的特性。

【文字选项】：可以改变文字样式、高度、对齐方式等。

【特性】：可以改变属性的图层、颜色、线型等。

分解块的方法如下所示：

- 菜单栏：在【修改】选项卡中，单击【分解】命令。
- 工具栏：单击【修改】工具栏中的【分解】按钮。
- 命令行：输入【EXPLODE】或【X】。

提示：1. 块是可以嵌套的。所谓嵌套是指在创建新块时所包含的对象中有块。块可以多次嵌套，但不可以自包含。要分解一个嵌套的块到原始的对象，必须进行多次的分解，每次分解只会取消最后一次块定义。

2. 在分解带有属性的块时，其中原属性定义的值都会失去，属性定义重新显示为属性标记。

4.5 块的特性

(1)随层 如果块在建立时颜色和线型被设置成“随层”,当块插入后,如有同名层,则块中对象的颜色和线型均被该图形中的同名层所设置的颜色和线型代替;如果图形中没有同名层,则块中的对象保持原有的颜色和线型,并且为当前的图形增加一个相应的图层。

(2)随块 如果块在建立时颜色和线型被设置成“随块”,则它们在插入前没有明确的颜色和线型。不管有没有同名层,都跟随当前层的颜色和线型;如果没有同名层,则为文件增加一个相应的层。

(3)显性设置 如果在建立图块时明确指定其中对象的颜色和线型,则为显性设置。该块插入其他任何图形文件,不论该文件有没有同名层,均采用原有的颜色和线型。

(4)0 层上的特殊性质 在 0 层上建立的块,无论是“随层”还是“随块”,均在插入时使用当前层的颜色和线型;在 0 层上采用“显性设置”的图块时,其特性则不会改变。

❖本章数字资源

实例 4-6
操作视频

第5章 文字与表格

文字与表格主要用于绘图中对图形内容的解释和说明，本章将详细介绍文字和表格的创建方法及编辑方法。

5.1 文字的创建与编辑

创建和编辑文字的过程与一般的绘图命令有所不同，首先需要设置文字样式然后建立文字，最后进行文字的编辑和修改。

5.1.1 设置文字样式

文字样式是一组可随图形保存的文字设置的集合，包括文字字体类型、高度及其他特殊效果都是按照系统缺省的“标准”样式建立的。为了满足绘图需要，可以先定义需要的文字样式，对于已经定义好的文字样式也可以进行修改。

创建文字样式的方法如下所示：

◆ 命令行：输入【STYLE】或【ST】。

◆ 工具栏：单击【样式】工具栏中的【文字样式】按钮A̷。

◆ 菜单栏：执行【格式】|【文字样式】命令。

◆ 功能区：在【默认】选项卡中，单击【注释】面板中的【文字】中的按钮A̷。

★实例 5-1 演示：创建“园林工程字体”文字样式

①命令行：输入【ST】，回车，系统弹出如图 5-1 所示的“文字样式”对话框。

②单击【新建】按钮，输入样式名为“园林工程字体”，如图 5-2 所示。

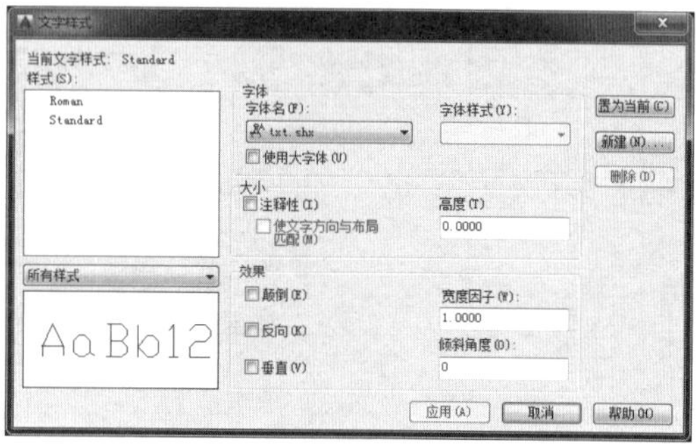

图 5-1 “文字样式”对话框

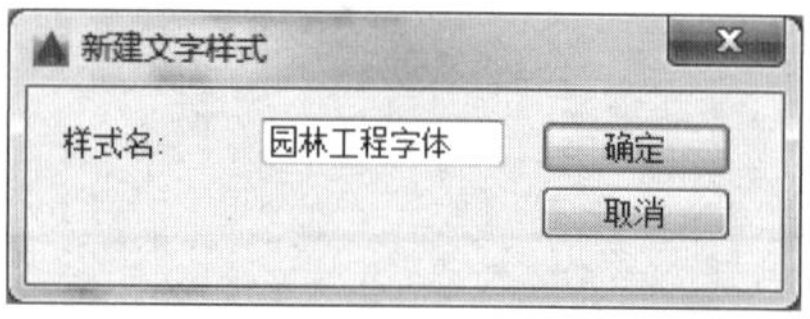

图 5-2 输入新文字样式名

③单击【确定】按钮，系统返回“文字样式”对话框，在【字体名】下拉列表中选择“仿宋”，当前文字样式为“园林工程字体”样式，单击“关闭”按钮，完成文字样式的创建，如图 5-3 所示。

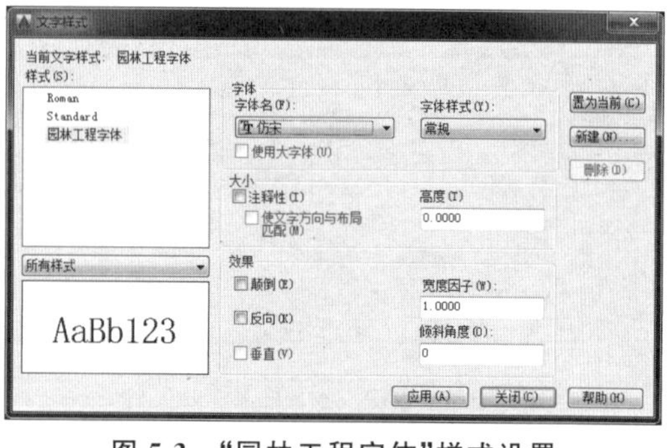

图 5-3 “园林工程字体”样式设置

【文字样式】对话框中常用选项的含义：

【样式】列表：列出了当前可以使用的文字样式，默认文字样式为 Standard(标准)。单击右上角的“新建”“删除”按钮可以新建和删除文字样式。

【字体名】下拉列表：AutoCAD 2024 可支持的字体，这些字体有以下两种类型：

(1)矢量字体　该字体由 AutoCAD 系统所提供的带有图标、扩展名为.shx 的字体。该类字体占用计算机资源较少，在文字较多的图形中最好使用该类字体进行文字与尺寸标注。其中“gbenor.shx”是正体的细西文字体，“gbeitc.shx”是斜体的西文字体，“gbcbig.shx”是中文字长仿宋体工程字体。

(2)标准字体　该字体由 Windows 系统提供，是带有图标、扩展名为.ttf 的 TrueType 字体。该类字体是点位字体，会占用较多的计算机资源；优点是字形美观形式多样。

【高度】文本框：该参数控制文字高度，也就是控制文字的大小。

【颠倒】复选框：勾选之后，文字方向将反转。

【反向】复选框：勾选之后，文字的阅读顺序将与输入顺序相反。

【宽度因子】文本框：该参数用于控制文字的宽度，1.0 是常规宽度，宽度小于 1.0，文字会变得窄瘦，大于 1.0 则会变得宽肥。

【倾斜角度】文本框：控制文字的倾斜角度，只能输入−85°～85°的角度值，超过这个区间的角度值将无效。

> **提示：**颠倒和反向效果只对单行文字有效，对于多行文字无效，“倾斜角度”参数只对多行文字有效。

5.1.2 输入单行文字

对于一些简短的文字一般用“单行文字”命令进行文字的输入。

启用“单行文字命令”方法如下：

- 命令行：输入【TEXT】或【DT】。
- 菜单栏：执行【绘图】|【文字】|【单行文字】命令。
- 工具栏：单击【文字】工具栏中的【单行文字】工具按钮。
- 功能区：在【默认】选项卡中，单击【注释】面板中的【单行文字】按钮。

★实例 5-2 演示：输入“风景园林”词组

命令：DT　　//回车，调用【单行文字】命令

当前文字样式：“园林工程字体” 文字高度：2.5000　注释性：否　对正：左

指定文字的起点或[对正(J)/样式(S)]：　//在模型空间指定起点

指定高度<2.5000>：300　　//输入文字高度为 300

指定文字的旋转角度<0>：　　//按空格键，确定文字旋转角度为 0°，在屏幕光标处输入“风景园林”字样，按两次 Enter 键结束命令，如图 5-4 所示。

命令：　　// 等待下一个命令

也可以在输入文字后，按下 Enter 键，继续输入其他文字，虽然看上去输入了多行文字，但实际上每一行文字是一个独立的单元，分别独立编辑。

图 5-4　“风景园林”字样

5.1.3 输入多行文字

字数较多、字体变化复杂的文字通常用“多行文字”命令进行文字输入。多行文字输完后，整体是一个文字对象，只能进行整体编辑。

启用“多行文字命令”方法如下：

- 命令行：在命令行中输入【MTEXT】或【MT】或【T】。

◆ 工具栏：单击【文字】工具栏中【多行文字】按钮A。

◆ 菜单栏：执行【绘图】|【文字】|【多行文字】命令。

◆ 功能区：在【默认】选项卡中，单击【注释】面板中【多行文字】按钮A。

★实例 5-3 演示：输入“树池种植大乔注意事项”说明文本

命令：　　　　　　　　//输入“t”，回车

命令：t MTEXT 当前文字样式：“园林工程字体” 文字高度：2.5　注释性：否

指定第一角点：　　　　//在模型空间输入文字的位置单击

指定对角点或[高度(H)/对正(J)/行距(L)/旋转(R)/样式(S)/宽度(W)/栏(C)]：*取消*

//拖动鼠标到合适的位置，单击指定对角点，如图 5-5 所示，界面同时弹出“文字编辑器”和带有标尺的文字输入框，见图 5-6、图 5-7，在文本框中输入多行文字，输入完成后按 Ctrl+Enter 组合键才能结束输入，或者单击空白处结束。

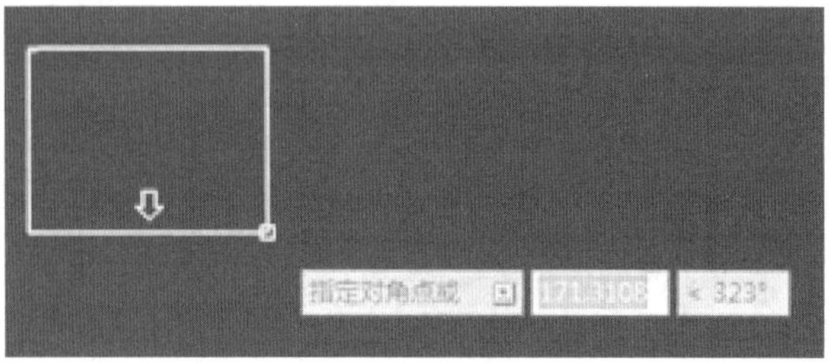

图 5-5　指定文本框对角点

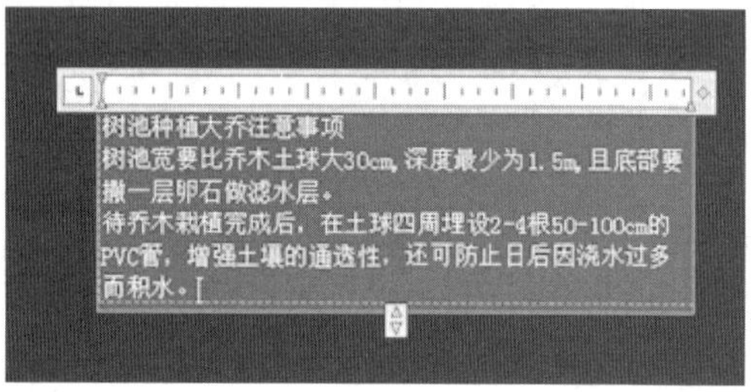

图 5-6　输入多行文字

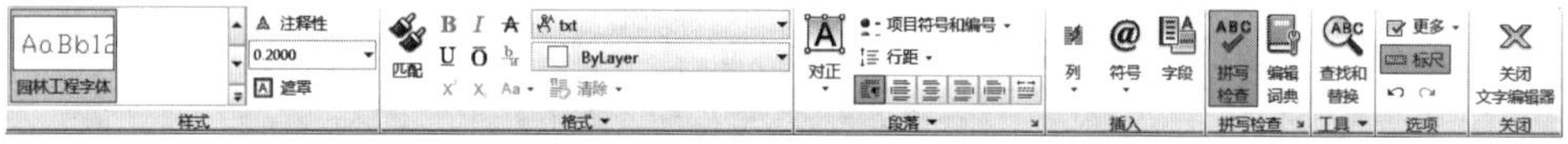

图 5-7　文字编辑器

5.1.4　多行文字编辑及特殊字符输入

利用“文字编辑器”可对输入的多行文字进行编辑，加上编号，或者插入特殊字符等。

★实例 5-4 演示：编辑“树池种植大乔注意事项”说明文本

①为段落添加编号，选择除标题以外的所有文字，单击“编号”按钮 项目符号和编号，在下拉列表中选择“以数字标记”选项，如图 5-8 所示。

②将标题居中。选择文字“树池种植大乔注意事项”，单击“居中”按钮，结果如图 5-9 所示。

③特殊字符的插入，在第 2 段文字插入直径符号，单击“文字编辑器”中的“符号”按钮，在下拉式菜单中单击“直径%%c”，见图 5-10，结果在第 2 段文字中出现直径的符号，见图 5-11，继续编辑文字，完成后单击空白处，结束编辑。

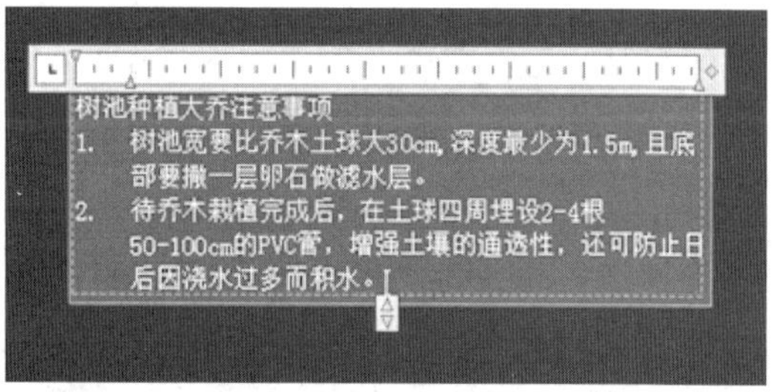

图 5-8　添加编号

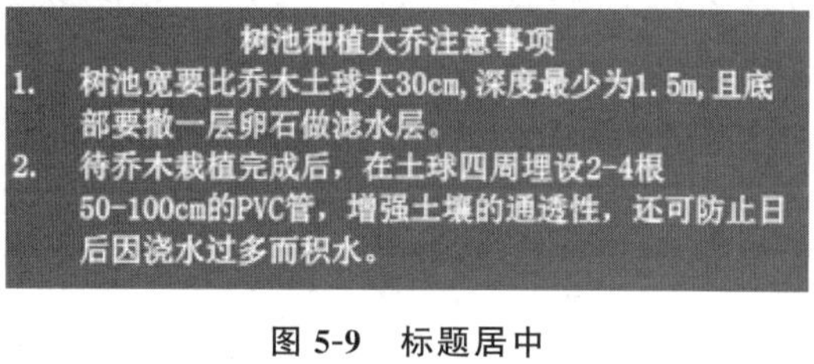

图 5-9　标题居中

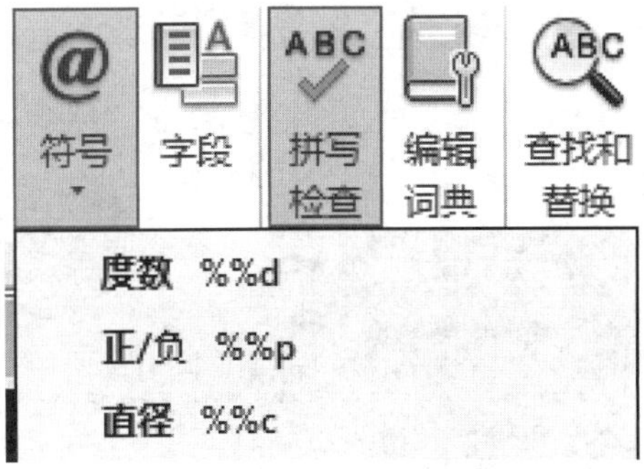

图 5-10　符号下拉式菜单

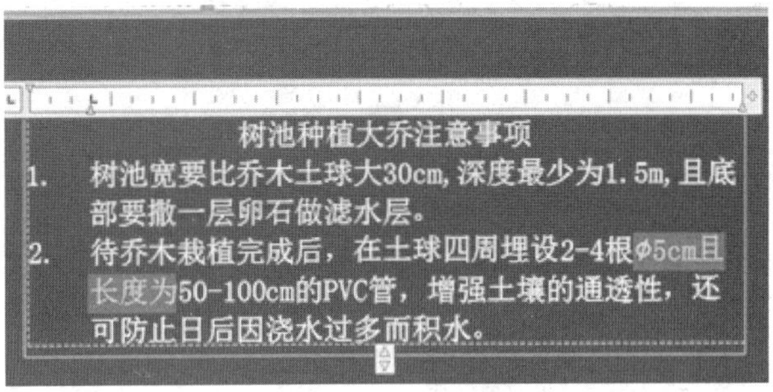

图 5-11　插入直径符号

在实际设计绘图中，往往需要标注一些特殊字符，这些特殊字符不能从键盘上直接输入，因此 AutoCAD 提供了相应的控制符，以实现标注。在“文字编辑器”的“符号”下拉列表中，“%%d，%%p”就分别代表度数和正负符号的控制符，在多行文字输入中直接单击插入即可。如果需要从命令行输入度数或正负号，则需要在命令行输入相应的控制符。

提示：在控制符号中，“%%O”和“%%U”分别是上划线和下划线的开关，第一次出现该符号可打开上划线或下划线，第二次出现则会关闭。

5.2　表格的使用

表格使用行和列以一种简单清晰的形式提供信息，常用于一些设计图中植物目录设置和标题栏表格设置等。表格样式控制一个表格的外观，用于保证标准的字体、颜色、文本、高度和行距。可以使用默认的表格样式，也可以根据需要自定义表格样式。

5.2.1　创建表格样式

表格的外观由表格样式来控制。与文字一样，在创建表格之前，需要设置表格的样式。创建表格样式的方法如下所示：

- 功能区：在【注释】选项卡中，单击【表格】中的【表格样式】。
- 菜单栏：单击【格式】中的【表格样式】命令。
- 工具栏：单击【样式】命令。
- 命令行：输入【TABLESTYLE】。

★实例 5-5 演示：创建“苗木配置表”

①单击【格式】中的【表格样式】命令，如图 5-12 所示。

②单击【新建】按钮，在“创建新的表格样式”对话框中输入新的样式名【苗木配置表】，如图 5-13 所示。

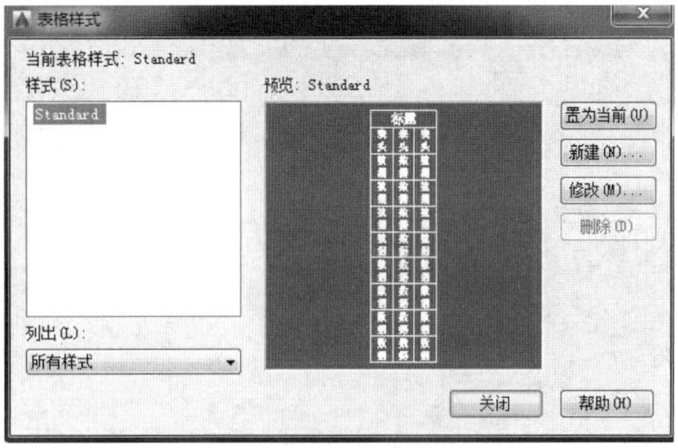

图 5-12　【表格样式】对话框

图 5-13　输入新表格样式名

③单击【继续】，在【新建表格样式：苗木配置表】中设置表格样式，如图 5-14 所示。

④在【单元样式】下拉框中，【标题】一栏的【常规】设置：【填充颜色】为无，【对齐】为正中，【格式】常规，【类型】为标签，水平页边距为 2，垂直页边距为 2；【文字】设置：【文字样式】为 Standard，【文字高度】为 6，【文字颜色】为蓝，【文字角度】为 0；【边框】设置：【线宽】为 ByBlock，【线型】为 ByBlock，【颜色】为 ByBlock，不勾选【双线】，选择【所有边框】如图 5-15 所示。

图 5-14 【表格方向】向下

图 5-15 【标题】设置

⑤在【单元样式】下拉框中，【表头】一栏的【常规】设置：【填充颜色】为无，【对齐】为正中，【格式】常规，【类型】为标签，水平页边距为 2，垂直页边距为 2；【文字】设置：【文字样式】为 Standard，【文字高度】为 4，【文字颜色】为绿，【文字角度】为 0；【边框】设置：【线宽】为 ByBlock，【线型】为 ByBlock，【颜色】为 ByBlock，不勾选【双线】，选择【所有边框】，如图 5-16 所示。

⑥在【单元样式】下拉框中，【数据】一栏的【常规】设置：【填充颜色】为无，【对齐】为正中，【格式】常规，【类型】为标签，水平页边距为 2，垂直页边距为 2；【文字】设置：【文字样式】为 Standard，【文字高度】为 4，【文字颜色】为 ByBlock，【文字角度】为 0；【边框】设置：【线宽】为 ByBlock，【线型】为 ByBlock，【颜色】为 ByBlock，不勾选【双线】，选择【所有边框】，如图 5-17 所示。

图 5-16 【表头】设置

图 5-17 【数据】设置

⑦在"表格样式"对话框中，单击【置为当前】，关闭对话框，就会看到【注释】里的当前表格样式为【苗木配置表】，如图 5-18 所示。

图 5-18 当前表格样式为【苗木配置表】

提示：设置线宽时，必须先选择线宽，再单击需要更改的边框按钮，这样设置才有效。

5.2.2 插入表格

★实例 5-6 演示:插入“苗木配置表”

①输入【TB】命令(即插入【表格】命令)。弹出“插入表格”对话框。

②在【表格样式】选项组中,选择“苗木配置表”。

③在【插入选项】选项组中,点击“从空表格开始”。

④在【插入方式】选项组中,选择“指定插入点”方式。

⑤在【列和行设置】选择组中,设置 6 列 10 行,【列宽】:40,【行高】:1。

⑥在【设置单元样式】中,依次选择标题、表头、数据,如图 5-19 所示。单击【确定】,返回绘图区。

⑦为绘制的表格指定插入点,【插入表格】结果如图 5-20 所示。

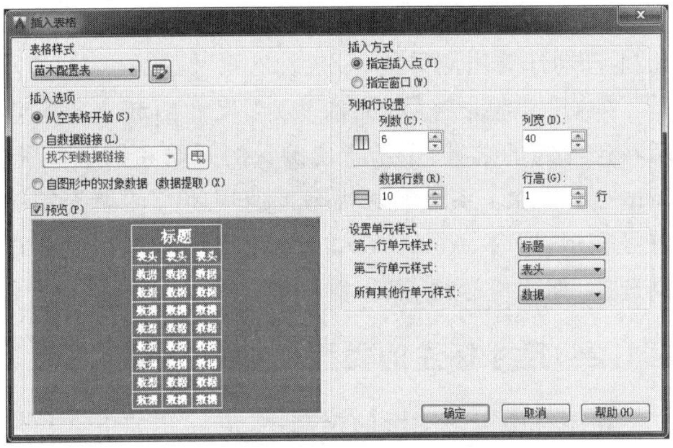

图 5-19 “插入表格”对话框设置

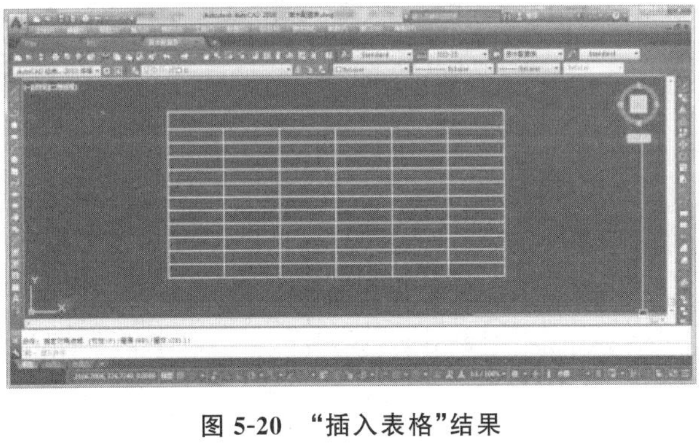

图 5-20 “插入表格”结果

5.2.3 在“苗木配置表”中输入信息

“苗木配置表”创建好之后,在表格内输入相应的文字信息。

★实例 5-7 演示:在苗木配置表中输入信息

①在需要输入信息的单元格内双击鼠标左键,单击【多行文字对正】按钮,在下拉列表中选择【正中】选项,然后输入信息,如图 5-21 所示。

②依次输入剩下的文字信息,输入结果如图 5-22 所示。

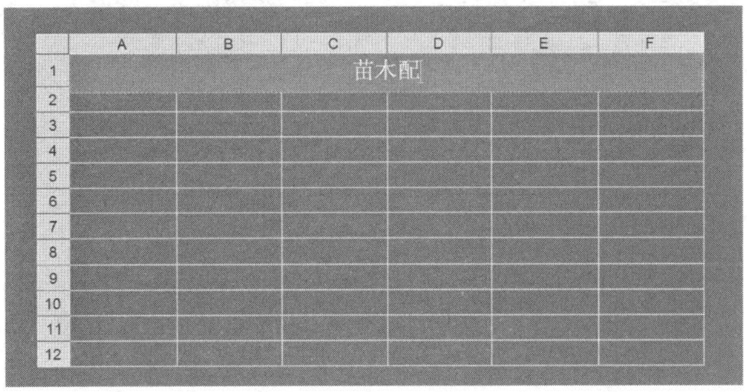

图 5-21 在表格中输入文字

苗木配置表					
序号	名称	高度(CM)	冠幅(CM)	胸径(CM)	数量(株)
1	大王椰子	5.6-6.0	2.5-3.0	50-55	10
2	华盛顿葵	3.5-4.0	2.5-3.0	40-45	25
3	老人葵	3.0-4.0			25
4	加拿利海枣	2.0-2.5	1.2-1.5	30-35	17
5	金山葵	1.5-2.0	1.5-2.0		63
6	油棕	3.0-3.5	2.5-3.0		78
7	国王椰子	2.0-2.5	1.5-2.0	30-35	10
8	蒲葵A	4.0-4.5	2.5-3.0		82
9	蒲葵B	2.5-3.5	2.0-2.5		82
10	海南椰子	2.5-3.0	2.5-3.0	35-45	13

图 5-22 文字输入结果

❖本章数字资源

实例 5-4
操作视频

第6章 标注与查询

尺寸标注主要用于绘图中对图形内容的距离、角度、长宽等相关技术参数的标注，本章将详细介绍尺寸标注的创建及编辑方法。

6.1 尺寸标注的组成和类型

若想准确地、详尽地、清晰地进行图纸的标注，必须要明确尺寸标注的组成内容以及尺寸标注的类型，才能有针对性、有规律性地进行图纸的标注工作。

6.1.1 尺寸标注的组成

尽管标注在类型和外观上多种多样，但绝大多数标注都包含尺寸线、尺寸界线、标注文字和尺寸起止符号(箭头)，如图 6-1 所示。

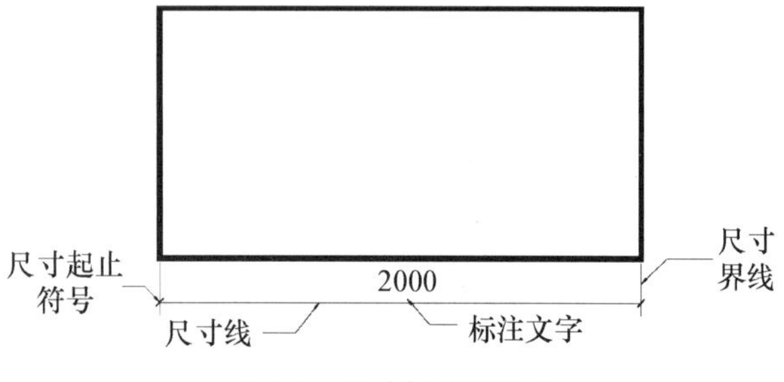

图 6-1 尺寸标注的组成

(1)尺寸线　表明标注的范围。一般情况下，尺寸线是一条直线，对于角度标注，尺寸线是一段圆弧；尺寸线的末端通常有尺寸的起止符号(箭头)，指出尺寸线的起点和端点。

(2)尺寸界线　从标注端点引出的标明标注范围的直线。尺寸界线可由图形轮廓线、轴线或对称中心线引出，也可直接利用轮廓线、轴线或对称中心线作为尺寸界线。

(3)标注文字　标出图形的尺寸值。由 AutoCAD 2024 自动计算出测量值，一般标在尺寸线的上方。

(4)尺寸起止符号(如箭头)　尺寸的起止符号显示在尺寸线的末端，用于指出测量的开始和结束位置。AutoCAD 2024 系统默认状态下使用闭合的填充箭头符号表示，同时，AutoCAD 2024 还提供了多种符号以供选择，如建筑标记、点和斜杠等。

6.1.2 尺寸标注的类型

在园林施工图图纸的绘制中，应标注如下 3 种尺寸，如图 6-2 所示。

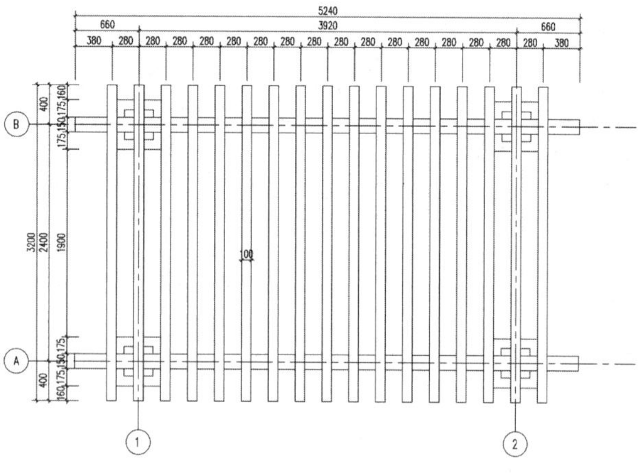

图 6-2 某景观廊架平面图

(1)定形尺寸　确定组成建筑形体的各基本形体大小的尺寸。如图 6-2 所示，廊架的竖梁的宽度 100、横梁的宽度150属于定形尺寸。

(2)定位尺寸　确定各基本形体在建筑形体中的相对位置的尺寸。如图6-2所示,160、175、280、380、2400、3920等均属于定位尺寸。

(3)总尺寸　确定形体外形总长、总宽、总高的尺寸。如图6-2所示,3200、5240属于总尺寸。

6.2 尺寸标注样式

标注样式(dimension style)用于控制标注的格式和外观,AutoCAD 2024中的标注均与一定的标注样式相关联,通过标注样式,用户可进行如下定义:

(1)尺寸线、尺寸界线、箭头和圆心标记的格式和位置。

(2)标注文字的外观、位置和行为。

(3)AutoCAD 2024放置文字和尺寸线的管理规则。

(4)全局标注比例。

(5)主单位、换算单位和角度标注单位的格式和精度。

(6)公差值的格式和精度。

6.2.1 尺寸标注样式管理器简介

在进行尺寸标注之前,要设置尺寸标注的样式。如果不创建尺寸样式而直接进行标注,系统默认的名称就为Standard的样式。如果用户认为使用的标注样式有某些选项设置不合适,也可以修改标注样式。

在AutoCAD 2024中,用户可通过"标注样式管理器(dimension style manager)"来创建新的标注样式或对标注样式进行修改和管理。

6.2.2 创建尺寸标注样式

(1)激活命令　打开尺寸标注样式管理器的方法如下所示:

◆ 命令行:【DIMSTYLE】/【D】。

◆ 工具栏:单击【样式】工具栏中的【标注样式】按钮。

◆ 菜单栏:执行【格式】中的【标注样式】命令。

◆ 功能区:草图与注释模式下,在【默认】选项卡中,单击【注释】面板中的【标注样式】按钮。

标注样式管理器如图6-3所示。

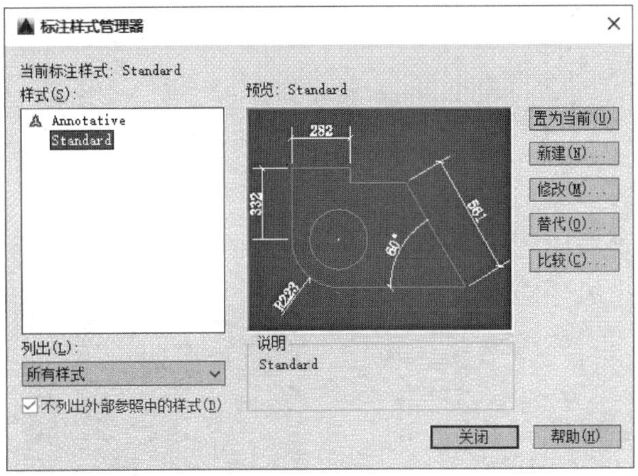

图6-3　标注样式管理器

(2)命令选项

【置为当前】按钮:单击该按钮,把在"样式"列表框中选中的样式置为当前。

【新建】按钮:定义一个新的尺寸标注样式。单击该按钮,弹出"创建新标注样式"对话框,利用该对话框可创建一个新的尺寸标注样式。

【修改】按钮:修改一个已存在的尺寸标注样式。单击该按钮,弹出"修改标注样式"对话框,用户可以对已有标注样式进行修改。

【替代】按钮:设置临时覆盖尺寸标注样式。单击该按钮,弹出"新建标注样式"对话框,用户可改变各项的设置覆盖原来的设置,但这种修改只对制定的尺寸标注起作用,而不影响当前尺寸变量的设置。

【比较】按钮:比较两个尺寸标注样式在参数上的区别,或浏览一个尺寸标注样式的参数设置。单击该按钮,弹出"比较标注样式"对话框,可以把比较结果复制到剪贴板上,然后粘贴到其他的Windows应用软件上。

★实例6-1 演示:创建名为"角度标注"的标注样式

命令:D	//回车,调用【标注样式管理器】命令,如图6-4所示。
点击新建按钮	//在对话框的"新样式名"文本框中输入"角度标注",默认"基础样式"为"Standard",在"用于"下拉列表框中选择"所有标注"选项。
点击继续	//弹出"新建标注样式:角度标注"对话框进行标注样式的设定,如图6-5所示。

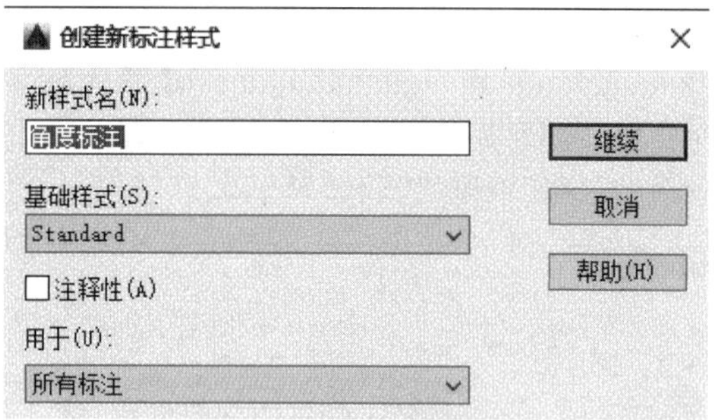

图 6-4　创建名为“角度标注”的标注样式

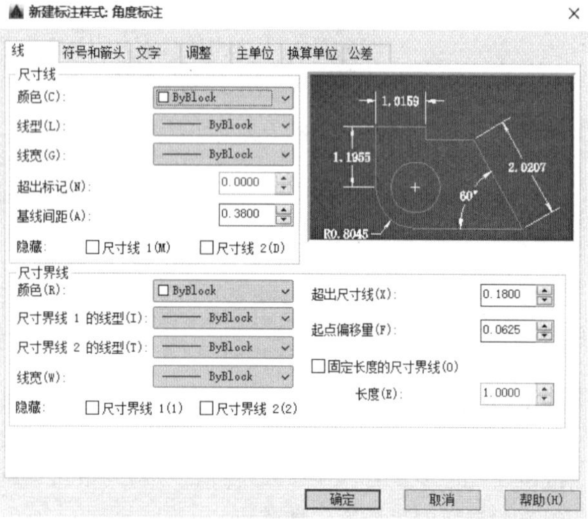

图 6-5　“角度标注”的修改对话框

在绘图过程中，有时不能一次性得到与图纸比例合适且符号样式准确的尺寸标注，需要进行尺寸样式的修改，下面对“新建标注样式”对话框中的主要选项卡进行简要说明。

(1)“线”选项卡　主要用于设置尺寸线、尺寸界线的样式和参数，如图 6-6 所示。

【尺寸线】选项组：用于设置尺寸线的特性及参数。

【尺寸界线】选项组：用于确定延伸线的样式及参数。

(2)“符号和箭头”选项卡　主要用于设置箭头、圆心标记、弧长符号和半径折弯标注的形式和特性，如图 6-7 所示。

【箭头】选项组：用于设置尺寸起止符号或箭头的样式。系统提供了多种箭头形状，一般建筑制图中的箭头采用建筑标记样式。

【圆心标记】选项组：用于设置半径标注、直径标注和中心标注中的中心标记和中心线的样式。

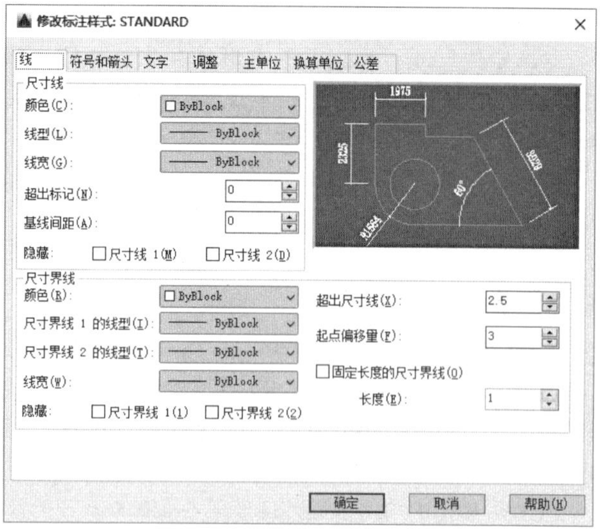

图 6-6　“线”选项卡

图 6-7　“符号和箭头”选项卡

【折断标注】对话框：控制折断标注的间隙宽度。

【弧长符号】对话框：用于控制弧长标注中圆弧符号的显示。

【半径折弯标注】对话框：控制折弯(Z 字形)半径标注的显示。

【线性折弯标注】对话框：控制线性标注折弯的显示。

(3)“文字”选项卡　主要用于设置尺寸文本的形式、位置和对齐方式等，如图 6-8 所示。

【文字外观】选项组：用于设置文字的样式、颜色、填充颜色、高度、分数高度比例以及文字是否带边框。

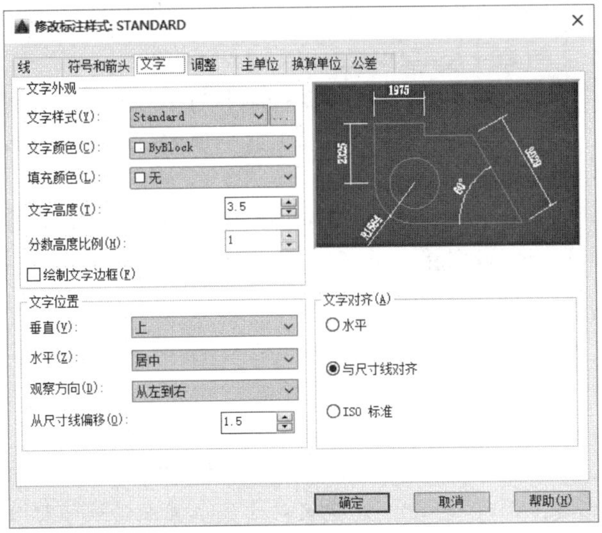

图 6-8 "文字"选项卡

【文字位置】选项组：用于设置文字的位置是垂直还是水平，以及从尺寸线偏移的距离。

【文字对齐】对话框：用于控制尺寸文本排列的方向。

(4)"调整"选项卡 主要用于控制标注文字和箭头的放置、箭头、引线和尺寸线的位置，包括调整选项、文字位置和标注特征比例等，如图 6-9 所示。

图 6-9 "调整"选项卡

【调整选项】选项组：根据尺寸界线之间的空间来控制标注文字和箭头的放置。当两条尺寸界线之间的距离足够大时，AutoCAD 2024 总是把文字和箭头放在尺寸界线之间；否则，AutoCAD 2024 按列表中的选项移动文字或箭头。

【文字位置】选项组：用于标注文字的位置，标注文字的默认位置是位于两尺寸界线之间，当文字无法放置在缺省位置时，可通过此处选择设置标注文字的放置位置。

【标注特征比例】对话框：用于设置全局标注比例或图纸空间比例，包括"将标注缩放到布局"和"使用全局比例"。

【优化】对话框：优化包括手动放置文字和延伸线之间绘制尺寸线。

(5)"主单位"选项卡 AutoCAD 2024 提供了多种方法设置标注单位的格式，可以设置单位类型、精度、分数格式和小数格式，还可以添加前缀和后缀，如图 6-10 所示。

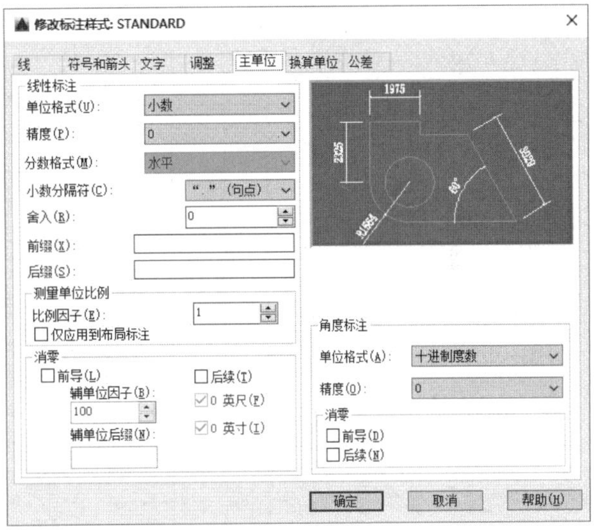

图 6-10 "主单位"选项卡

【线性标注】选项组：设置线性标注的格式和精度，包括单位格式、精度、分数格式、小数分隔符等。

【测量单位比例】选项组：可设置比例因子以及控制该比例因子是否仅应用于布局标注。

【消零】对话框：控制前导和后续的零，以及英尺和英寸的零是否输出。

【角度标注】对话框：用于设置角度标注的格式。角度标注设置方法和线性标注类似，参考线性标注。

"换算单位"与"公差"由于平时绘图一般都是默认缺省，在这里不再赘述。

6.3 尺寸标注命令

AutoCAD 2024 提供了方便快捷的尺寸标注方

法，可以通过下拉式菜单进行标注，也可以用输入快捷键的方式来实现。在标注尺寸前，必须选择一种尺寸样式，如不进行样式选择，则采用当前标注样式。

6.3.1 线性标注

线性标注用于标注直线尺寸，命令可根据尺寸的位置自动建立水平或垂直尺寸。

启用“线性标注”方法如下：

- 命令行：【DIMLINERA】或【DLI】。
- 菜单栏：执行【标注】中的【线性】命令。
- 工具栏：单击【标注】工具栏中的【线性】工具按钮。
- 功能区：在【默认】选项卡中，单击【注释】面板中的【线性】按钮。

★实例 6-2 演示：线性标注

打开链接网址中 CAD 素材文件—第 6 章—实例 6-2“树池平面图.dwg”，标注方形树池尺寸。

命令：DLI　　　　// 回车，调用【线性标注】命令。

指定第一条延伸线原点或＜选择对象＞：　　　　// 确定尺寸标注的起始点，单击鼠标左键。

指定第一条延伸线原点　　　　// 确定尺寸标注的第二个点，单击鼠标左键。

指定尺寸线位置或[多行文字(M)/角度(A)/水平(H)/垂直(V)旋转(R)]：//确定尺寸线位置激活连续标注命令(DCO)完成其他标注，如图 6-11 所示。

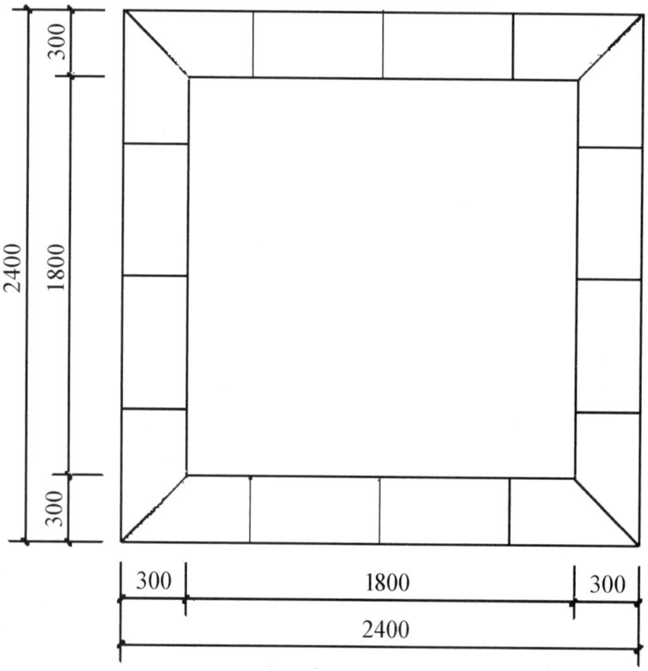

图 6-11　树池平面图

> **提示：**线性标注时，应遵循小尺寸在内侧，大尺寸在外侧的原则，一般最多标注三层尺寸。

6.3.2 弧长标注

弧长标注用于测量圆弧或多段线圆弧上的距离。弧长标注的尺寸界线刻意正交或径向。在标注文字的上方或前面将显示圆弧符号。

启用“弧长标注”方法如下：

- 命令行：【DIMARC】/【DAR】。
- 菜单栏：执行【标注】|【弧长】命令。
- 工具栏：单击【标注】工具栏中的【弧长】工具按钮。
- 功能区：在【默认】选项卡中，单击【注释】面板中的【弧长】按钮。

★实例 6-3 演示:弧长标注

打开链接网址中 CAD 素材文件—第 6 章—实例 6-3“某景观廊架局部平面图.dwg”,如图 6-12 所示。

命令:DAR // 回车,调用【弧长标注】命令。

选择弧线段或多段线圆弧段: // 选择种植池外边界某段圆弧点击鼠标左键确定。

指定弧长标注位置或[多行文字(M)/文字(T)/角度(A)/部分(P)引线(L)]:// 将标注移动到合适的位置,点击鼠标左键确定,以此方法完成种植池其他圆弧段的弧长标注,如图 6-12 所示。

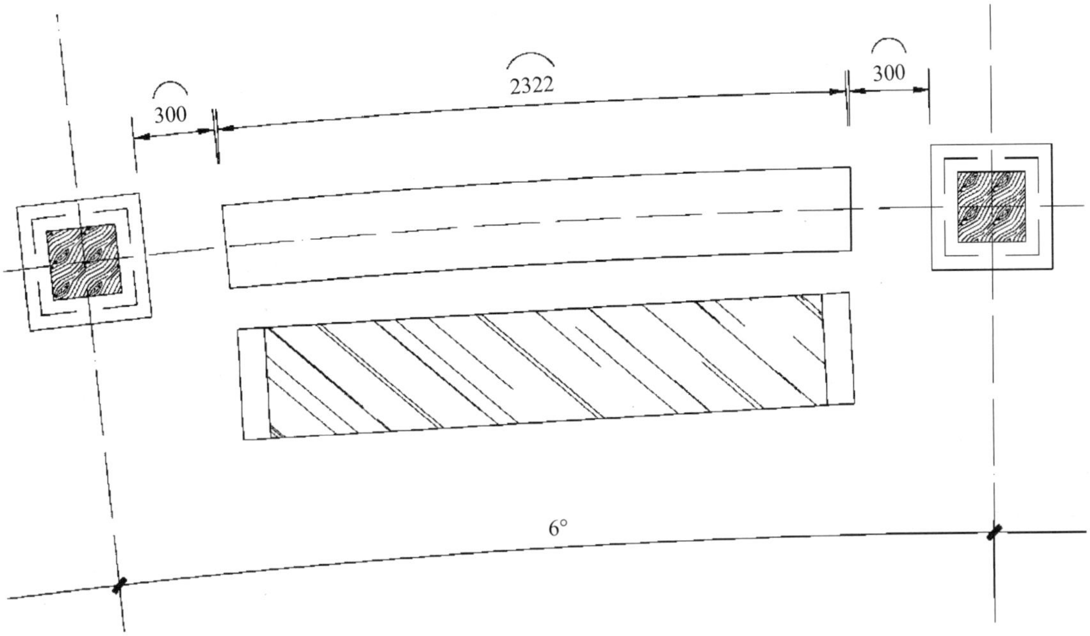

图 6-12 某景观廊架局部平面图

6.3.3 坐标标注

坐标标注用于园林施工图坐标放线图坐标点的标注。一般情况下,AutoCAD 2024 按当前坐标系计算各坐标值。

启用“坐标标注”方法如下:

- 命令行:【DIMORDINATE】/【DOR】。
- 菜单栏:执行【标注】|【坐标】命令。
- 工具栏:单击【标注】工具栏中的【坐标】工具按钮。
- 功能区:在【默认】选项卡中,单击【注释】面板中的【坐标】按钮。

★实例 6-4 演示:坐标标注

打开链接网址中 CAD 素材文件—第 6 章—实例 6-4“某景墙平面图.dwg”,如图 6-13 所示。

命令:DOR // 回车,调用【坐标标注】命令。

指定点的坐标: // 选择景墙的一个角点。

指定引线端点或[X 基准(X)/ Y 基准(Y)/多行文字(M)/文字(T)角度(A)]:// 输入 X 回车。

指定引线端点或[X 基准(X)/ Y 基准(Y)/多行文字(M)/文字(T)角度(A)]:// 输入 M 回车。

用坐标标注 X、Y 的坐标值,在引出做标签,用“多行文字”进行编辑,如在坐标值前加“X=”或“Y=”,如图 6-13 所示。

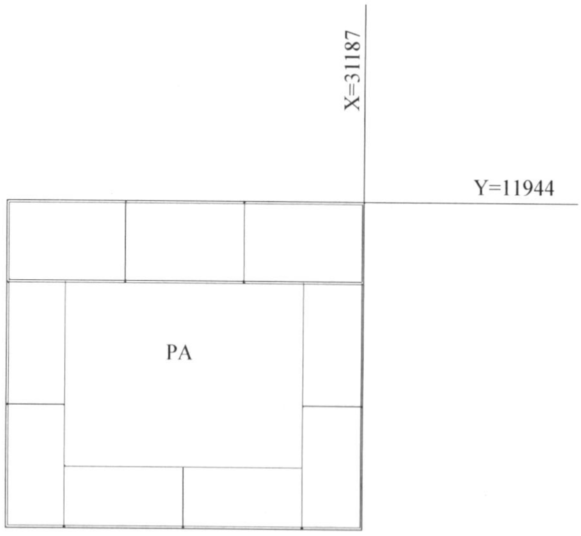

图 6-13　某景墙平面图

6.3.4　半径、直径标注

半径和直径标注是对圆弧或圆进行半径或直径标注。

启用"半径标注"方法如下：

◆ 命令行：【DIMRADIUS】/【DRA】。

◆ 菜单栏：执行【标注】|【半径】命令。

◆ 工具栏：单击【标注】工具栏中的【半径】工具按钮。

◆ 功能区：在【默认】选项卡中，单击【注释】面板中的【半径】按钮。

启用"直径标注"方法如下：

◆ 命令行：【DIMDIAMETER】/【DDI】。

◆ 菜单栏：执行【标注】|【直径】命令。

◆ 工具栏：单击【标注】工具栏中的【直径】工具按钮。

◆ 功能区：在【默认】选项卡中，单击【注释】面板中的【直径】按钮。

★实例 6-5 演示：半径标注

打开链接网址中 CAD 素材文件—第 6 章—实例 6-5"某圆形树池平面图.dwg"，如图 6-14 所示。

命令：DRA　　//回车，调用【半径】命令。

选择圆弧或圆：　　//选中圆形树池外侧边界。

指定尺寸线位置或[多行文字(M)/角度(A)]：　　//拾取圆心，结束命令。

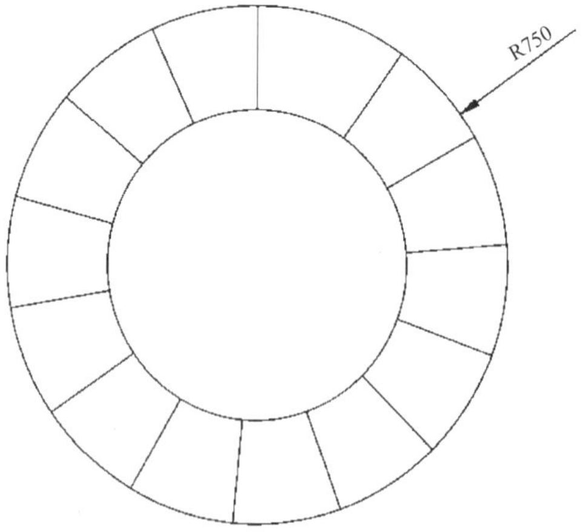

图 6-14　圆形树池的半径标注

6.3.5　角度标注

角度标注是对圆或圆弧所呈角度、两直线间或三点间所呈角度进行的标注。

启用“角度标注”方法如下：

- 命令行：【DIMANGULAR】/【DAN】。
- 菜单栏：执行【标注】|【角度】命令。
- 工具栏：单击【标注】工具栏中的【角度】工具按钮。
- 功能区：在【默认】选项卡中，单击【注释】面板中的【角度】按钮。

★实例 6-6 演示：角度标注

打开链接网址中 CAD 素材文件—第 6 章—实例 6-6“亭子某构件大样图.dwg”，如图 6-15 所示。

命令：DAN　　//回车，调用【角度标注】命令。

选择圆弧、圆直线或＜指定顶点＞：　　//依次选择两条相邻的轴线。

指定标注弧线位置或[多行文字(M)/角度(A)/象限点(Q)]：　　//拖动弧线到合适位置，单击左键结束命令。

相同方法依次标注弧形花架的其他角度，完成标注，如图 6-15 所示。

6.4　多重引线标注

多重引线标注是用于图形的(标记)注释、说明等标注。

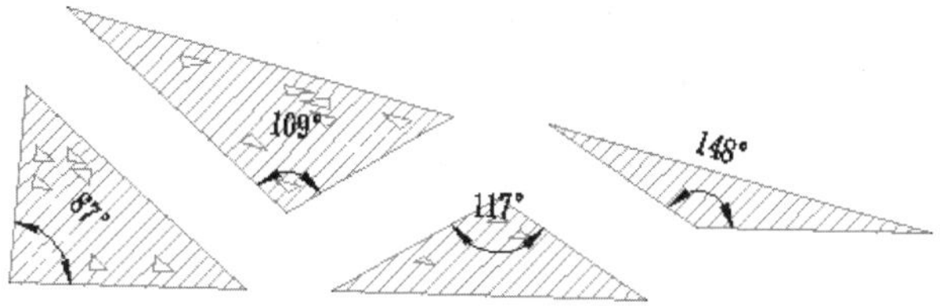

图 6-15　已标注的亭子某构件大样图

6.4.1　启动多重引线命令

启用“多重引线标注”方法如下：

- 命令行：【MLEADER】/【MLD】。
- 菜单栏：执行【标注】|【多重引线】命令。
- 工具栏：单击【引线】工具栏中的工具按钮。
- 功能区：在【默认】选项卡中，单击【注释】面板中的【引线】按钮。

6.4.2　新建多重引线样式

★实例 6-7 演示：新建多重引线样式

打开链接网址中 CAD 素材文件—第 6 章—实例 6-7“景墙立面图.dwg”。

命令：MLD　　// 回车，调用【多重引线】命令。

指定引线箭头的位置或：[引线基线优先(L)/内容优先(C)/选项(O)]：　　//点击鼠标左键指定标注的位置。

指定引线基线的位置：　　//F8 打开正交，确定基线位置。

输入标注文字：// 600×400×80 芝麻白荔枝面　　// 回车 双边倒角，D=10。

用鼠标左键调整基线位置，并在多重引线样式(MLS)中调节文字位置及文字高度与图纸向协调，如图 6-16 所示。

“修改多重引线样式”对话框如图 6-17 所示。

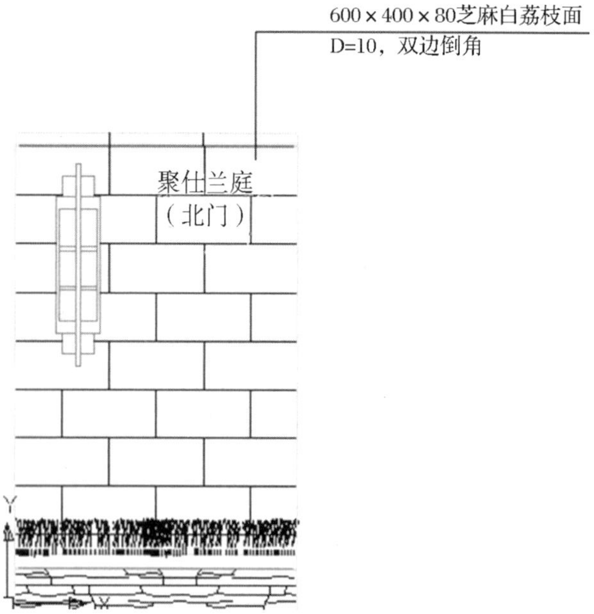

图 6-16　已标注景墙立面图

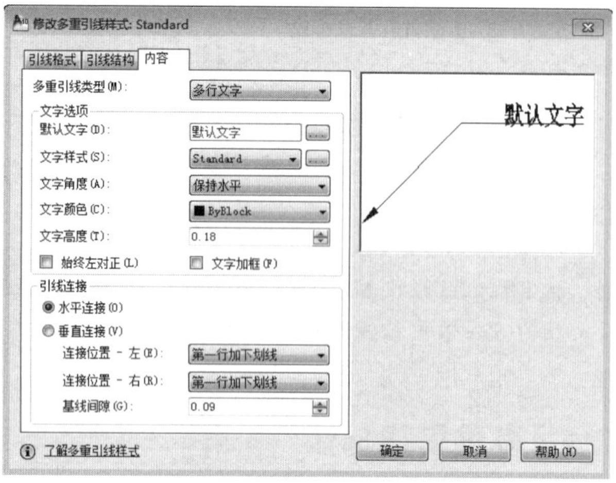

图 6-17　“修改多重引线样式”修改

6.5　查询

为了方便绘图人员及时了解图形信息，AutoCAD 提供了很多查询工具，这里进行简要说明。

6.5.1　两点间距离查询

启用“距离查询”方法如下：

- 命令行：【DIST】/【DI】。
- 菜单栏：执行【工具】|【查询】|【距离】命令。
- 工具栏：单击【查询】工具栏中的【距离】工具按钮。
- 功能区：在【默认】选项卡中，单击【实体工具】面板中的【距离】按钮。

★实例 6-8 演示：测量园路宽度

打开链接网址中 CAD 素材文件—第 6 章—实例 6-8“某道路平面图.dwg”，如图 6-18 所示。

命令：DI　　//回车，调用【距离查询】命令。

指定第一点：　　//点击鼠标左键指定种植池边界角点。

指定第二点或[多个点(M)]：　　//点击鼠标左键指定种植池另一边界角点。

命令结束后会在命令栏显示测量信息，距离为 2000。

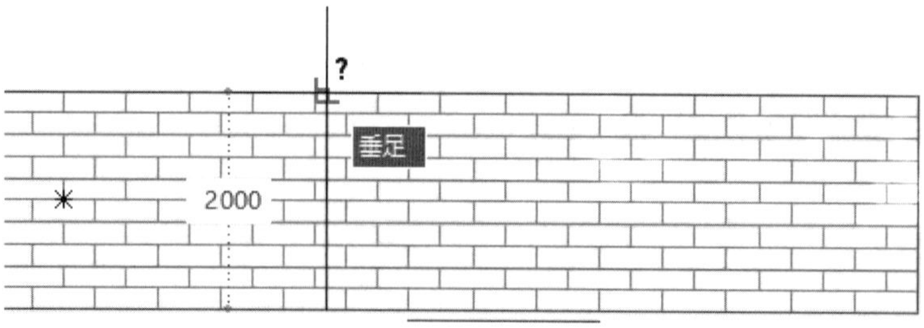

图 6-18　园路宽度测量

6.5.2 面积测量

计算指定区域内的面积并显示，指定区域至少确定三个点，可以计算面积的和，也可以从总面积中减去一部分的面积。使用该命令还可以计算不规则区域内的面积。

启用"面积查询"方法如下：

- 命令行：【AREA】/【AA】。
- 菜单栏：执行【工具】|【查询】|【面积】命令。
- 工具栏：单击【测量工具】工具栏中的【面积】工具按钮。
- 功能区：在【默认】选项卡中，单击【实体工具】面板中的【面积】按钮。

★实例 6-9 演示：某树池灌木种植面积测量

打开链接网址中 CAD 素材文件—第 6 章—实例 6-9"某树池灌木种植面积测量.dwg"，如图 6-19 所示。

命令：AA　　//回车，调用【面积查询】命令。

指定第一个角点或[对象(O)/增加面积(A)/减少面积(S)]：//点击鼠标左键，指定灌木区域某一角点。

点击指定下一个点或[圆弧(A)长度(L)放弃(U)]：　　//继续指定，直至绿色区域被全部覆盖。

命令结束后会在命令栏显示测量信息，面积为 3240000。

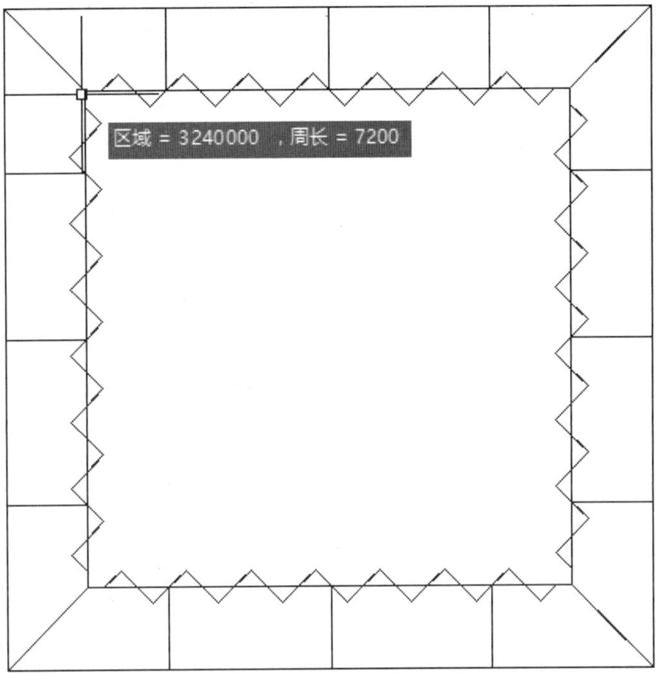

图 6-19 树池灌木种植面积测量

6.5.3 角度测量

启用"角度查询"方法如下：

- 菜单栏：执行【工具】|【查询】|【角度】命令。
- 工具栏：单击【测量工具】工具栏中的【角度】工具按钮。
- 功能区：在【默认】选项卡中，单击【实体工具】面板中的【角度】按钮。

6.5.4 其他查询命令

(1)列表查询　列出所选对象的所有属性，如图层、面积、周长、端点坐标等信息。

启用"列表查询"方法如下：

- 命令行：【LIST】/【LI】。
- 菜单栏：执行【工具】|【查询】|【列表】命令。
- 工具栏：单击【查询】工具栏中的【列表】工具按钮。

★实例 6-10 演示:列表命令

打开链接网址中 CAD 素材文件—第 6 章—实例 6-10“某圆形树池灌木种植面积测量.dwg”,如图 6-20 所示。

命令:LI　　　　　　　　　　　　　　　　　　// 回车,调用【列表查询】命令。

选择对象:　　　　　　　　　　　　　　　　　//选择种植池内侧的圆,回车确定。

命令结束后会弹出清单列表显示该圆的测量信息,面积为 2544690,半径为 900,如图 6-21 所示。

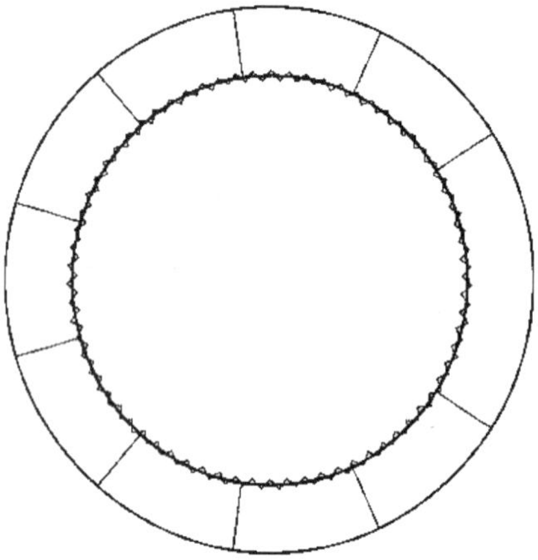

图 6-20　圆形树池灌木种植平面图

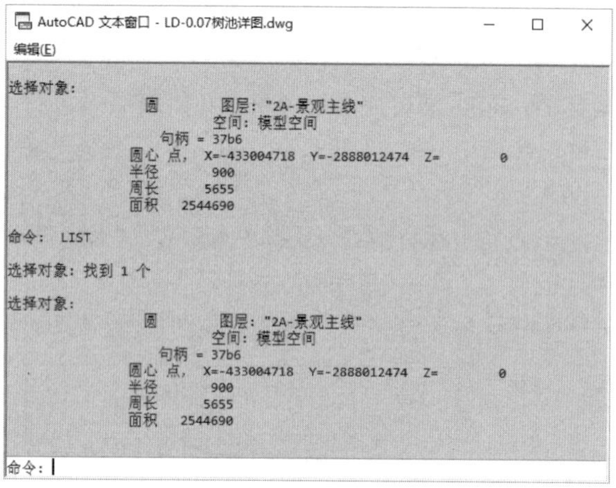

图 6-21　测量数据文本窗口

(2)坐标查询　查询指定点的 X、Y、Z 坐标。

启用“坐标查询”方法如下:

- 命令行:【ID】。
- 菜单栏:执行【工具】|【查询】|【点坐标】命令。
- 工具栏:单击【查询】工具栏中的【点坐标】工具按钮。
- 功能区:在【默认】选项卡中,单击【实体工具】面板中的【点坐标】按钮。

★实例 6-11 演示:通过坐标查询命令检查广场角点某坐标点坐标是否正确

打开链接网址中 CAD 素材文件—第 6 章—实例 6-11“某小区尺寸定位平面图.dwg”,如图 6-22 所示。

命令:ID　　　　　　　　　　　　　　　　　　// 回车,调用【坐标查询】命令

指定点:　　　　　　　　　　　　　　　　　　//选择要检查的坐标点

命令结束后会在命令行会出现坐标点坐标,检验是否标注正确,如图 6-23 所示。

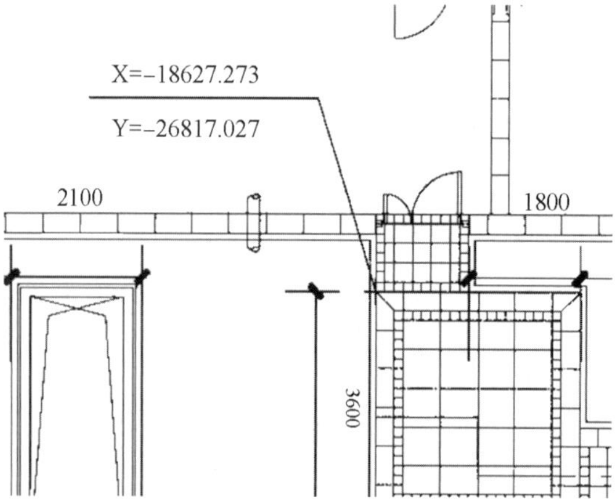

图 6-22　某小区入户广场局部图

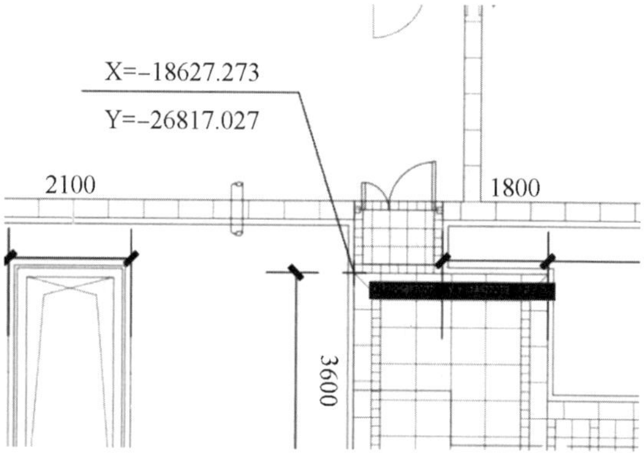

图 6-23　坐标查询检查

❖本章数字资源

实例 6-2
操作视频

第7章 布图与出图

AutoCAD的绘图空间有两种：模型空间和布局空间。一般图纸的绘制是在模型空间进行的，而在布局空间进行图纸的排版。模型空间的图纸都是按照1∶1的比例来绘制，布局空间可通过创建视口来进行比例的调整，并可以辅助一些标注、文字说明以及标题栏等内容。

图纸打印根据打印方式的不同可以分为实体打印和虚拟打印。实体打印是将计算机连接实体打印机，按相应的图纸规格进行出图。虚拟打印是在计算机中添加虚拟打印机，将图形打印成JPG、PDF、EPS等格式的电子文件。

7.1 布局空间布图与打印图

在AutoCAD 2024中，布局空间可以精确反映要打印图纸的缩放比例、图纸方向、线宽设置等操作，利用布局可以直观地看到打印出图前的效果。

7.1.1 创建布局

布局空间在图形输出中占有极大的优势和地位，同时为绘图人员提供多种用于创建布局的方式和管理布局的不同方法，如图7-1所示。

(1)新建布局　启用“新建布局”方法如下：

◆ 菜单栏：执行【文件】|【新建】命令，弹出“选择样板”对话框，如图7-1所示，可以选择文件夹中系统自带的样板文件，确定后打开样板文件，进入绘图区域。

◆ 工具栏：单击【布局】工具栏中的【来自样板的布局】工具按钮。

(2)使用布局向导创建布局　启用“布局向导创建布局”方法如下：

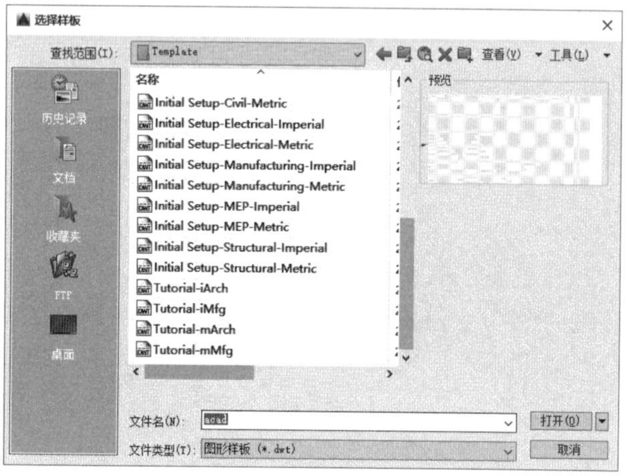

图7-1　新建布局

◆ 菜单栏：执行【工具】|【向导】|【创建布局】命令或执行【插入】|【布局】|【创建布局向导】命令，系统打开如图7-2所示“创建布局”对话框。

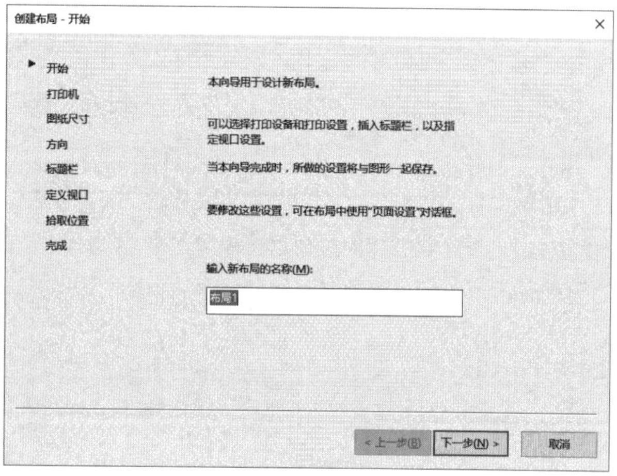

图7-2　创建“布局1”

【创建布局置的位置】对话框中常用选项的含义：

【开始】对话框：输入新布局名称。

【打印机】对话框：为新布局选择配置的绘图仪。要添加或配置新的 Windows 系统打印机，可以在“选项”对话框的“打印和发布”选项卡中选择添加或配置打印机。

【图纸尺寸】对话框：设置图形尺寸、图形单位。

【方向】对话框：横向或纵向。

【标题栏】对话框：包括标题栏大小、内容、图纸风格等。

【定义视口】对话框：在布局中添加视口，制定设置类型、比例、行数、列数和间距等。

【拾取位置】对话框：在图形中制定视口位置。

7.1.2　创建视口

AutoCAD 的绘图空间有两种：模型空间和布局空间。

启用“创建视口”方法如下：

- 命令行：【MVIEW】/【MV】。
- 菜单栏：执行【视图】|【视口】|【新建视口】命令。
- 工具栏：单击【视口】工具栏中的【单个视口】工具按钮。

★实例 7-1 演示：利用视口将绘制好的人行道路铺装在布局空间进行排版

打开链接网址中 CAD 素材文件—第 7 章—实例 7-1“铺装标准段详图.dwg”，如图 7-3 所示。

命令：MV　　　　// 回车，调用【视口】命令。

指定视口的角点：　　//指定对角点，确定后可在布局空间看到模型空间的图纸，如图 7-4 所示。

激活视口：　　//双击视口内部，激活视口，可在视口内部控制模型空间图纸，人行道的标准段调整到与视口相适应，如图 7-5 所示。

设置出图比例：　　//双击视口外部，回到布局空间，单击选中视口，在自定义比例中输入 0.01(1∶100)，确定视口比例，调整视口大小，如图 7-6、图 7-7 所示。

重复进行此操作，完成其他人行道路标准面的排版，如图 7-8 所示。

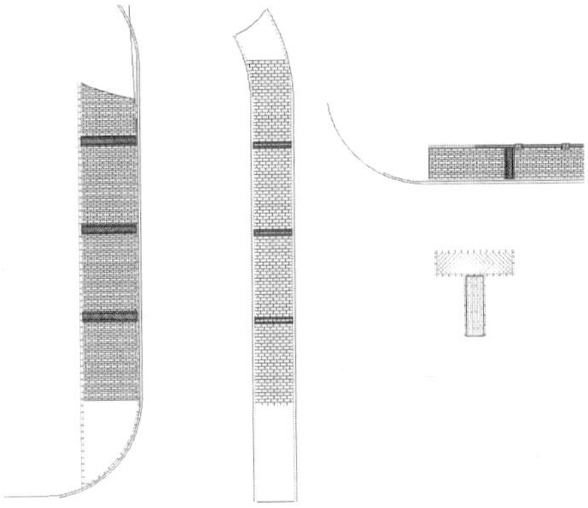

图 7-3　模型空间绘制的人行道平面图

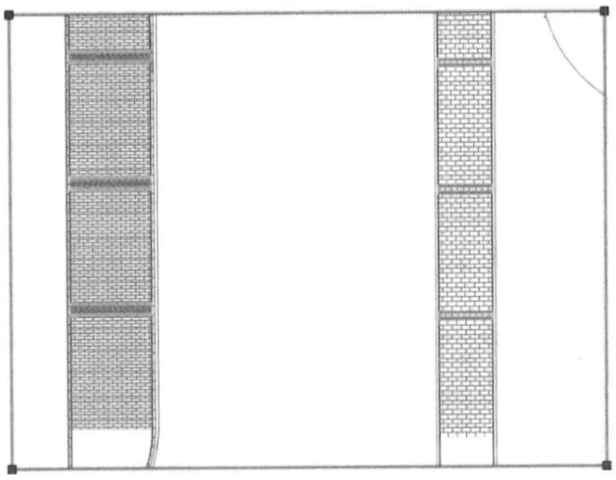

图 7-4　创建视口

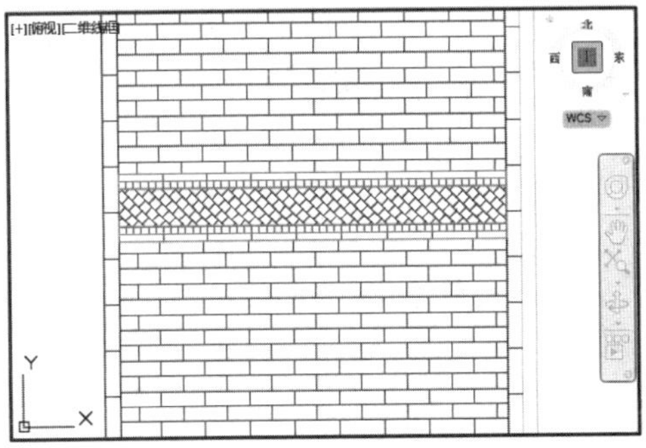

图 7-5　激活视口

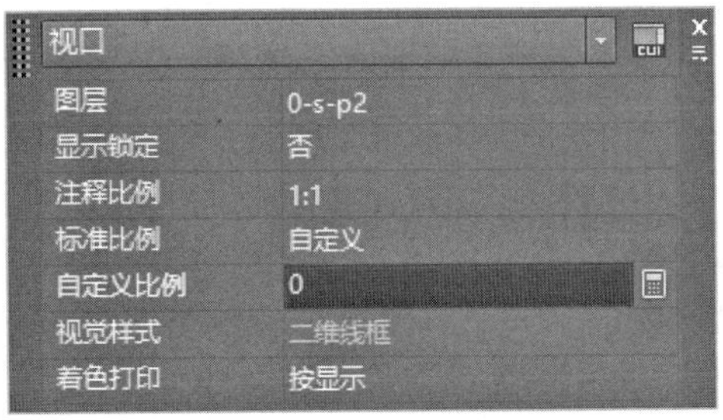

图 7-6　视口比例调整

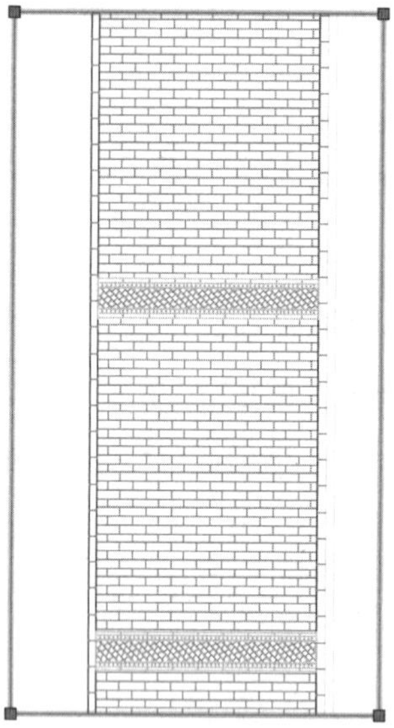

图 7-7　调整视口大小

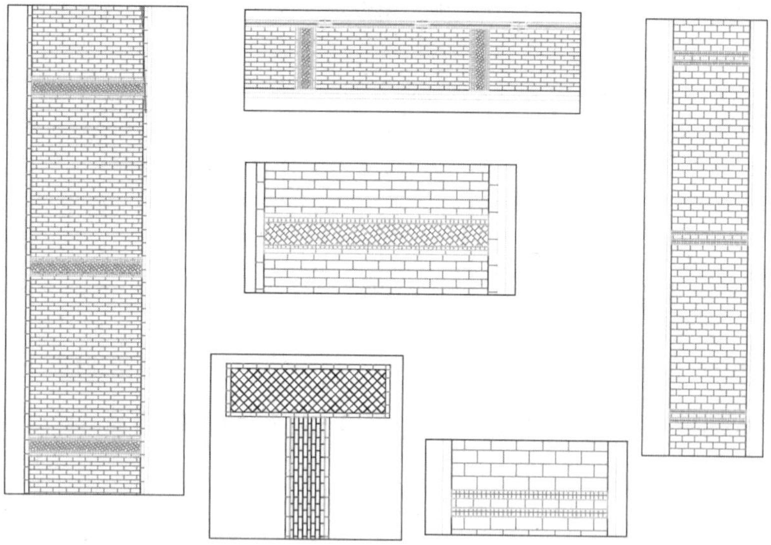

图 7-8　视口比例调整后效果

7.1.3　加入图框

利用布局插入外部参照图框，避免反复修改建筑底图而反复插图的工作量，节省重复绘图改图的时间，同时可以降低自身图纸大小，减少打开、保存以及重生成时间，提高绘图速度。启用“外部参照”方法如下：

- 命令行：【XATTACH】/【XA】。
- 菜单栏：执行【插入】|【DWG 参照】命令。
- 工具栏：单击【插入】工具栏中的【附着外部参照】工具按钮。

★实例 7-2 演示：利用外部参照插入 A3 图框

打开链接网址中 CAD 素材文件—第 7 章—实例 7-2“A3 图框.dwg”。

命令：XA	//回车，调用【DWG 参照】命令，选择参照文件，如图 7-9 所示。
选择图框参照文件路径：	//选定 A3 图框参照文件，点击打开，如图 7-10 所示。
指定插入点：	//选中位置后，单击鼠标左键，确定插入点，如图 7-11 所示。
调整视口及图框位置：	//调整视口及图框位置，进行排版，如图 7-12 所示。

图 7-9　选择参照文件

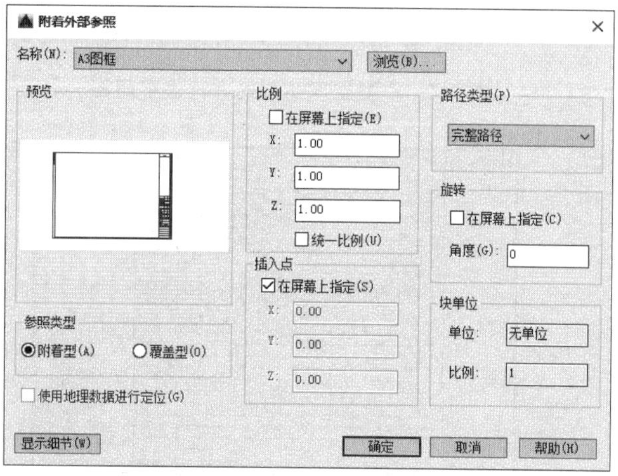

图 7-10　插入 A3 图框参照文件

图 7-11　指定图框插入点

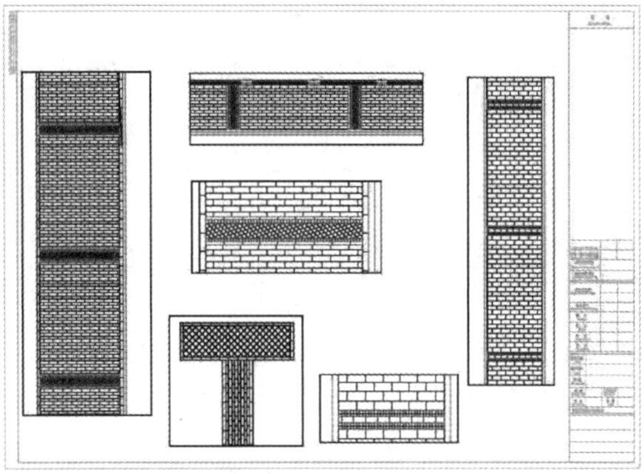

图 7-12　协调视口及图框位置

7.1.4　打印输出

AutoCAD 可以利用外接打印机和 Windows 系统自带的虚拟打印机输出图形。启用“打印输出”方法如下：

◆ 命令行：【Ctrl+P】。

◆ 菜单栏：执行【文件】|【打印】命令。

◆ 工具栏：单击【标准】工具栏中的【打印】工具按钮。

7.2　虚拟打印

在园林图纸的绘制过程中，有些情况不需要打印出实体的图纸，而是打印成 JPG、PDF、EPS 等电子文件，称为虚拟打印。例如，在园林彩色平面图的绘制中，需要分图层来打印 EPS 格式文件，然后导入 Photoshop 里进行编辑。

★实例 7-3 演示：添加虚拟打印机进行虚拟打印 EPS 格式文件

命令：OP　　// 回车，调用【选项】命令，如图 7-13 所示。

添加或配置绘图仪：//安装 Adobe 公司的 PostScript Level 2 型号打印机，如图 7-14 所示。

命令：Ctrl+P　　//设置打印选项及打印样式，如图 7-15 所示。

拾取打印窗口：　　//点击打印范围-窗口，拾取打印范围，如图 7-16 所示。

打印预览：　　//预览查看打印出图效果，如图 7-17 所示。

打印出图：　　//回车返回到设置界面，调整参数，预览至合适，点击确定出图，选择路径保存，如图 7-18 所示。

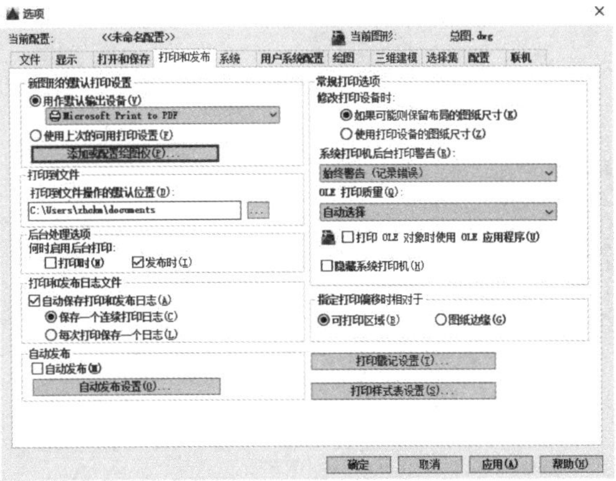

图 7-13　调用【选项】

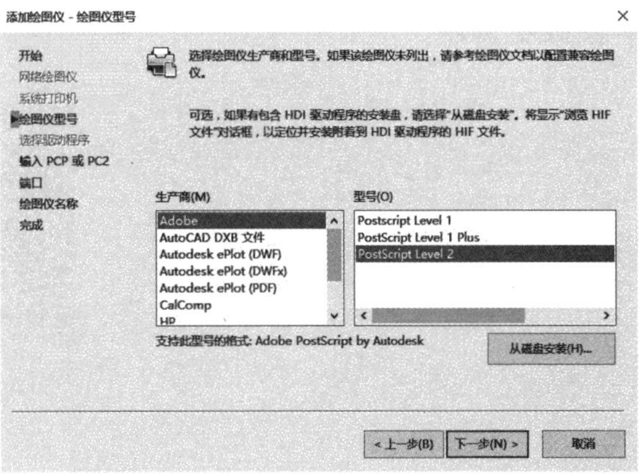

图 7-14　添加 PostScript Level 2 型号打印机

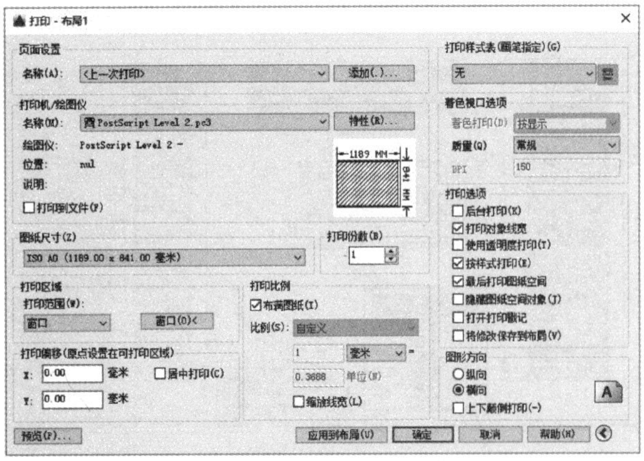

图 7-15　设置打印选项及打印样式

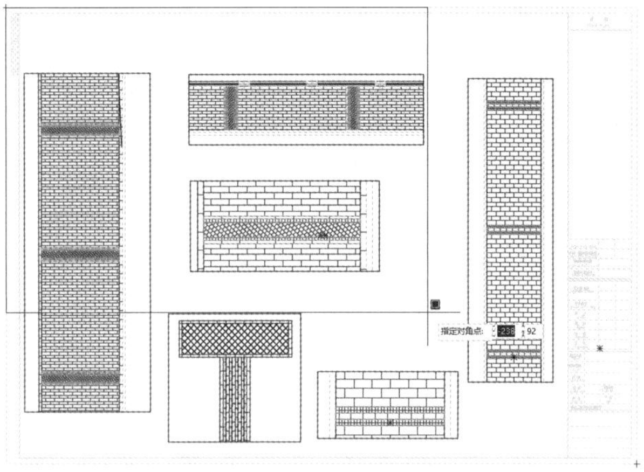

图 7-16　拾取打印范围

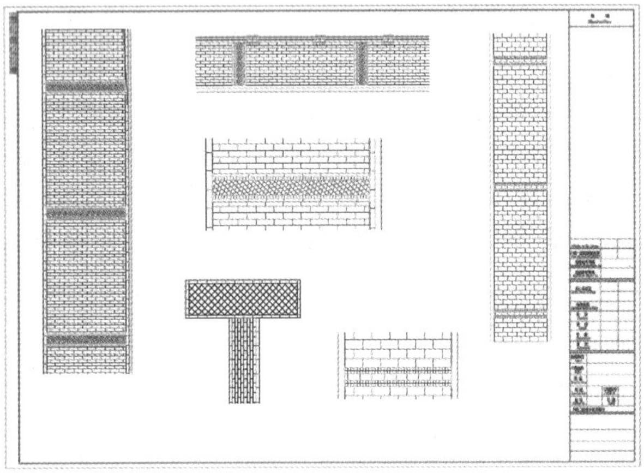

图 7-17　打印预览

图 7-18　确定保存路径

提示：在虚拟打印时，应选择想要打印文件格式的虚拟打印机，若系统默认里没有，可在选项中进行添加，出图时要勾选“打印到文件”选项卡。

❖本章数字资源

实例 7-1
操作视频

第二部分　Photoshop 2024

第 8 章 Photoshop 2024 基本概念与操作

8.1 Photoshop 2024 软件简介

Photoshop 2024(以下简称 PS)是 Adobe 公司推出的一款专业图形图像处理软件,其功能强大,操作便捷,为设计工作提供了一个得手的工具,使许多不可能实现的效果变成现实。目前 PS 被广泛地运用于美术设计、园林设计、印刷出版、数码摄影等诸多领域,不仅受到专业人员的喜爱,还成为家庭用户常用的修图软件。

从功能上看,PS 提供了丰富的图形工具、强大的色彩调整命令以及各种特效和图片修饰功能,这使设计和图片处理更轻松。

8.2 软件界面介绍

启动 PS 中文版后,其软件界面如图 8-1 所示。

图 8-1 Photoshop 2024 软件界面

8.2.1 菜单栏

菜单栏位于软件界面的最上方,其左侧显示了应用程序的图标。单击图标,弹出下拉式菜单,包含了界面的还原、移动、大小、最大化、最小化和关闭选项。菜单栏中间的 12 个按钮如图 8-2 所示,菜单栏中的内容涵盖了整个图像的编辑修改。最右侧三个按钮,分别为“最大化”“最小化”和“关闭”按钮。

图 8-2　菜单栏面板

◆ 文件：管理文件的创建、打开、保存、导出和打印等操作。

◆ 编辑：对目标图像提供撤销、重做、剪切、复制、粘贴和变换等编辑操作。

◆ 图像：调整图像的整体属性，包括大小、模式和颜色等操作。

◆ 图层：管理图层的创建、复制、删除和应用图层样式等操作。

◆ 文字：管理文本的创建和编辑。

◆ 选择：提供选区的创建、修改和管理功能。

◆ 滤镜：应用各种滤镜效果，增强或改变图像外观。

◆ 3D：处理和编辑 3D 图像和对象。

◆ 视图：调整图像的显示方式和视图设置。

◆ 增效工具：管理和使用 PS 的插件和扩展功能。

◆ 窗口：控制和管理 PS 工作区中的各种面板和窗口。

◆ 帮助：提供访问 PS 帮助文档、教程、支持和系统信息的途径。

8.2.2　属性栏

在属性栏中，用户可以根据需要，设置工具箱中各种工具的属性，使其在使用中变得更加灵活，有助于提高工作效率。属性栏中的内容在选择不同工具或进行不同操作时会有所不同。

8.2.3　标题栏

标题栏显示文档窗口的标题，当打开多个文件时，通过鼠标左键拖动文档标题栏，可以调整不同图像文件的顺序，也可通过拖拽使窗口变为悬浮状态。拖动窗口侧边或一角可以调整窗口大小。标题栏从左到右分别显示文档名称、文件格式、窗口缩放比例、颜色模式等。

8.2.4　图像编辑区

PS 中的图像编辑区也称为图像窗口，是打开图像文件的区域。图像窗口是 PS 的常规工作区，所有的功能和操作只限于在工作区的范围内，仅能在工作区内对图像进行编辑处理，并可看到编辑后的状态。

8.2.5　工具箱

工具箱位于工作界面的最左侧，包含了 PS 中使用的各种工具，操作时只要单击该工具按钮即可。如果工具按钮右下方有黑色小三角，则表示该工具按钮中还有隐藏的工具。单击该工具并按住鼠标左键不放，或单击鼠标右键，就可以弹出工具组中的其他工具，将鼠标移至弹出的工具组中，单击所需工具按钮，该工具就会出现在工具箱中。

8.2.6　控制面板

控制面板是 PS 中经常使用的工具，一般用于修改显示图像信息。其中包括图层、通道、路径、字符、段落、信息、导航器、颜色、色板、样式、历史记录、动作、画笔等多种面板。

在系统默认情况下，控制面板以图板形式显示，如图 8-3(a)所示。单击相应的图标可打开对应的控制面板的详细信息，如图 8-3(b)所示。

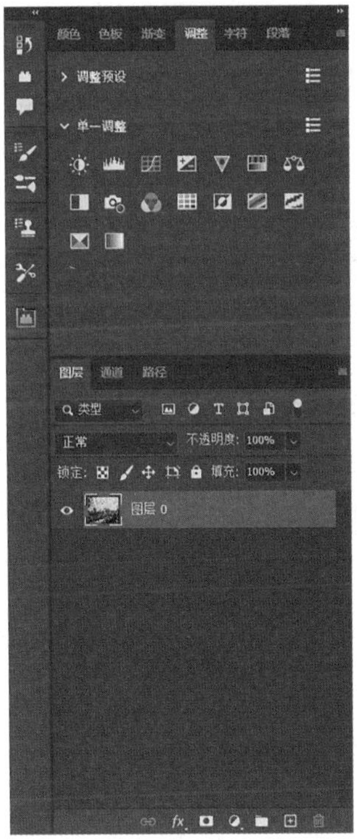

图 8-3(a)　控制面板的图板形式

图 8-3(b) 控制面板的详细信息

在 PS 中也可以将某个控制面板显示或隐藏,选择窗口(W)菜单中的控制面板名称,即可显示该控制面板;想要隐藏某个控制面板窗口,单击控制面板窗口右上角的»按钮即可。

提示:按住 Shift+Tab 键可同时显示或隐藏所有打开的控制面板;按住 Tab 键可同时显示或隐藏所有打开的控制面板、工具箱和属性。

8.2.7 状态栏

PS 中的状态栏位于打开图像文件窗口的最底部,由 3 部分组成,如图 8-4 所示。最左边显示当前打开图像的显示比例,它与图像窗口标题栏的显示比例一致;中间部分显示状态栏的下级菜单中所选择的信息内容;最右边可展开状态栏的下级菜单。

8.3 文件基本操作

本章将介绍一些使用 PS 进行图像处理时涉及的基本操作,如文件的创建、打开、关闭、保存和图像的复制以及画布大小的调整等。通过这些文件基本操作来了解如何使用 PS 进行图像编辑工作。

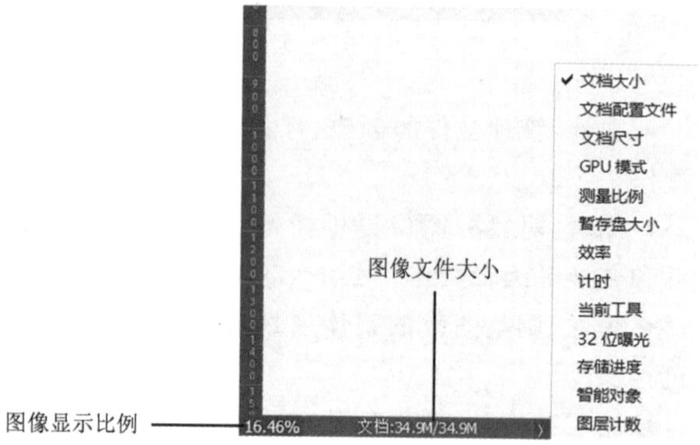

图 8-4 状态栏面板

8.3.1 开始绘图工作

在 PS 中,可以创建一个空白的图像文件,从零开始绘图工作;也可以打开一幅图像,对图像进行各种编辑处理,在此基础上进行再创作。

(1)新建、打开和关闭文件　启动 PS,点击【文件】—【新建】命令,打开"新建"对话框,如图 8-5 所示。

◆ 预设详细信息:可以保存当前面板设置,用于后续多次打开,同时可设置新文档的名称。

◆ 高度/宽度:设置新文档的高度、宽度,单位可以是像素、英寸、厘米、毫米、点、派卡。

◆ 分辨率:设置新文档的分辨率。

◆ 颜色模式:设置新文档的颜色模式和定位深度,确定可以使用颜色的最大数量。

◆ 背景内容:设置新文档初始背景内容。

◆ 颜色配置文件:设置新文档所使用的颜色规则和颜色的范围。

◆ 像素长宽比:设置新文档的像素长宽比。

设置好文档各项参数后,单击"创建"按钮,即可关闭该对话框。此时,将得到一个图像文件。如果需要打开一幅图像,就需要执行【文件】—【打开】命令,弹出"打开"对话框,如图 8-6 所示。确定要打开文件的位置,单击即可。

提示:直接在"打开"对话框中双击选中的文件,可直接将其打开;点击第一个要选择的文件,按住 Shift 不放,点击最后一个要选择的文件,这样两个文件中的所有文件都会被选中。

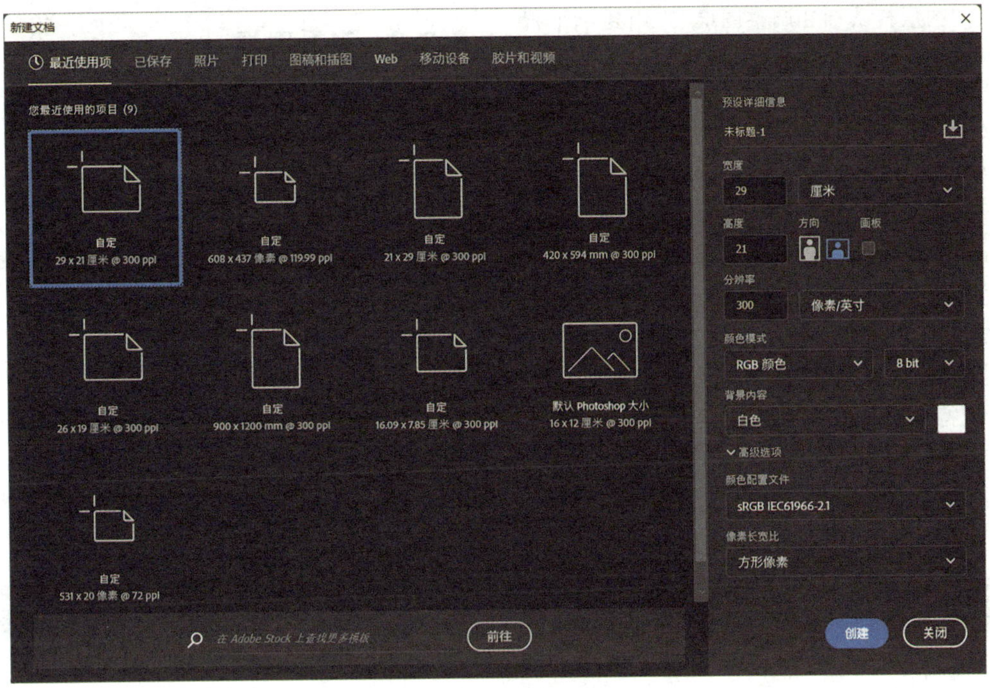

图 8-5　新建窗口面板

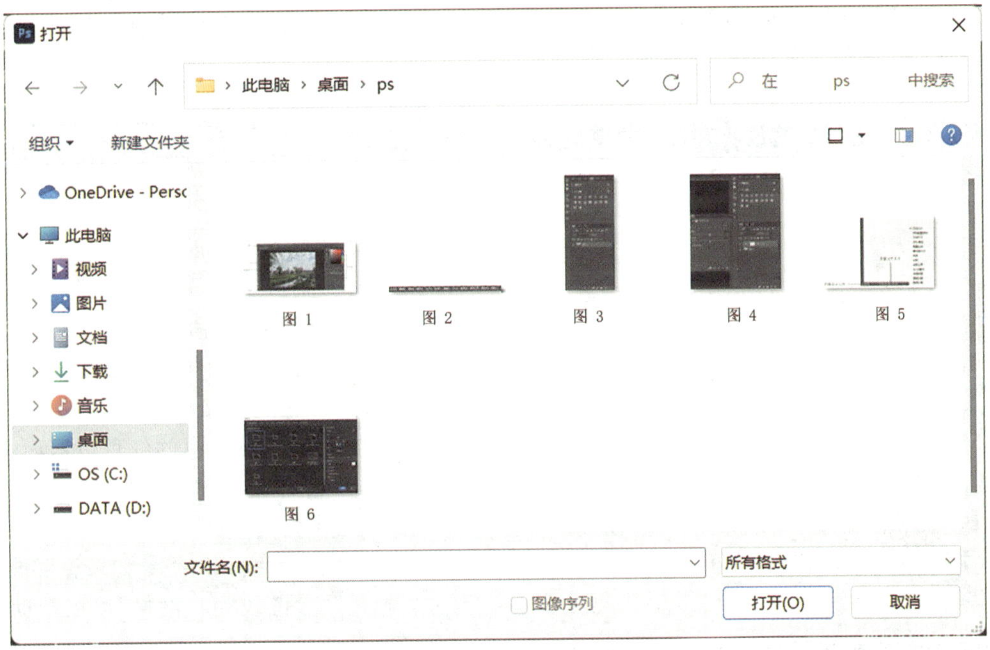

图 8-6　打开窗口面板

如果需要对近期在 PS 中打开的图像文件继续进行编辑，需执行【文件】—【最近打开文件】子菜单，单击文件名即可打开该文件。

(2)置入文件　通过点击【文件】—【置入嵌入对象】命令，可以将新图像作为原文件的一个图层进行打开，同时新图层为“智能对象”图层。使用智能对象可以对单个对象进行多重复制，并且当复制的对象其中之一被编辑时，所有的复制对象都可以随之更新。同时仍然可以将“图层样式”和“调整图层”应用到单个智能对象，而不影响其他复制的对象，这为创作工作提供了极大的便利。

(3)文件的导入、导出　在 PS 中，通过执行【文件】—【导入】命令，可以将数码相机和扫描仪中文件，通过 WIA 支持来导入图像。如果使用 WIA 支持，PS 将与 Windows 系统和数码相机或扫描仪软件配合工作，从而将图像直接导入 PS。执行【文件】—【导入】—【注释】，可以选择导入包含批注的 PDF 文件。执行【文件】—【导入】—【视频帧到图层】可以将视频文件中的一个或多个特定帧导入图层进行编辑和处理，用户可以对单个帧进行修饰、绘图和润色等操作。

8.3.2　查看图像

在绘图工作中，为了观察图像的整体效果和局部细节，经常需要在图像的全屏和局部之间切换。下面学习如何调整视图大小，以方便对图像进行查看。

(1)窗口屏幕模式　PS 为用户提供了 3 种屏幕模式，分别为“标准屏幕模式”“带有菜单栏的全屏模式”和“全屏模式”。通过鼠标单击右键工具栏中的按钮，即可选择在这 3 种屏幕显示模式之间切换，按下键盘上的 F 键也可快速切换。

(2)图像的缩放　使用“缩放”“导航器”面板或“抓手”工具，可以将图像缩小、放大或移动，以便查看图像。单击工具栏中按钮，即可打开“缩放”工具属性栏，如图 8-7 所示。

图 8-7　“缩放”工具属性栏

◆ ：可以放大、缩小图像。

◆ 调整窗口大小以满屏显示：在缩放图像时，图像窗口也随之缩放，如果不选择该项，图像窗口固定不变，只改变缩放的比例。

◆ 缩放所有窗口：选择后缩放所有打开的窗口。

◆ 细微缩放：选择后，左右拖动鼠标可以改变图像显示尺寸。

◆ 100%：在图像窗口中以 100%的比例显示图像。

◆ 适合屏幕：选择后，将缩放当前所有图像的窗口。

◆ 填充屏幕：根据 PS 的窗口大小显示图像。

提示：选择“缩放”工具后，按住 Alt 键，可切换放大或缩小命令。

单击工具栏中按钮，即可打开“抓手”工具属性栏，如图 8-8 所示。当图像窗口不能显示整幅图像时，可以使用“抓手”工具在图像窗口内单击并拖移，完成图像的自由移动。

图 8-8　“抓手”工具属性栏

◆ 滚动所有窗口：选择后，同时打开多个视图时会同时移动打开的图像。

◆ 100%：在图像窗口中以 100%的比例显示图像。

◆ 适合屏幕：选择后将缩放当前所有图像的窗口。

◆ 填充屏幕：根据 PS 的窗口大小显示图像。

提示：选择“抓手”工具后，按住 Ctrl 键，抓手图标变为放大图标，在图像中点击即可放大图像；按住 Alt 键，抓手图标变为缩小图标，在图像中单击即可缩小图像。

在默认状态下，“导航器”面板位于工作界面上的右上角。如当前界面中没有“导航器”面板，可以通过执行【窗口】—【导航器】命令，将“导航器”面板打开，如图 8-9 所示。使用鼠标向右拖移“导航器”面板中的“缩放”按钮，红色边框缩小，视图中的图像被放大。将鼠标放到“导航器”面板中的红色边框内，指针变为抓手形状时，单击并拖移鼠标，即可调整红色边框的位置，快速查看图像内容。

(3)标尺、参考线和网络　如果想要准确把握图像尺寸，“标尺”“参考线”和“网格”可以帮助用户沿图像的宽度或高度精确定位图像或像素。

在 PS 中，执行【视图】—【标尺】命令，可打开标尺。默认情况下，标尺显示在当前窗口的顶部和左侧。在标尺上双击鼠标或执行【编辑】—【首选项】—【单位与标尺】命令，即可打开首选项对话框，可以在该页面设置标尺的单位、列尺寸、分辨率和点/派卡大小。

图 8-9　"导航器"面板

在默认情况下，标尺原点位于图像左上角。使用鼠标在标尺栏左上角单击并拖移，到达指定位置后，释放鼠标，标尺原点被改变。

提示：如果需要将标尺原点还原到默认值，双击标尺上的交叉点即可；按住 Ctrl+R 键可快速显示或隐藏标尺。

参考线是浮在整个图像窗口中但不能打印输出的直线。用户可以对它进行创建、移动、删除或锁定操作。在 PS 中，网格在默认情况下显示非打印输出直线，也可以显示为网点。执行【视图】—【新建参考线】命令，弹出参考线设置对话框，设置相关参数后，单击确定按钮，即可创建一条参考线，如图 8-10 所示。

图 8-10　设置参考线

在"垂直标尺"或者"水平标尺"上单击并向绘图区拖动鼠标，也可创建参考线。选择移动工具，将光标放在参考线上，单击并拖移，即可移动参考线的位置。如果将参考线向四周移出图像窗口外，可快速地删除此参考线。执行【视图】—【锁定参考线】命令，参考线将无法移动，执行【视图】—【清除参考线】命令，即可删除图中所有的参考线。

执行【视图】—【显示】—【网格】命令，图像将会显示网格，如图 8-11 所示。

图 8-11　显示网格

提示：Ctrl+R 键可快速显示或隐藏图像中的标尺；Ctrl+H 键可快速显示或隐藏图像中的参考线。

8.3.3 整体编辑图像

在 PS 中创建一个新图像或打开一个现有的图像文件后，可以对其进行改变图像大小、改变画布大小、旋转画布、裁剪图像等基础编辑操作。图像保存后，可进行反复编辑。

（1）改变图像大小　执行【图像】—【图像大小】命令，即可打开“图像大小”对话框，如图 8-12 所示。

图 8-12　“图像大小”对话框

◆ ：选择后，图像的宽度和高度同比例扩大或缩小；如未选择，将以不同比例扩大或缩小图像。

◆ 宽度/高度：可以设置图像的尺寸。

◆ 分辨率：可以设置图像的分辨率大小。

◆ 重新采样：设定插入像素信息方式。

（2）改变画布大小　使用【画布大小】命令可以添加或移去当前图像周围的工作区（画布）；还可以通过减小画布区域来剪切图像。

执行【图像】—【画布大小】命令，即可打开“画布大小”对话框，如图 8-13 所示。

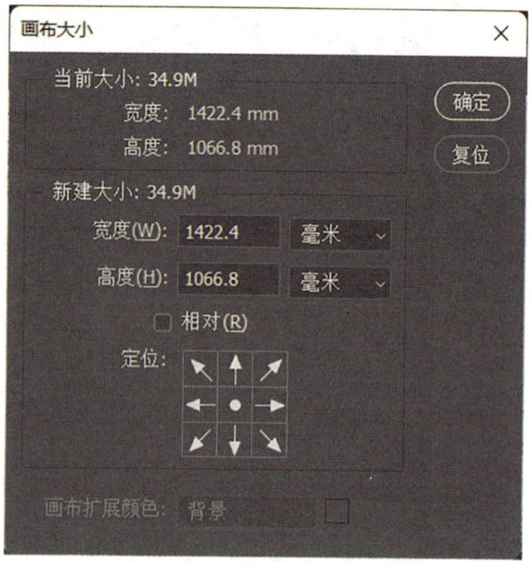

图 8-13　“画布大小”对话框

◆ 当前大小：显示当前图像的宽度、高度。

◆ 宽度/高度：用于设置新调整图像的宽度和高度值。

◆ 相对：选择后，输入的数值为增加或减少的数值。

◆ 定位：单击某个方块以指示图像在新画布上的位置。

◆ 画布扩展颜色：可以将扩展的画布颜色设置为当前前景色、背景色或自定义画布颜色。

（3）旋转画布　可以利用旋转画布菜单下的各项命令旋转或翻转整个图像，例如，180°、顺时针 90°、逆时针 90°、任意角度旋转画布、水平翻转画布和垂直翻转画布。

（4）裁剪图像　在 PS 中一般可以用裁剪工具、透视裁剪工具、切片工具、切片选择工具裁剪图像。使用裁剪工具能够整齐地裁切选择区域以外的图像，调整画布大小。其工具属性栏如图 8-14 所示。

图 8-14　裁剪工具属性栏

◆ 比例：设置预设长宽比或裁剪比例大小。

◆ 清除：清除长宽比。

◆ 拉直：通过在图像上画一条线来拉直图像。

◆ ：设置裁剪工具的叠加选项。

◆ 删除裁剪的像素：确定是否保留裁剪框外部的像素数据。

◆ 填充：如何填充扩展的裁剪区域。

利用裁剪工具在图像上拖动以选择要保留的区域，裁剪框的四角和边缘调整手柄，可以用来改变裁剪区的大小和比例。在实际修图中，如需对具有透视变形的图像进行裁剪和校正，就需要使用透视裁剪工具，其操作与裁剪工具类似，在图像上拖动一个四边形，这个四边形表示透视变形的区域。可以通过拖动四角的控制点来调整四边形的形状，使其匹配图像中透视变形，以获得更好的校正效果。

切片工具和切片选择工具用于将图像分割成多个部分，通常用于网页设计和电子邮件设计。在工具栏中选择切片工具，在图像上拖动以创建切片区域，从而将图像分割成不同的部分，通过拖动切片边缘或角点来调整切片大小和位置。切片选择工具是对已经创建好的切片进行修改，包括移动切片、调整切片大小；同时也可以通过对“切片选项”弹出对话框中参数的设置，来精准调整切片大小和位置。

提示：在创建切片后，执行【文件】—【导出】—【存储为 Web 所用格式】命令，可以将切片导出为多个独立的图像文件。

(5)文件存储　新建文件进行编辑后，必须对文件进行保存，以免因误操作或者意外退出而带来损失。在 PS 中支持多种文件格式，可以根据不同的需求选择合适的格式进行保存，以下是一些常见的文件格式。

◆ PSD 格式：是 PS 软件默认图像文件格式，适合保存剪辑中的图像，保留所有的编辑信息和图层，以便于修改。

◆ PDB 格式：类似于 PSD 格式，但支持更大的文件尺寸，适合处理超大尺寸图像。

◆ BMP 格式：Windows 中的标准图像文件格式，被大多数软件所支持，将图像压缩后不会丢失数据，支持 RGB、索引颜色、灰度与位图颜色模式。

◆ PDF 格式：常用于文档和图形的保存，支持矢量和栅格图像，适合打印和共享。

◆ EPS 格式：广泛的向量绘图软件和排版软件所接受的格式，可保存路径，可在多款软件间进行转换。

◆ JPEG 格式：最常用的图像格式，是最有效、最基本的有损压缩格式，被大多数的图形处理软件支持。

◆ PNG 格式：支持无损压缩和透明背景，适合保存图形和网页图像。

◆ GIF 格式：是输出图像到网页最常采用的格式，支持动画和透明背景，适合保存简单的动画和图形，但使用调色板时，有 256 色的限制。

◆ TGA 格式：被国际上的图形、图像工业所接受。TGA 格式的优点是可以在图像内部生成一个 Alpha 通道，这个功能方便了在平面软件中的工作。

◆ TIFF 格式：可使扫描图像标准化，是跨越 Mac 与 PC 平台最广泛的图像打印格式，除了可以减少图像尺寸，还可以保存通道，有利于图像的再次处理。

执行【文件】—【存储为】命令，选择存储文件的位置，在“文件名”文本框中输入存储文件的名称，在“格式”下拉框中选择存储文件的格式，单击保存，即完成图像的保存。

提示：使用 Ctrl＋S 组合键可以快速原位置存储文件，使用 Ctrl＋Shift＋S 组合键可以快速另存文件。

8.4　图层

图层是 PS 中非常重要的一部分，使用图层功能，可以将一个图像中的各个部分独立出来，以便于对其进行修改。不同的图层可以放置不同的图像。利用图层可以创造出许多特殊效果，结合图层样式、图层不透明度和混合图层模式等功能，可发挥 PS 强大的图像处理能力。常见的图层种类包括背景图层、普通图层、文字图层、形状图层、智能对象等。图层面板如图 8-15 所示。

图 8-15　图层面板

◆ ：根据不同类型筛选图层。

◆ ：像素图层过滤器、调整图层过

滤器、文字图层过滤器、形状图层过滤器、智能对象过滤器、打开或关闭图层筛选。

◆ 

:设置图层的混合模式。

◆ 不透明度:控制图层的透明度。范围值从 0%(完全透明)到 100%(完全不透明)。

◆ 填充:与不透明度类似,但只影响图层内容的透明度,而不影响图层样式的透明度。

◆ :锁定透明像素、锁定图像像素、锁定位置、防止画板和画框内外自动嵌套、锁定所有属性。

◆ :链接不同图层、添加图层样式、创建图层蒙版、创建新的填充或调整图层。

◆ :创建新的组、创建新的图层、删除图层。

8.4.1 应用图层样式

图层样式是一组用于给图层添加特殊效果的工具,可以给图层添加阴影、发光、浮雕等视觉效果。图层样式是非破坏性修图,可以随时编辑或移除。点击图层面板下方的“fx”或双击图层标题后的空白处,即可弹出图层样式面板,如图 8-16 所示。

◆ 斜面和浮雕:创建浮雕效果,模拟物体的立体感。

◆ 描边:在图层边缘添加描边效果。

◆ 内阴影:在图层内部添加阴影,模拟凹陷效果。

◆ 内发光:在图层内部添加发光效果。

◆ 光泽:添加内部光泽效果,使图层看起来有光滑的表面。

◆ 颜色叠加:在图层中应用不同颜色叠加的效果。

◆ 渐变叠加:在图层上覆盖渐变效果。

◆ 图案叠加:在图层上覆盖图案效果。

◆ 外发光:在图层周围添加发光效果。

◆ 投影:在图层下方添加阴影,模拟物体浮在背景上的效果。

8.4.2 填充图层

填充图层可以用纯色、渐变或图案填充。填充内容只出现在该图层中,对其他图层不产生影响。

★实例 8-1:填充图层操作实例

①打开链接网址中 PS 素材文件—第 8 章—实例 8-1 图片 1 和图片 2。

②选择图片 1,执行【编辑】—【定义图案】命令,弹出如图 8-17 所示的对话框,修改图案名称为“背景素材”,单击“确定”按钮,即可将图片 1 定义为图案。

③选择图片 2,执行【图层】—【新建填充图层】—【图案】命令,设置打开的“新建图层”对话框,如图 8-18 所示。

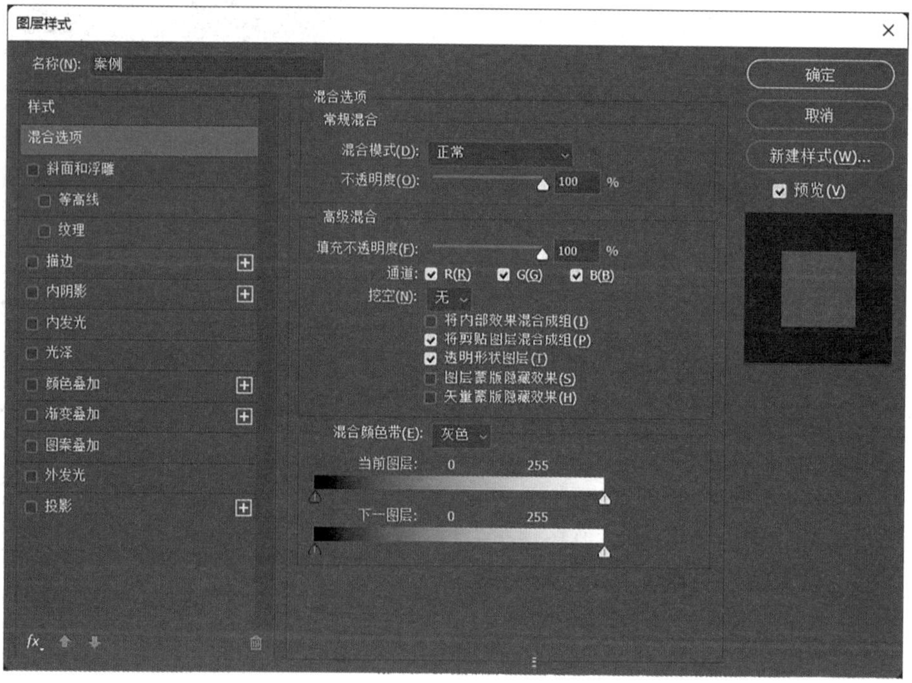

图 8-16 图层样式面板

④单击“确定”按钮，弹出“图案填充”对话框，如图 8-19 所示。选择提前定义好的图案后，单击“确定”按钮即可。

⑤点击橡皮擦工具，选择柔边圆橡皮擦，设置 20%透明度和 80%流量，对栅格化后的“图案填充”图层进行涂抹，擦除图像中一些颜色比较深的部分，最终效果如图 8-20 所示。

图 8-17 定义图案

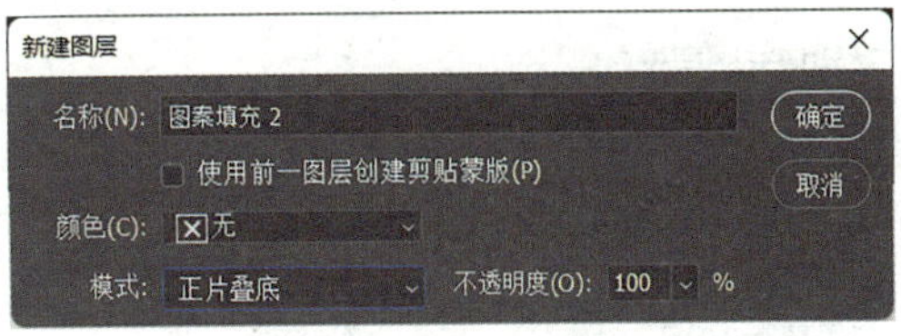

图 8-18 【新建图层】面板

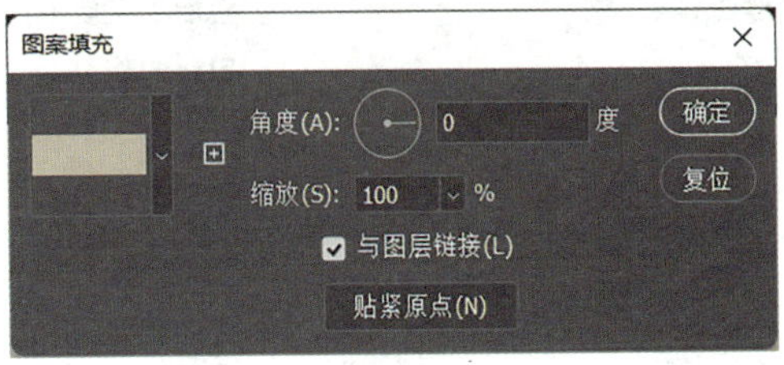

图 8-19 【图案填充】面板

图 8-20 图案填充图层前后效果对比

8.4.3 调整图层

在 PS 中，调整图层是一种特殊类型的图层，用于对图像进行各种颜色和色彩的调整，但不会直接修改原图像的像素。这种非破坏性编辑调整方式，允许随时修改，而不会影响图像的原始数据。一般通过以下 3 种方式创建调整图层。

(1)应用菜单命令创建调整图层　执行【图层】—【新建调整图层】命令，打开其子菜单，其中包含多种“调整”方式，如图 8-21 所示。

(2)在“图层”面板中创建调整图层　在图层面板中，单击面板底部的“创建新的填充或调整图层”按钮，弹出如图 8-22 所示的快捷菜单，可创建调整图层。

(3)在“调整”面板中创建调整图层　“调整”面板可以将各种“调整”命令以图标和预设列表的方式集合在统一面板中。利用该面板可以快捷、有效地为当前图像添加“调整”图层。在默认状态下“调整”面板位于软件界面的右侧，如图 8-23 所示。

- 亮度/对比度：简单地调整图像的亮度和对比度。
- 色阶：调整图像的亮度、对比度和色调范围，可

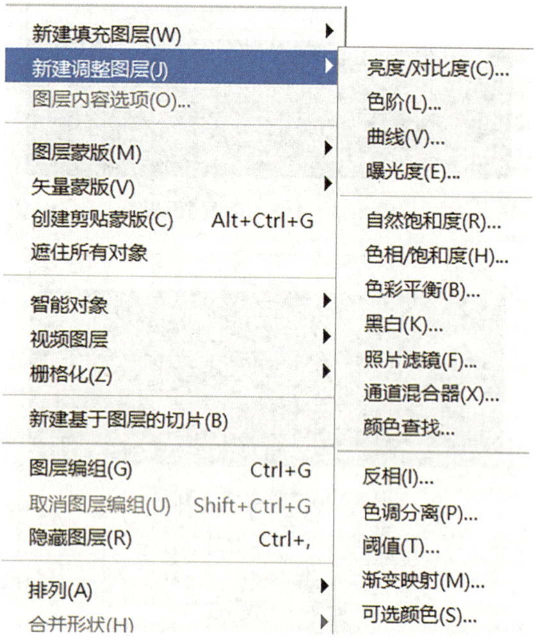

图 8-21　新建调整图层

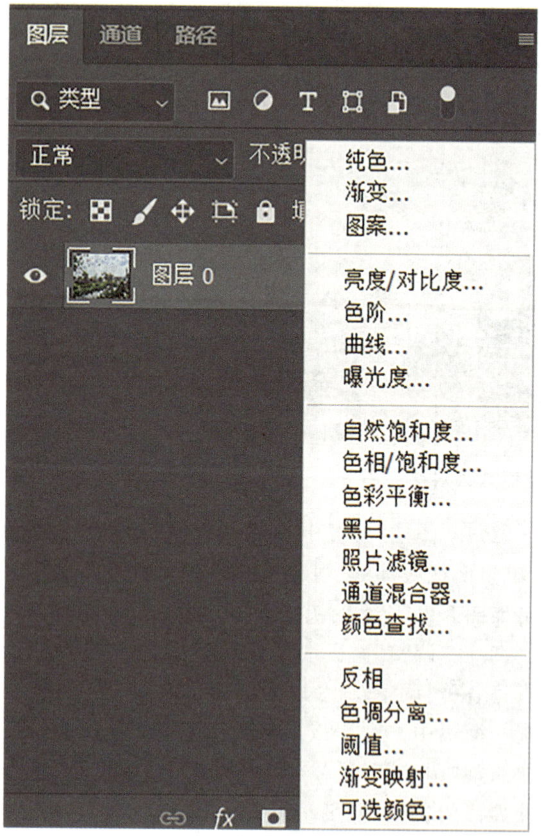

图 8-22　快捷菜单

图 8-23　调整命令面板

以通过滑块调整阴影、中间调和高光。

◆ 曲线：提供更精细的亮度和对比度调整，通过曲线来控制图像各个色调范围的亮度变化。

◆ 曝光度：调整图像的曝光度、高光和阴影，模拟相机曝光设置。

◆ 自然饱和度：通过调整自然饱和度选项来改变图像的鲜艳程度。

◆ 色相/饱和度：调整图像的色相、饱和度和明度，可以对全图或特定颜色进行调整。

◆ 色彩平衡：调整图像阴影、中间调和高光中的颜色平衡，常用于色彩校正。

◆ 黑白：将彩色图像转换为黑白图像，同时可以对不同色彩通道进行调整，影响黑白图像的对比度和亮度。

◆ 照片滤镜：模拟传统摄影中的滤镜效果，改变图像的整体色调。

◆ 通道混合器：通过调整不同颜色通道的组合来改变图像的颜色和亮度。

◆ 颜色查找：通过应用颜色查找表或预设的色彩配置文件来快速调整图像的色彩。

◆ 反相：将图像的颜色反转，生成底片效果。

◆ 色调分离：减少图像的色调数量，创建色调分离效果。

◆ 阈值：将图像转换为纯黑白效果，基于指定的亮度值。

◆ 渐变映射：根据图像的亮度使用渐变映射颜色，

创建特殊效果或色调调整。

◆ 可选颜色：独立调整图像中每种颜色的成分，非常适合进行颜色校正。

8.4.4　智能对象

PS 中的智能对象为我们的操作提供了很大的便利，智能对象在任何时候都可以进行编辑，且不会因原有操作使图像像素产生损失。

★实例 8-2：智能对象操作实例

①打开链接网址中 PS 素材文件—第 8 章—实例 8-2 图像素材图片，其图层面板如图 8-24 所示。

图 8-24　原始图层面板

②创建智能对象可以采用以下 3 种方法：

执行【图层】—【智能对象】—【转化为智能对象】命令；

点击图层面板右上角■按钮，创建智能对象；

右键单击图层，选择“转化为智能对象”命令。

创建智能对象后，普通图层将转化为智能对象，如图 8-25 所示。

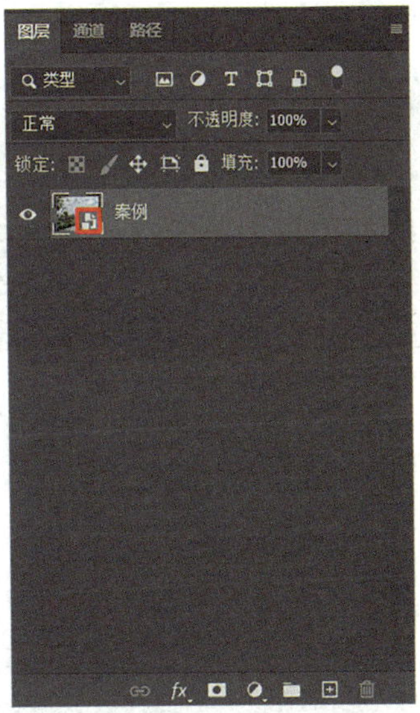

图 8-25　转化为智能对象

③双击图层面板中智能对象缩略图，弹出如图 8-26 所示的提示框，单击“确定”按钮，产生新外部文件。新外部文件将保留智能对象的所有原始信息。

④选择新产生的外部文件，对图像中空白部分进行修复，点击“仿制图章工具”，选择柔边圆，将硬度调整为 0%，不透明度和流量修改为 100%，按住 Ctrl 键吸取图像周围合适的部分，然后对空白部分进行擦除修复即可，这样就可以间接地修改智能对象图层。关于“仿制图章工具”的详细操作会在后续知识点进行讲解。

⑤保存并关闭外部文件，此时所产生的修复效果就同步在最初的智能对象中，如图 8-27 所示。

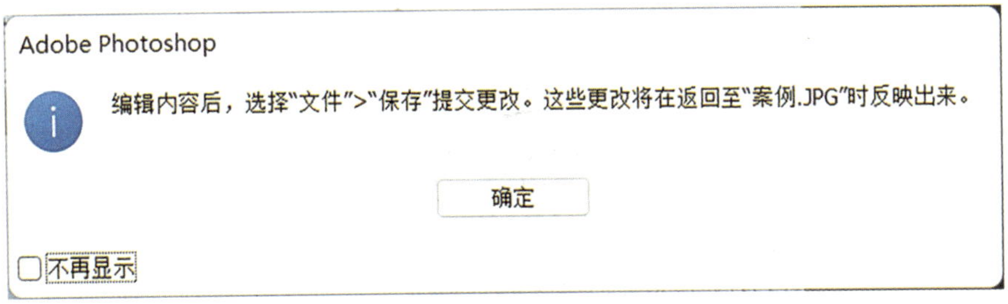

图 8-26　提示框

图 8-27　修复效果的前后对比

提示：只有滤镜、图层样式等不破坏图层内部像素的操作才可以直接作用于智能对象图层中，其他操作必须打开智能对象图层对应的外部图像文件进行编辑。

8.4.5　图层复合

"图层复合"面板是用于记录当前图层状态的一项功能，如显示与隐藏图层、图层样式等。利用该功能可以记录图像在不同的图层显示状态下的不同效果，这样可以在一个文件中设置多个设计方案，而不必将每一个设计方案存储为一个单独的文件。执行【窗口】—【图层复合】命令，打开图层复合面板，如图 8-28 所示。

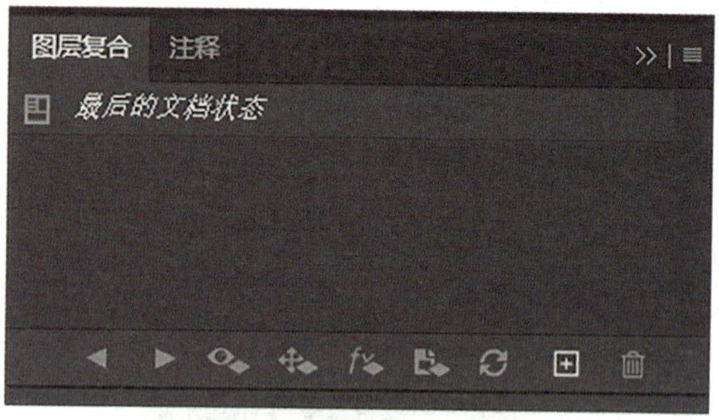

图 8-28　【图层复合】面板

- ◆ ：显示该图标的图层复合为当前使用的图层复合。
- ◆ ：切换到上一个/下一个图层复合。
- ◆ ：更新所选图层复合和图层的可见性。
- ◆ ：更新所选图层复合和图层的位置。
- ◆ ：更新所选图层复合和图层的外观。
- ◆ ：针对所选图层复合和图层，更新智能对象的图层复合选区。
- ◆ ：更新图层复合。
- ◆ ：创建新的图层复合。
- ◆ ：删除图层复合。

提示：PS 在操作窗口中有一个浮动的上下文任务栏，是软件根据当前的操作，推测操作者后续可能用到的操作工具，以加快 PS 的操作效率，可以在菜单【窗口】—【任务栏】打开或关闭。

❖本章数字资源

实例 8-1
操作视频

第9章 图像的选取与编辑

9.1 选区的基本概念

用PS进行图像编辑时离不开选区工具，它是PS中最基础、最重要的工具之一。选区是一种用来分离局部图像的工具。通过建立选区，用户可以精确地控制编辑的范围，确保只有选区内的图像受到编辑影响，而选区外的部分保持不变。这种技术对于局部调整图像、抠图、复制或移动图像部分等操作非常有用。

PS提供了多种创建和编辑选区的工具，根据绘图习惯，常用选区工具有选框工具、套索工具、魔棒工具，如图9-1所示。这些工具可以根据不同的需求灵活地创建各种形状和大小的选区，以便达到编辑的需求。

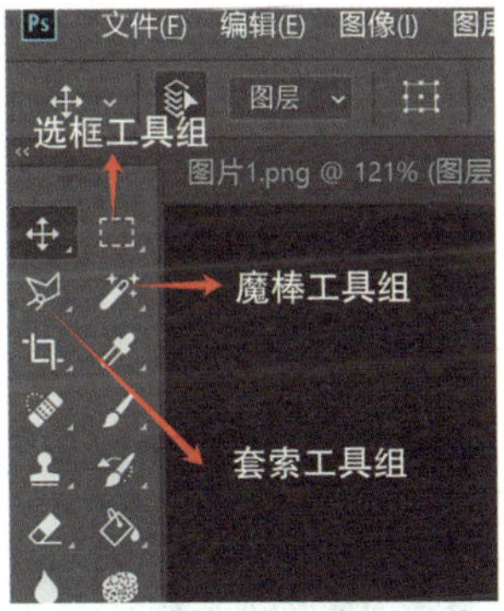

图 9-1　图像选取的三大工具组

9.2 选区工具组的使用

9.2.1 选框工具

选框工具可以创建形状规则的选区。选框工具共有4个选项，分别为“矩形选框工具”“椭圆选框工具”“单行选框工具”及“单列选框工具”。在默认状态下，工具箱上显示的是“矩形选框工具”按钮，在该按钮上单击鼠标左键，可以打开其他隐藏的选框工具，如图9-2所示。

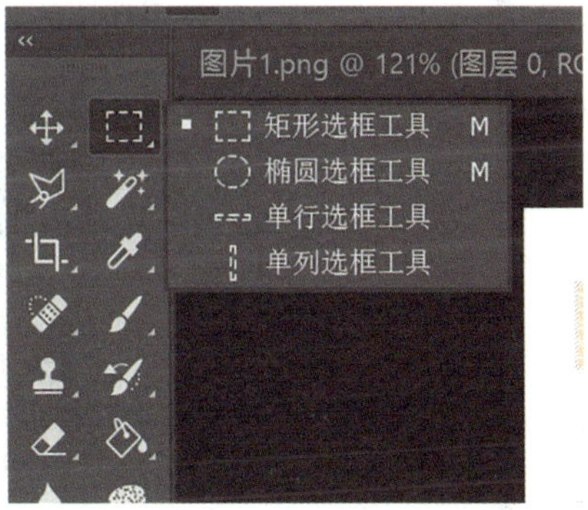

图 9-2　选框工具

1. 选框工具的应用

★实例 9-1:选框工具的基本操作

选框工具的操作方法简单易懂,下面以书中素材图片为例进行演示操作。

(1)选区的建立

①打开链接网址中 PS 素材文件—第 9 章—图片 1,在工具箱中选择矩形选框工具,将鼠标指针移到图片编辑窗口,鼠标指针将变成十字光标。

②单击并向右下方拖曳鼠标,创建一个矩形选框,在适合的位置松开鼠标,完成矩形选区的创建,如图 9-3 所示。

(2)选区的移动　如果需要移动选区,将鼠标指针放在选区内部,待指针变成斜三角时,单击并拖曳鼠标即可移动选区,如图 9-4 所示。

(3)选区的消失　若在选区以外的位置单击鼠标,选区将消失,需重新建立新的选区。

(4)选区的分离　分离图层:确定好位置以后单击右键,弹出的对话框中有一行叫作“通过拷贝的图层”,则可框选中的区域单独分离到另一个图层,如图 9-5、图 9-6 所示。

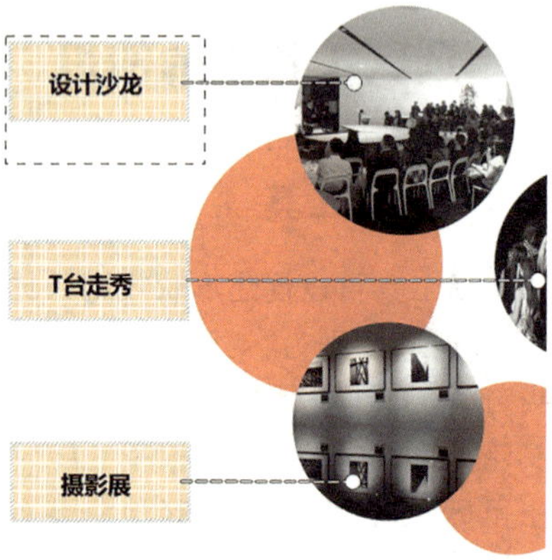

图 9-3　矩形选框工具选取目标区域

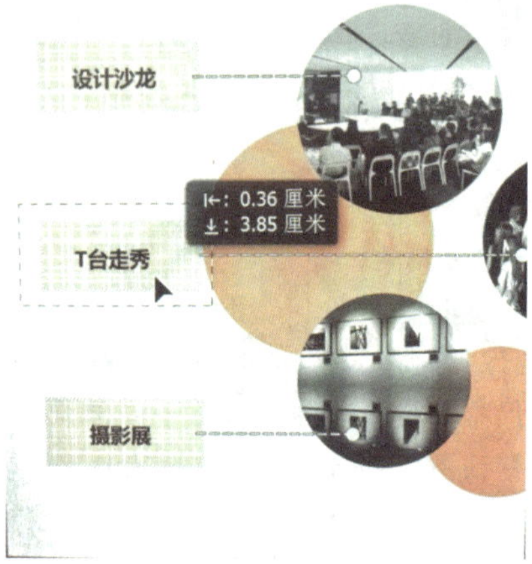

图 9-4　移动选框

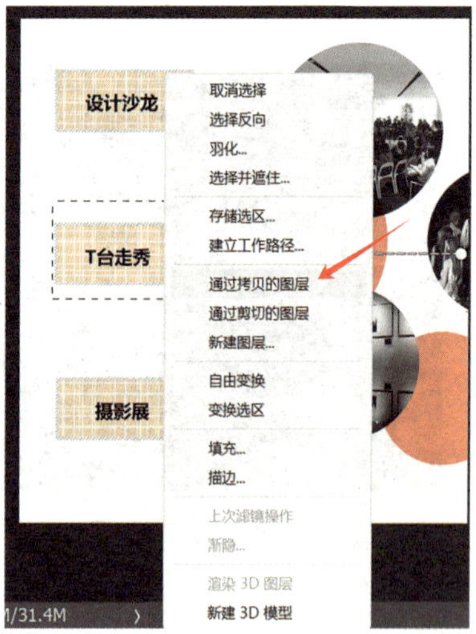

图 9-5　右击弹出选项栏

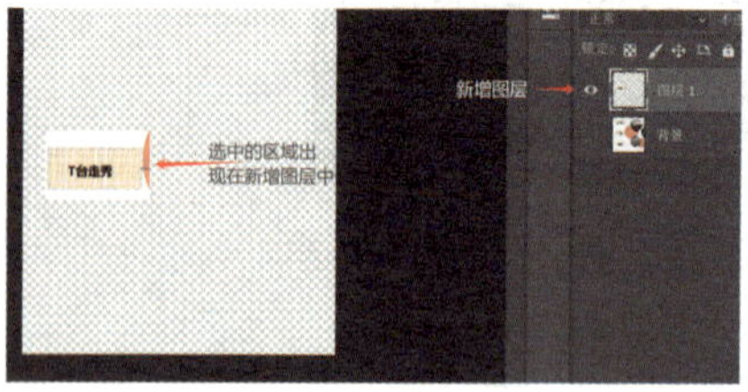

图 9-6　新增图层

(5)剪切或复制选区

①剪切图像:在创建的选区内,选择移动工具之后,鼠标图标变为三角形带剪刀样式,拖曳鼠标到其他位置,这时选区内的图像将从原图像上剪切下来,如图 9-7 所示。

②复制图像:在创建的选区内,按下 Alt 键,鼠标指针会变成双三角形图标。拖住鼠标选区到图像的其他位置,可复制选区内的图像,如图 9-8 所示。

(6)选框的形状

①若想框选的形状为椭圆或者圆形,则在下拉的选框工具中选择"椭圆选框工具",则选择的区域呈现椭圆形,如图 9-9 所示。

②"单行选框工具"和"单列选框工具":主要用于绘制横向或纵向线段。这两个工具可以创建出任意像素大小并且无限长的横向或纵向选区。

③选择"单行"或"单列"工具,创建选区,单击右键,弹出的对话框中单击"通过拷贝的图层"选项,则可将框选中的区域单独分离到另一个图层,如图 9-10(a)所示;

④通过 Ctrl+T 可自由变换选区区域,就可以看到这一行或这一列的像素情况,如图 9-10(b)所示。

以上是选框工具的基本操作过程。

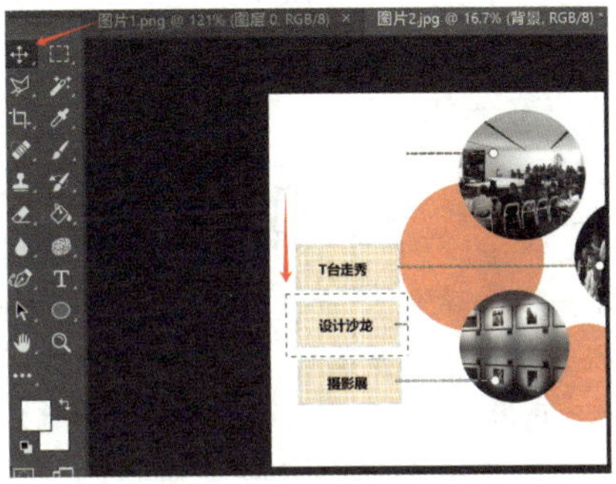

图 9-7 剪切图像

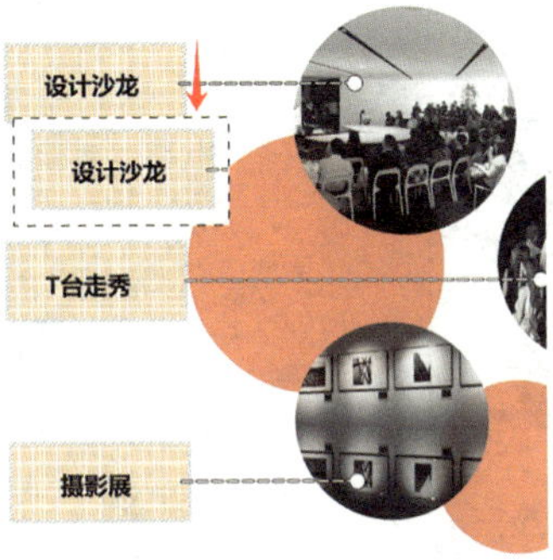

图 9-8 复制图像

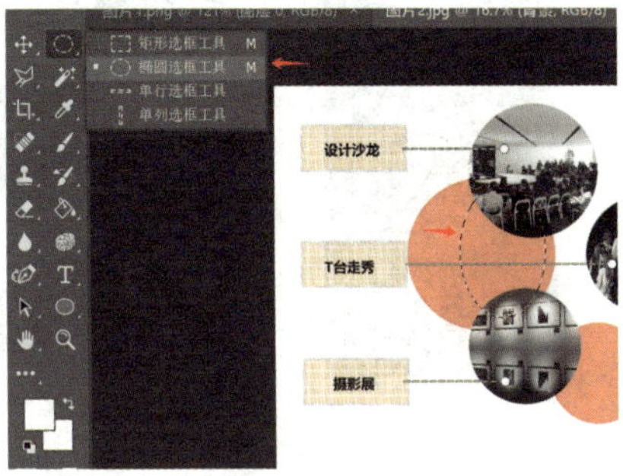

图 9-9 椭圆选框

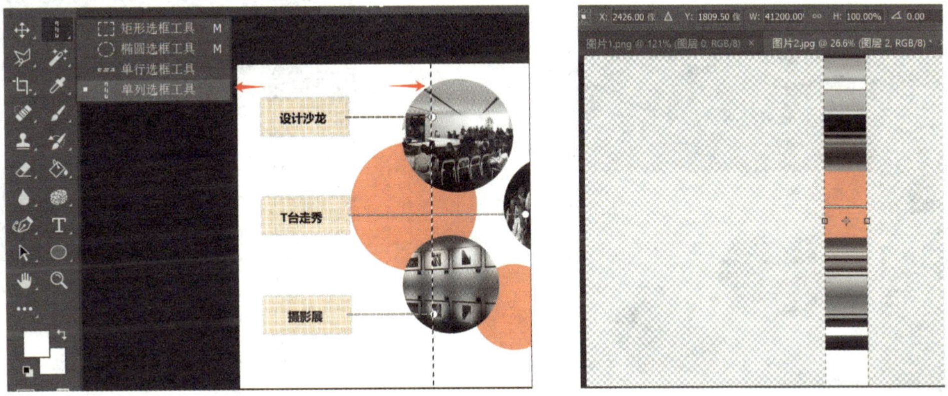

(a)选中区域

(b)选中区域拉大体现像素情况

图 9-10 单列选框

2. 选区的编辑

选框工具的属性栏有加选、减选、交叉选区、羽化、样式等选项,便于不同需求的编辑,如图 9-11 所示。

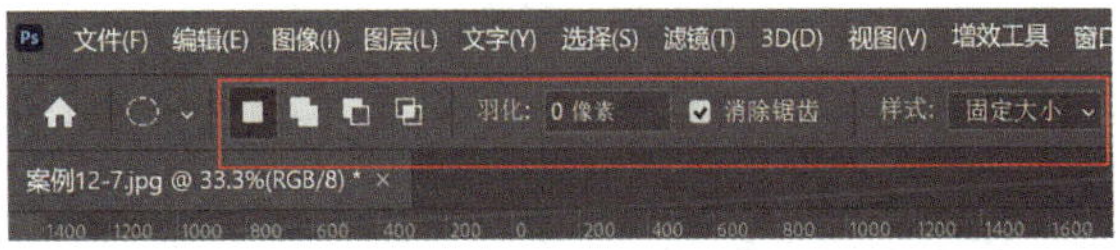

图 9-11 工具属性栏

★实例 9-2:选框工具的加选、减选的操作

在建立选区时,通常可以单击选项栏中的图标进行加选或减选的编辑,也可使用快捷键 Shift 键和 Alt 键对选区进行简单的编辑操作。具体操作如下:

(1)加选　单击按钮或者按下 Shift 键时,鼠标指针变成右下角带加号的光标,会两个选区合并在一起,扩展为一个新的选区,如图 9-12 所示。

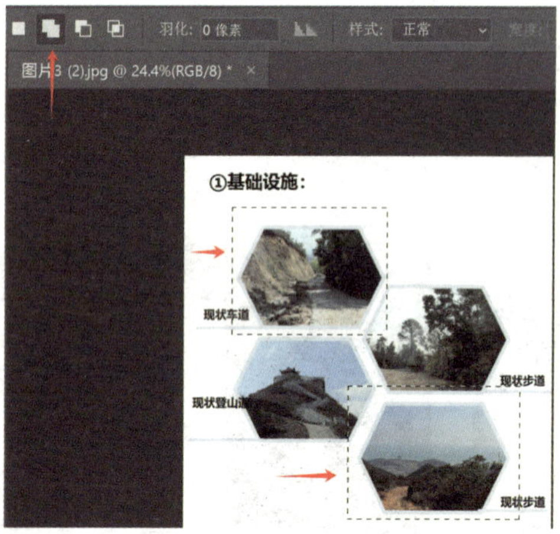

图 9-12　加选选区

(2)减选　单击按钮或者按下 Alt 键时,指针将变成带有减号的光标,新绘制的选区可以对原有选区进行修剪,如图 9-13 所示。

图 9-13　减选选区

(3)交叉选区　单击按钮或者按下 Shift+Alt 键,鼠标指针在图像编辑窗口会变成右下角带有乘号的光标,与原选区相交再创建一个选区,新的选区则只保留选区之间相交的部分,如图 9-14 所示。

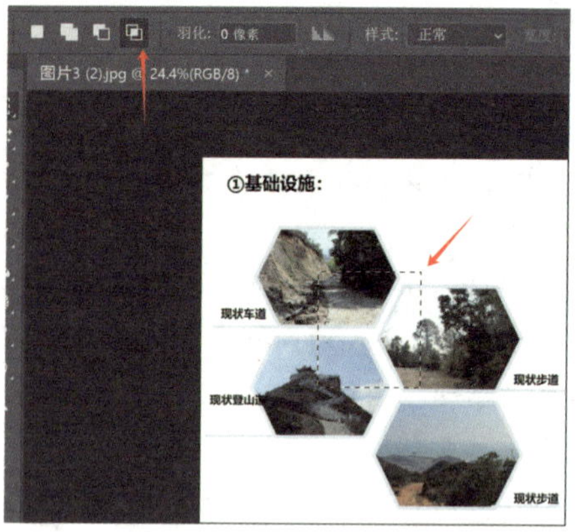

图 9-14　交叉选区

★实例 9-3:选框工具的其他操作

(1)羽化　"羽化"选项用于指定选区边界的羽化效果,使选区边界产生模糊效果。

①点击选框工具。

②设置羽化半径,实例中为 20 像素。

③使用选框工具选择想要编辑的区域,本实例选用"矩形选框工具"选择一矩形区域。

④单击右键,弹出的选项栏点击"通过拷贝的图层",框选中的区域单独地分离到另一个图层,且边缘呈现模糊效果,如图 9-15 所示。

图 9-15　羽化效果

提示:羽化半径越大,模糊边缘的范围也越大。在进行选区羽化设置时,所得到的羽化效果与画面的尺寸有很大关系。如果画面尺寸的分辨率高,那么设置的羽化值也要相对大,才有羽化效果,反之亦然。若操作步骤中,先框选区域后才设置羽化,则无法显现效果;采用 Shift+F6 操作,也可以完成羽化效果,如图 9-16(a)、图 9-16(b)所示。

（a）羽化对话框

（b）羽化效果

图 9-16　Shift＋F6 羽化效果

（2）样式　“样式”选项可以用来控制选区的基本形状，单击“样式”选项右侧的按钮，在弹出的下拉列表中包括“正常”“固定比例”和“固定大小”3 个选项，如图 9-17 所示。另外，还可以衍生如调整边缘、去掉背景等操作。

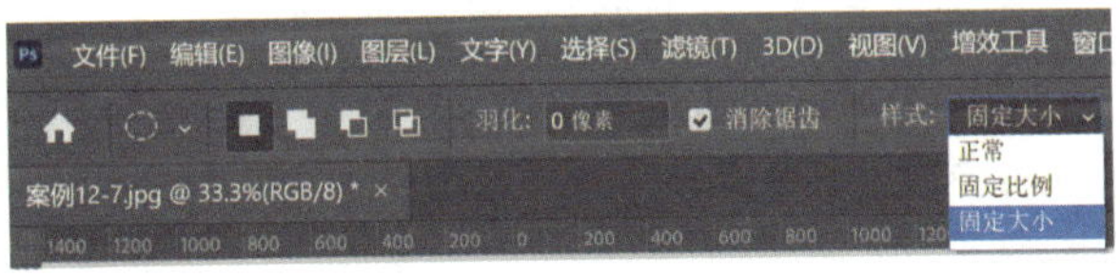

图 9-17　样式选项

①“正常”选项：可以在视图中创建任意大小和比例的选区，一般我们在操作中习惯性默认正常。

②“固定比例”选项：在选项栏内的“宽度”和“高度”文本框中输入相应的数值，选框区域就会被约束。本实例中输入“宽度”为“1”，“高度”为“2”，矩形选框的高和宽将被约束为 2∶1，如图 9-18 所示。

图 9-18　固定比例选区

③“固定大小”选项：点击“固定大小”选项，在“宽度”和“高度”文本框内输入要创建选区的宽度和高度值，在视图中单击鼠标，即可创建精确大小的选框选区，如图 9-19 所示。

图 9-19　固定大小选区

9.2.2　套索工具

套索工具组也是一组选择工具，对于创建不规则的选区非常有用。单击并按下“套索工具”按钮，弹出展开工具组，包括 3 个工具，分别是“套索工具”“多边形套索工具”和“磁性套索工具”，如图 9-20 所示。下面就对这 3 个工具逐一展开介绍。

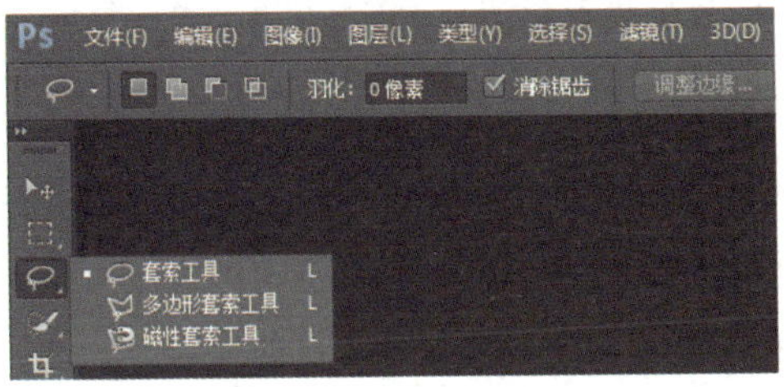

图 9-20　套索工具

1. **套索工具的使用**

“套索工具”用于手动绘制任意形状的选区，适合为形状不规则但边缘明显的物体创建粗略的选区。下面介绍该工具的使用方法。

★实例 9-4：套索工具的操作

①在工具栏内选择“套索工具”，如图 9-21(a)所示。

②根据图形形状，手动描出需要编辑的区域，如图 9-21(b)所示。

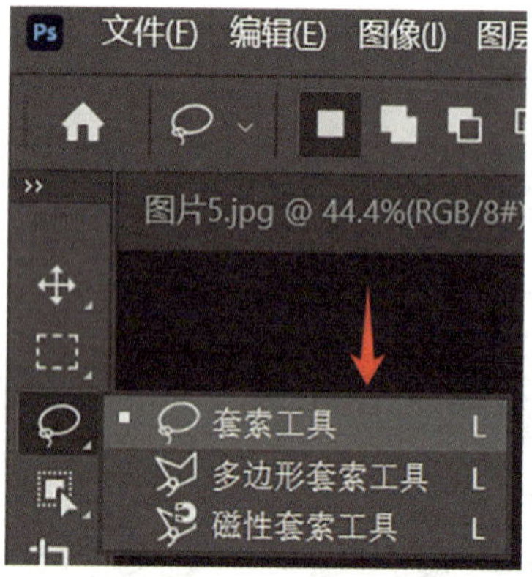

图 9-21(a)　选区

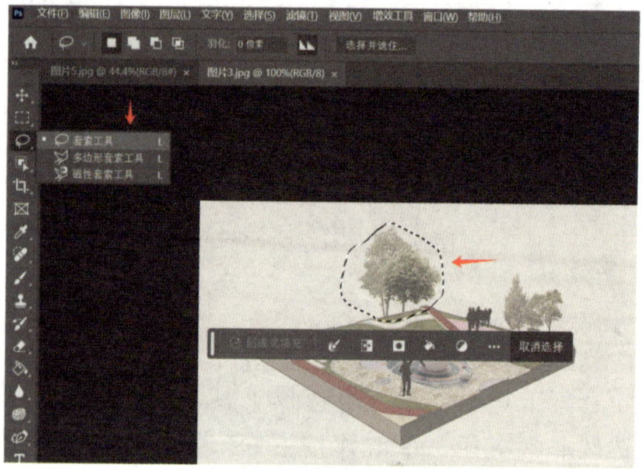

图 9-21(b)　手动描出选区

提示： 若编辑的内容是 png 格式，则按住 Ctrl 键就能随意地移动框选的内容。

2. **多边形套索工具的使用**

使用“多边形套索工具”可以创建直线形的多边形选区。下面具体介绍该工具的使用方法。

★实例 9-5：多边形套索工具的操作

①在工具栏内选择“多边形套索工具”，以背景中的一个角点定义起始点，从该点移动鼠标会产生一条虚线。

②沿图像外侧拖曳鼠标，在转弯处或合适的位置处继续单击，则可变换方向；当光标带有圆形符号时，则可封闭选区，建立封闭的四边形选区，如图 9-22 所示。

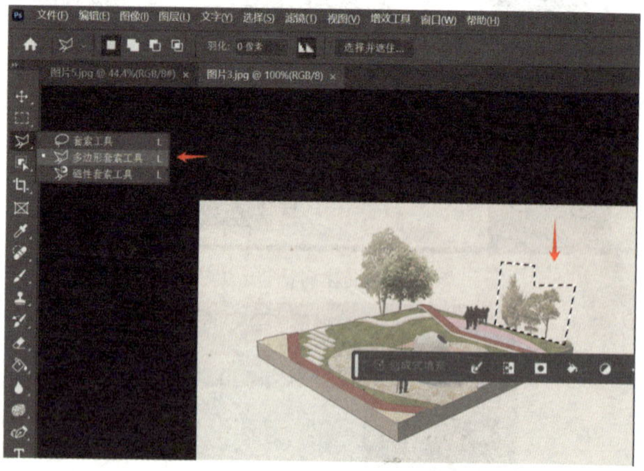

图 9-22　多边形套索工具效果

提示： 使用多边形套索工具进行选择时，按下 Shift 键，则只能在水平、垂直与 45°方向划线。如果需要选择的图像轮廓由直线和曲线组合而成，在选择的过程中，可以按下 Alt 键来实现“套索工具”与“多边形套索工具”的转换。

3. **磁性套索工具的使用**

“磁性套索工具”可以根据图像的颜色、形状自动指定选区，特别适用于快速选择与背景对比强烈而且边缘复杂的图像。下面就来学习“磁性套索工具”的使用方法。

★实例 9-6：磁性套索工具的操作

①在工具栏中选择“磁性套索工具”。

②单击要选择图像的边缘，设置第一个关键点。

③松开鼠标，沿图像边缘拖曳鼠标，可看到鼠标经过之处留下一个个关键点。

④在鼠标移动过程中，单击一次将会以手工方式添加一个关键点，多次单击鼠标可以创建多个关键点。

⑤继续在选择图像边缘拖曳鼠标，一直到起始点光标右下角带上句号时，即可闭合选区，效果如图 9-23 所示。

⑥如果需要删除刚绘制的线段或关键点，可以通过按下键盘上的 Delete 键删除。

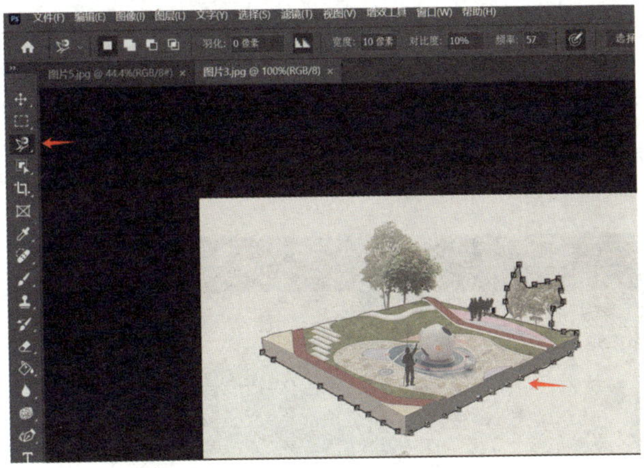

图 9-23　磁性套索工具效果

提示：在“磁性套索工具”选项栏内对各选项设置不同的数值，会产生不同的效果。

◆ 宽度选项：“宽度”选项决定了探测宽度。数值越大，探测宽度越大。

◆ 对比度选项：“对比度”选项用来指定套索对图形边缘的灵敏度。较低的数值用于检测选择的图像与其周围颜色对比不鲜明的边缘，较高的数值用于检测选择的图像与其周围颜色对比鲜明的边缘。

◆ 频率选项：“频率”选项用于设置生成关键点的密度。该值越大，生成的关键点越多，跟踪的边缘越精确。

9.2.3　魔棒工具组

魔棒工具组包括“对象选择工具”“快速选择工具”与“魔棒工具”3 个工具，如图 9-24 所示。

1. 魔棒工具的使用

使用“魔棒工具”可以选择图像中颜色一致的区域，而不用跟踪其轮廓，适用于选取图像中大面积的单色区域。魔棒工具中也有相应的属性栏，包括加选、减选、交叉选区、取样大小、容差、消除锯齿、连续、对所有图层取样等，如图 9-25 所示。

◆ “取样大小”：取样大小直接影响其选择颜色的范围。当需要选择颜色较为单一且背景简单的图像时，较小的取样大小可以提供更精确的选择；而对于需要选择较大颜色区域或背景复杂的图像，较大的取样大小则更为适用。

◆ “容差”：选项可以设置“魔棒工具”的色彩范围，取值范围为 0～255。数值越小，越容易选择与所单击像素相似的颜色；数值越大，则选择的颜色范围越广。

◆ “消除锯齿”：减少或消除图像边缘的锯齿状效果，使边缘看起来更加平滑，一般默认勾选状态。

◆ “连续”：只能在图像中选择单击的那一种颜色的像素。取消此选项的选择状态时，单击某一颜色像素时，则整张图纸中使用同一种颜色的所有像素都将被选中。

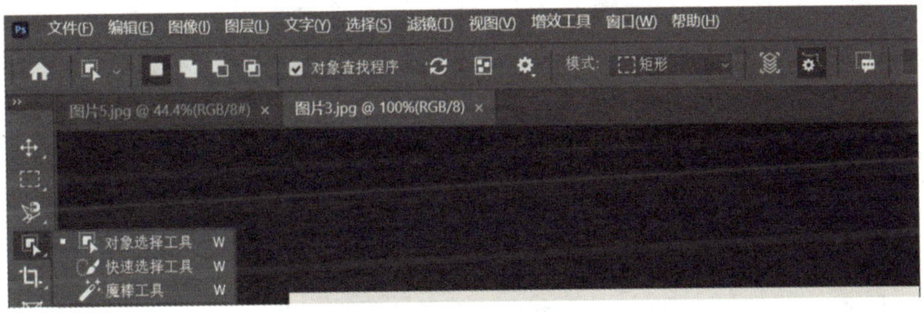

图 9-24　魔棒工具组

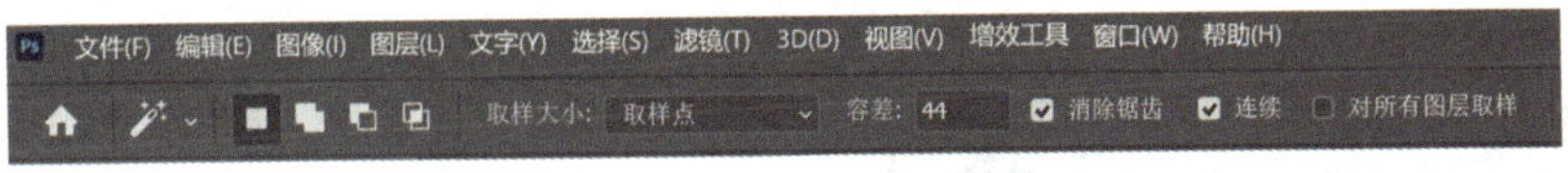

图 9-25　“魔棒工具”选项栏

◆ “对所有图层取样”：在一个由若干个图层组成的图像上，勾选“对所有图层取样”选项，则可选择所有图层中颜色相似的像素，否则只选择当前图层中颜色相似的像素。

★实例 9-7：魔棒工具的操作

①打开链接网址中 PS 素材文件—第 9 章—图片 4，选择“魔棒工具”。

②在属性栏内设置“容差”值并选择“连续”选项。

③单击图片中某种颜色，即可选中该区域单一的颜色，如图 9-26(a)所示。

④若取消选择“连续”选项，点击图片中某一颜色，即可选中该图片中其他区域相同的颜色，如图 9-26(b)所示。

⑤将“容差”数值调大，点击图片中某一颜色，则会选中图片中多种相类似的颜色，如图 9-27(b)所示；将“容差”数值调小，选择与所单击像素相似的颜色，如图 9-27(a)所示。

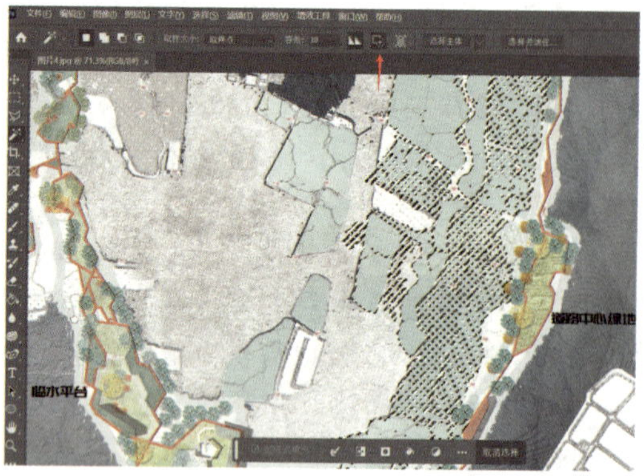

图 9-26(a)　选择“连续”选项

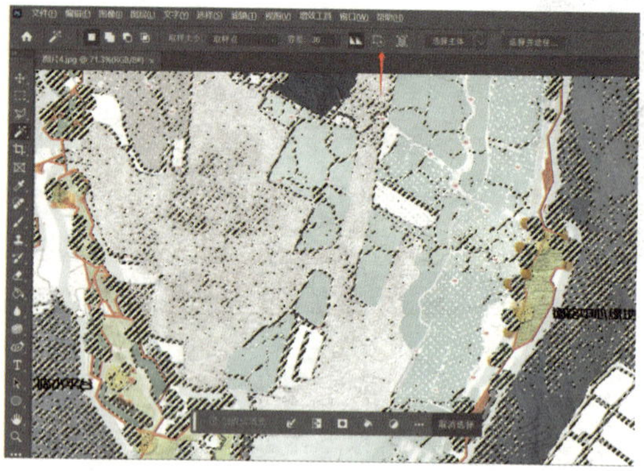

图 9-26(b)　取消选择“连续”选项

图 9-27(a)　容差小选中的结果

图 9-27(b)　容差大选中的效果

2. 快速选择工具的使用

“快速选择工具”利用可调整的圆形画笔笔尖快速绘制选区。拖曳时，选区会向外扩展并自动查找和跟随图像中定义的边缘。此工具适用于轮廓清晰，或前后色差较大的图像，如图 9-28 所示。

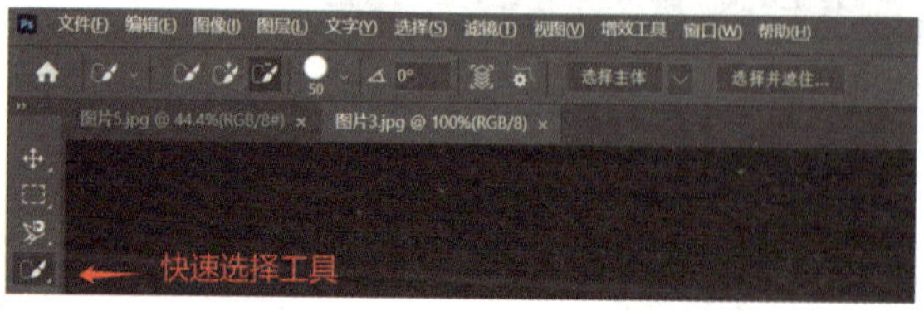

图 9-28　快速选择工具

★实例 9-8：快速选择工具的操作

①打开链接网址中 PS 素材文件—第 9 章—图片 5，选择工具栏中的“快速选择工具”。

②在属性栏选择添加到选区，在图像上单击并拖曳鼠标进行绘制，选区将随着绘制而增大，如图 9-29(a)所示。

③如果对图像中所定义的形状边缘进行选择时，选区将会自动扩展至形状的边缘，如图 9-29(b)所示。

④在工具栏选择“从选区减去”，则可减去不想选择的区域，如图 9-30 所示。

(a)快速选择多个区域

(b)自动扩展选区

图 9-29 “快速选择工具”使用

图 9-30 快速减去选区

3. 对象选择工具的使用

对象选择工具是一种智能工具，可以自动识别并快速选择图像中相似的对象。用户只需选中“对象选择工具”，并在画面上点击或拉出一个选框，就会自动分析并选取该区域内相近的对象。对象选择工具包括设置其他选项、模式、从复合图像中进行颜色取样、强制硬化选区的边缘等工作栏，如图 9-31 所示。

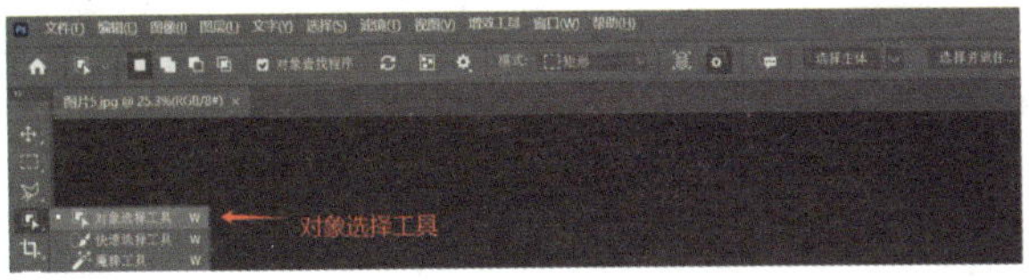

图 9-31 对象选择工具

★实例 9-9：对象选择工具的操作

①选择“对象选择工具”，在属性栏上可以选择矩形或套索作为选框类型，在图中框选出一片区域，如图 9-32 所示。

图 9-32 选框选定一个区域

②框选后鼠标图标变成旋转状态，表明处于智能分析过程，自动识别选框内的主要对象，如图 9-33 所示。

提示：把图像拖进 PS 里后，单击“对象选择工具”后，PS 会先自动识别相近的色块或内容，快速分出几个大区域。没识别的，再通过框选工具进一步选择，如图 9-34 所示。

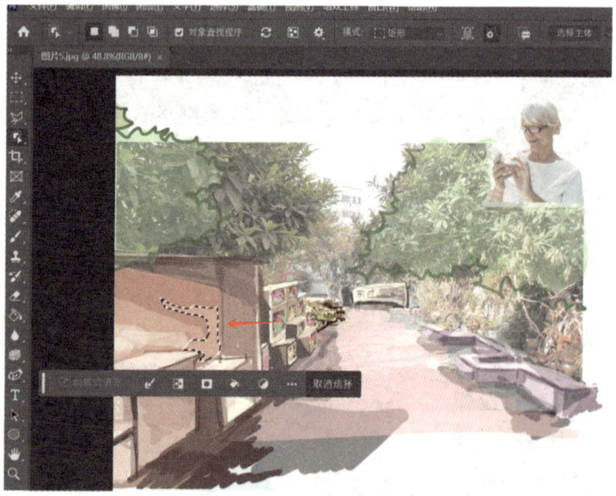

图 9-33　该区域自动选择同色块或同内容

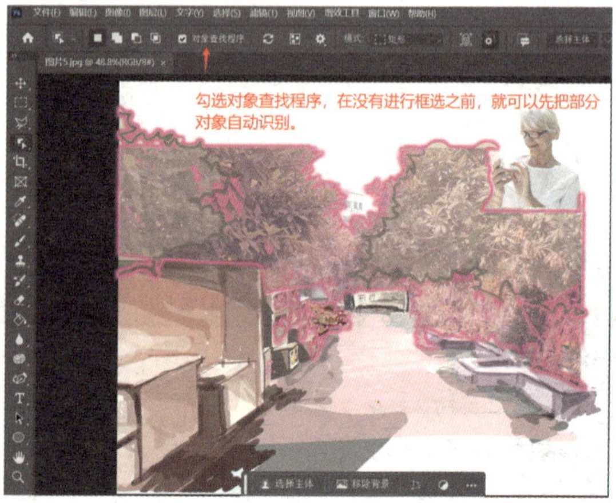

图 9-34　自动对象选择

9.3　选区的常用操作

9.3.1　移动和隐藏选区

如果要移动选区，不要选择工具面板上的移动工具，要选择选框工具，将鼠标移动到选区中间，这样就仅移动选区。

选区可以进行隐藏，隐藏的快捷键是 Ctrl＋H，隐藏的选区还是存在的，只是选区边缘闪烁的虚线不见了。

9.3.2　复制和粘贴选区

用 PS 做图像合成时，在选择图像窗口中需要的像素后，可以将选区内的图像复制到剪贴板中，然后进行粘贴，就可以复制选区内的图像。

例如，使用 PS 创建一个选区后按 Ctrl＋C 复制，然后按 Ctrl＋V 粘贴 PS 选区。此时你会发现没有变化，选择移动工具拖动就会发现选区中的像素已经复制了，如图 9-35 所示。

图 9-35　选区复制

9.3.3　扩大选区和选取相似

使用“扩大选区”命令可以使选区在图像上延伸扩大。将与当前选区内像素相连且颜色相近的像素点一起扩充到选区内。

“选取相似”命令可以使选区在图像上延伸，将图像中所有与选区内像素颜色相近的像素都扩充到选区内。

9.3.4　创建特定颜色范围的选区

通过色彩范围命令可以创建特定颜色范围的选区，如图 9-36 所示。在图像中点击或拖动确定所选的颜色，可以增减色彩取样和颜色容差。可以在顶部的选择中选取固定的色彩，可以在底部的选区预览中改变图像的预览效果，这里的图像指的是在 PS 中打开的图像。

除了直接针对全图进行色彩范围选择以外，也可以事先创建一个选区，然后再使用“色彩范围”命令，这样在“色彩范围”命令的预览图只会出现所选中的范围，产生的选区也将只限于原先的选区之内。

如图 9-36 所示行道树图片中，先利用“选框工具”建立左上角选区，再利用“色彩范围”去除左上角天空背景，命令设置如图 9-36 所示。

图 9-36　“色彩范围”对话框

9.3.5　修改选区

“修改”命令主要用于修改选区的外形。该命令的子菜单包含了“边界”“平滑”“扩展”和“收缩”等命令选项，在此就不一一举例说明了。

9.3.6　羽化选区边缘

“羽化”命令可以柔化或模糊选区的边缘。在为羽化后的选区填充颜色或删除选区内图像时，接近选区边缘的图像将丢失一些细节，产生模糊的效果，以使修改后的图像更自然地与周围的内容融合。

9.4　编辑选区

9.4.1　填充选区

已经建立选区后，点击“前景色（或背景色）”，拾色器出来后，选定颜色，点“确定”退出，再打开菜单【编辑】—【填充】，在打开的填充选框中内容项设置为“前景色”，点确定即可；也可以用快捷键 Alt＋Delete 为填充前景色，Ctrl＋Delete 为填充背景色。

9.4.2　描边选区

描边选区即沿着选区边缘进行修饰，为选区边缘添加不同的颜色，同时也可以对边缘颜色的宽度进行一定的调整。打开菜单【编辑】—【描边】，可在描边选框中设置不同的描边效果。

9.4.3　自由变换选区

自由变换选区为菜单【选择】—【变换选区】。这项功能本质上是自由变换工具，但这项操作只会变换你所建立的选区，而不会变换选中图层的内容，这里要注意区别。适用于在使用选框工具建立选区后打算改变其透视，或是将其扭曲的时候。

9.4.4　存储与载入选区

选区尽管可以存储为路径，但常常是不精确的，只有通过 Alpha 通道，才能以像素级的精度进行存储。单击菜单【选择】—【存储选区】，在弹出的“存储选区”对话框中选择保存通道的图像文档和通道名称，并键入存储选区的名称，单击“确定”按钮完成选区的存储，如果没有命名，如图 9-37 所示，则点击确定后，会在通道中看到选区储存在名为“Alpha 1”通道中。

图 9-37　存储选区

使用菜单【选择】—【载入选区】可以调出 Alpha 通道中存储过的选区，在弹出的“载入选区”选框中选择想要载入的选区所在的通道，单击“确定”按钮完成选区的载入，快捷键方式为按住 Ctrl 键点击该选区保存的通道，即可载入选区。

※本章数字资源

9.2.1 选框工具操作视频　9.2.2 套索工具操作视频　9.2.3 魔棒工具操作视频

第10章 路径与形状

10.1 认识路径

路径是可以转换为选区及使用颜色填充和描边的轮廓，它包括有起点和终点的开放式路径，以及没有起点和终点的闭合式路径。此外，路径也可以由多个相互独立的路径组件组成，这些路径组件称为子路径，如图 10-1 所示，包括曲线、三角形、四边形三个子路径。

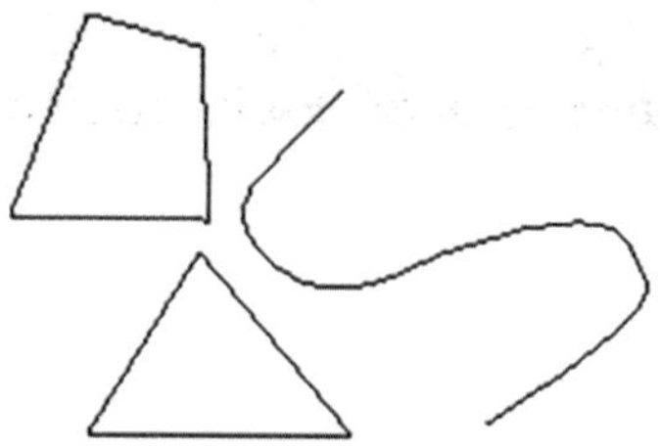

图 10-1　三个子路径

10.1.1 路径的特点

在 PS 中，路径特点是其矢量设计功能的充分体现。“路径”是指用户勾绘的由一系列点连接起来的线段或曲线，沿着这些线段或曲线填充颜色，或者进行描边，从而绘制出图像。使用路径的功能可以将一些不够精确的选取范围转换成路径后，再进行编辑和微调，此后再转换为选取范围使用。

10.1.2 路径的结构

路径是由多个锚点组成的矢量线条，它并不是图像中真实的像素，而只是一种绘图的依据。利用 PS 所提供的路径创建及编辑工具，可以编辑制作出各种形态的路径。

路径一般用于对图案的描边、填充及与选区的转换等，其精确度高，便于调整，常使用路径功能来创建一些特殊形状的图像效果。如图 10-2 所示为路径构成图，其中平滑点和角点是属于路径的两类锚点。

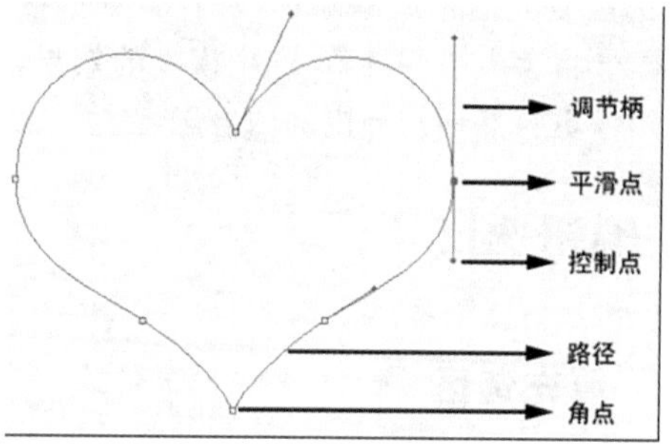

图 10-2　路径构成

10.2 路径绘制与编辑

10.2.1 钢笔绘制

★实例 10-1：绘制三角形和十字形路径

①在工具箱中选择【钢笔工具】后，在选项栏中设置【钢笔工具】。的相关属性为画“路径”，如图 10-3 所示（注意钢笔工具还可以画形状）。

图 10-3　钢笔工具设置画“路径”

②移动光标到文档窗口中，在合适的位置单击确定路径的起点，可绘制第 1 个锚点。然后在其他要设置锚点的位置单击可以得到第 2 个锚点，在当前锚点和前一个锚点之间会以直线连接，如图 10-4 所示。不要拖动鼠标，直接将鼠标放到下一个位置点击，绘制出如图 10-5 所示路径。

图 10-4　绘制直线

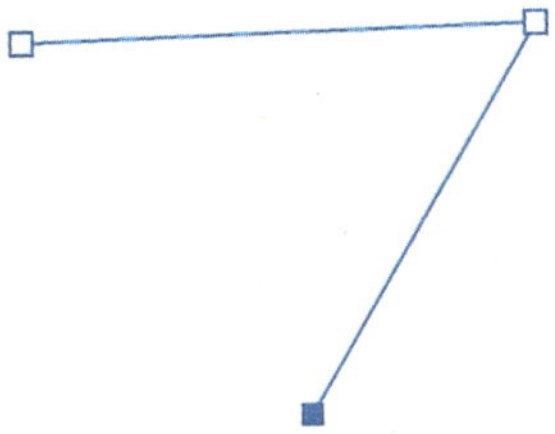

图 10-5　继续绘制直线

③如果要封闭路径，可将鼠标移动到起点附近，当光标变成形状时，单击就可以得到一个封闭的路径。如图 10-6 所示。

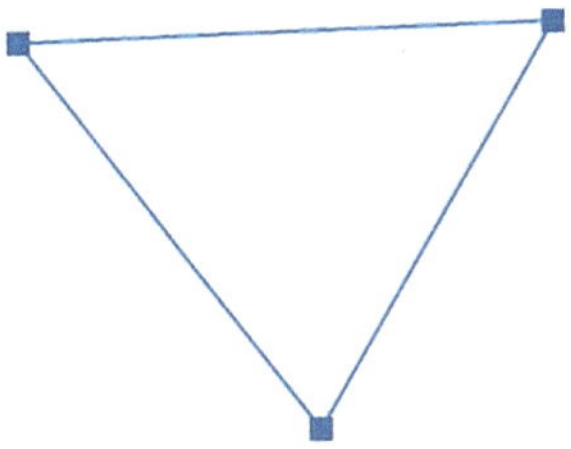

图 10-6　绘制封闭路径

④接下来在旁边另起绘制“十”字形，先绘制一横如图 10-7，再绘制“十”的一竖“｜”时，会产生如图 10-8 所示的连笔。按 Ctrl＋Z 撤销这笔，重新按住 Ctrl 键鼠

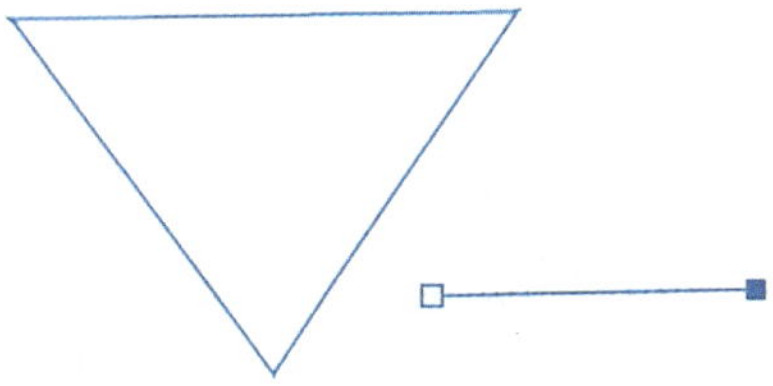

图 10-7　绘制横线

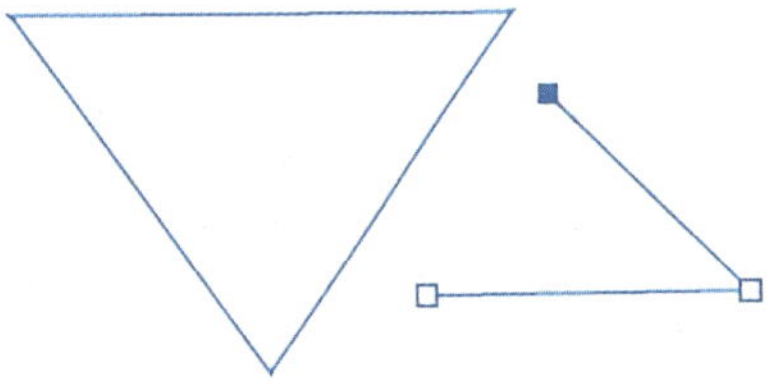

图 10-8　产生连笔

标变为，在文档窗口中路径以外的任意位置单击后，退出当前点的绘制，松开 Ctrl 键后鼠标回复到钢笔状态，重起一笔，绘制“｜”，如图 10-9 所示。

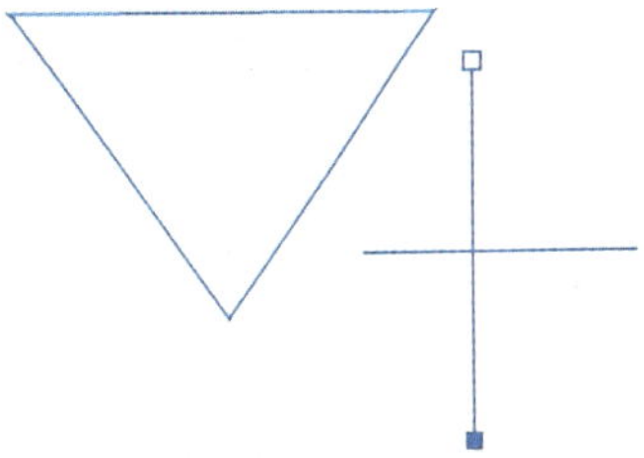

图 10-9　绘制竖线

提示：在绘制直线线段时，注意在不同位置单击时不要拖动鼠标，否则将绘制出曲线。在绘制路径时，如果中途想中止绘制，可以按住 Ctrl 键在文档窗口中路径以外的任意位置单击，绘制出不封闭的路径；按住 Ctrl 键光标将变成【直接选择工具】形状，此时可以移动锚点或路径线段的位置；按住 Shift 键可以绘制成 45°倍数的路径。

★实例 10-2：钢笔绘制曲线路径

①选择【钢笔工具】。设置属性栏为画“路径”，如实例 10-1 中的图 10-3 所示。

②用【钢笔工具】定位曲线的起点并按住鼠标拖动，以设置要创建曲线段的斜度，放鼠标后的操作效果如图 10-10 所示。

图 10-10　曲线段斜度

③创建C形曲线。将光标移动到合适的位置，按住鼠标向前一条方向线相反的方向拉动鼠标，绘制效果如图10-11所示。

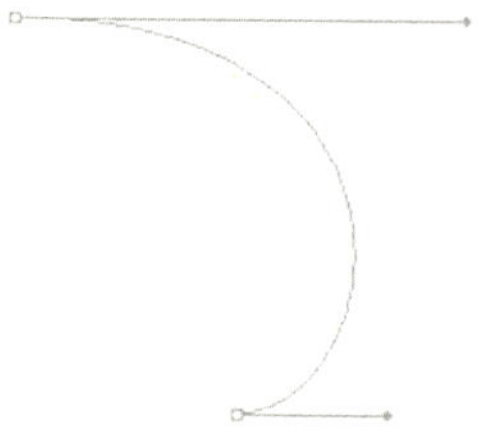

图10-11　C形曲线

④绘制S形曲线。将光标移动到合适的位置，按住鼠标向前一条方向线相同的方向拉动，效果如图10-12所示。

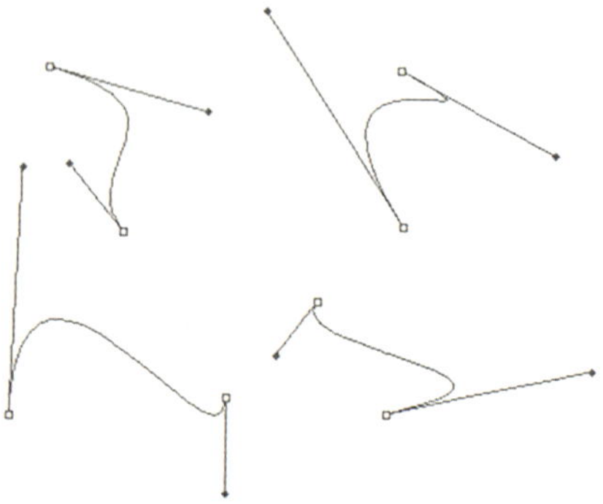

图10-12　S形曲线

> **提示：**在绘制曲线路径时，如果要创建尖锐的曲线，首先在某锚点处改变切线方向，然后释放鼠标，最后按住Alt键拖动控制点以改变曲线形状；也可以在按住Alt键的同时拖动该锚点的控制线来修改曲线形状。

10.2.2　路径编辑与修改

路径可以分成3个等级，分别对应3组编辑与修改工具，具体可见表10-1。

表10-1　路径各部位及对应工具

路径等级	对应工具	图标	应用
路径线	路径选择工具		选择、移动整条路径或子路径
路径上的点	直接选择工具		选择、移动路径上的点
点的属性	转换点工具		变换点的类型

★实例10-3：绘制三角形路径

①选择【钢笔工具】。设置属性栏为画“路径”，如图10-3所示。

②按Ctrl+R调出标尺，鼠标移到标尺上拉出参考线，并用钢笔绘制出如图10-13所示三角形。用移到图10-14位置，点鼠标右键，选择“添加锚点”，效果如图10-15所示。

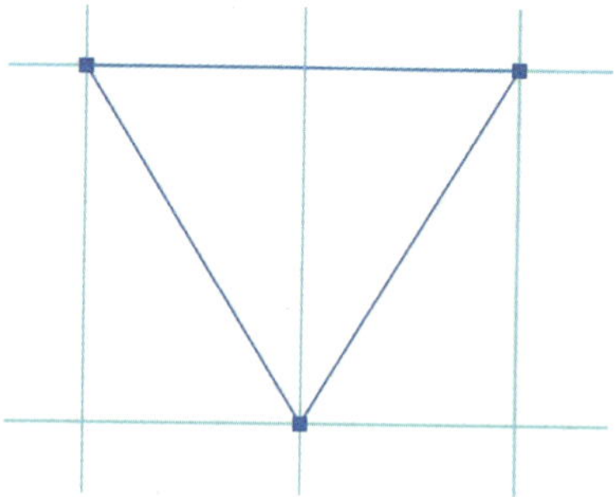

图10-13　绘制三角形

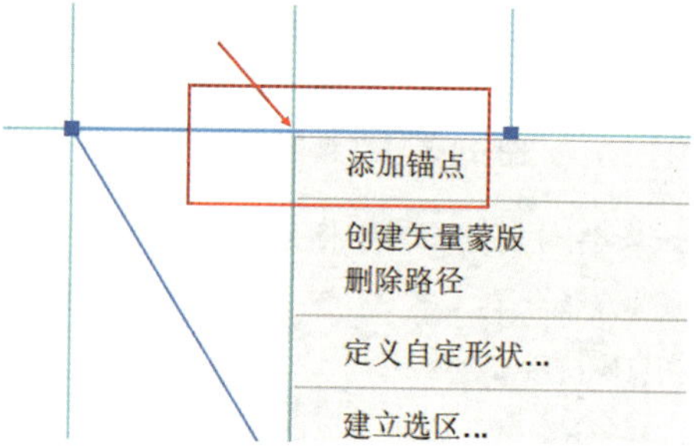

图10-14　直接选择工具右击添加锚点

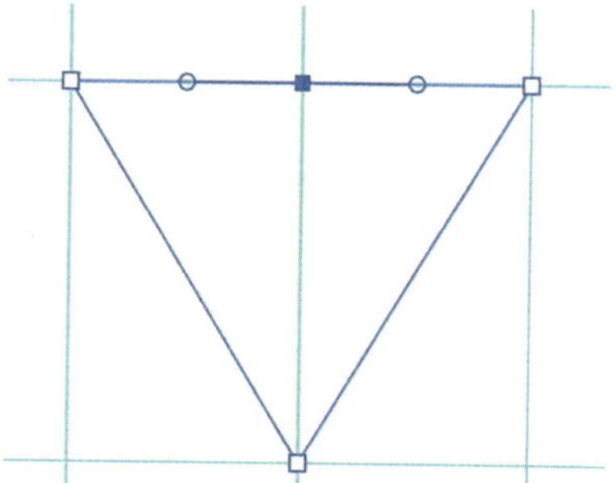

图10-15　添加点后效果

③用工具将添加的点下拉到如图10-16所示。在钢笔下拉工具中找到移到图10-17位置，此时鼠标由符号变为，点住鼠标不松开并上下移动，可以看到两个手柄，此时处于两个手柄的联动状态。如松开鼠标后，再次拉动其中一个手柄，则切换为单柄状态。如用点路径上的点，可以使点在“角点”和“平滑点”之

间进行切换。"平滑点"转"角点"只需用工具点击即可,"角点"转"平滑点"需要点击后拖动鼠标才能看到手柄。

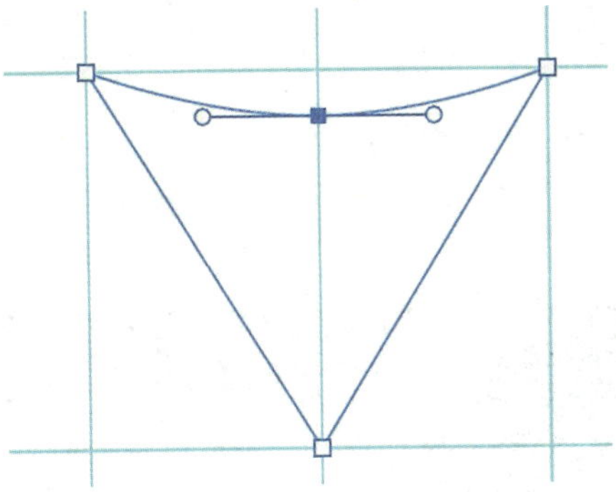

图 10-16　移动添加的点

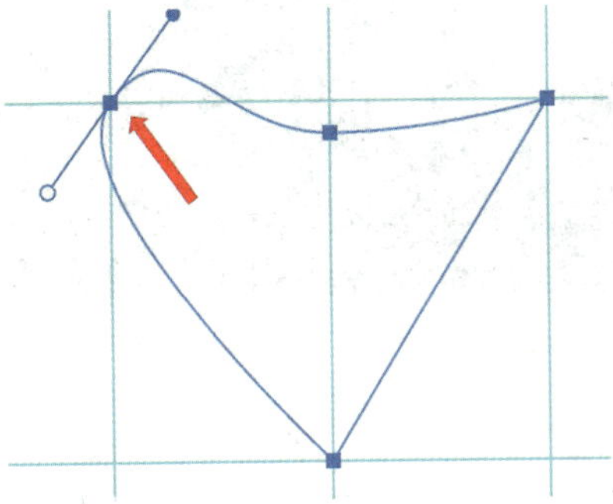

图 10-17　转换角点为平滑点

④按以上方式修改调整,最终绘制成如图 10-18 所示效果。

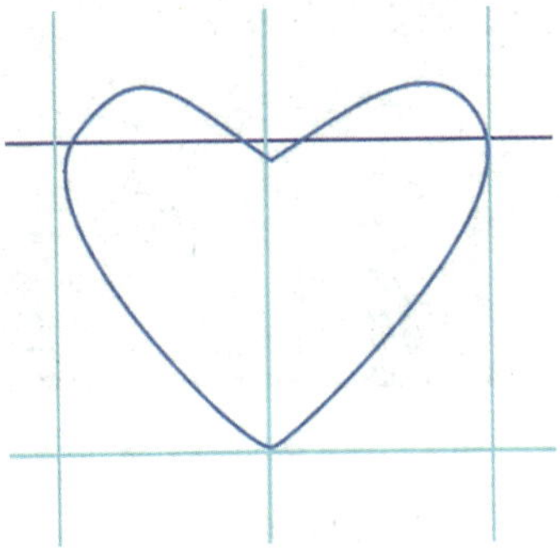

图 10-18　调整点后的效果

10.2.3　路径面板

路径面板主要用来保存路径、描边路径、填充路径及实现路径与选区的转换等。

★实例 10-4:存储工作路径为永久路径

①在菜单【窗口】下找到【路径】面板。查看绘制好的心形路径如图 10-19 所示的"工作路径"。此时的路径属性为临时路径,即可能在切换进入绘制新路径时丢失。

图 10-19　工作路径

②在面板上双击"工作路径",在弹出的【存储路径】框中点确定,如图 10-20 所示。

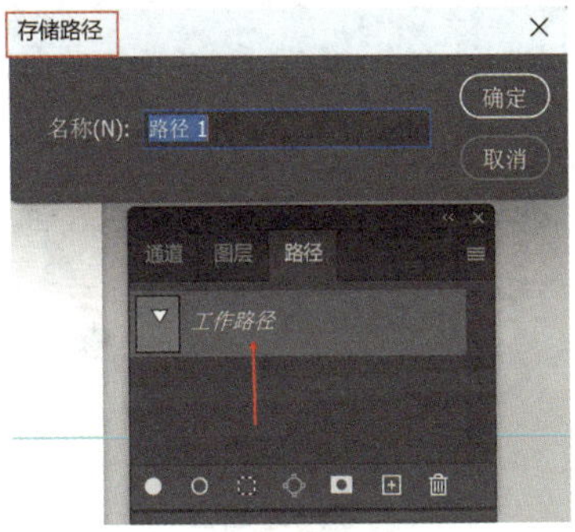

图 10-20　存储工作路径

③存储后的路径 1 为永久路径,如图 10-21 所示,新绘制路径时不会再丢失它。

图 10-21　存储后的永久路径

④点击路径面板中其余位置,使"路径 1"退出激

活状态，视图区中将隐去路径的显示。

★实例 10-5：描边及填充心形路径

①点击【路径面板】上路径 1，使路径 1 处于激活状态，设置前景色为红色。按 Ctrl＋H 隐去参考线，点击【路径面板】左下角，用红色填充心形路径，效果如图 10-22 所示。

图 10-22　工作路径

②此时路径线可见，可以用当前画笔或者铅笔描边路径。设置前景色为黑色，设置画笔为硬圆形，适当的大小，点设置笔头间距 200%，点击【路径面板】左下角，可以得到如图 10-23 所示描边效果。

图 10-23　存储工作路径

③退出路径激活，路径线隐去，最后效果如图 10-24 所示。

图 10-24　存储后的永久路径

提示：在填充或者描边路径时，像素是落在图层中进行保存的，所以当图层隐藏时，则无法进行相应的填充及描边操作。当只是激活路径中的某个子路径时，描边和填充就只针对激活的子路径。

★实例 10-6：用路径抠图

①打开链接网址中 PS 素材文件—第 10 章—实例 10-6，如图 10-25 所示。

图 10-25　打开素材文件

②选择钢笔工具，设置属性为画“路径”，直接对所要扣出的小品添加大致锚点，如图 10-26 所示。

图 10-26　绘制初步路径

③用直接选择及转换点工具，修改路径如图 10-27 所示。

④在【路径面板】下点击图 10-28 所示位置，将当前路径转为选区。切换到【图层】面板，用 Ctrl＋J 将选区内的像素抠取到新图层上，完成小品的抠图操作。

提示：路径与选区可以相互转换，但会存在一定误差，选区的准确存储需要在通道中才能实现。

图 10-27　修改路径

图 10-28　路径转为选区按钮

10.3　形状绘制

有了路径的基础，形状可以理解为在闭合的路径中填充上属性栏中默认的像素颜色所组成的一个整体。当路径为开放路径时，将以路径围合出的区域进行像素填充。同时形状也可以设置无像素填充，其外观与路径相同，但本质不同。形状会在图层面板中以单独的形状图层类型存在，并在【路径面板】上可以看到形状所对应的路径。

当钢笔工具模式选择为形状时，如图 10-29 所示，使用钢笔工具，可以绘制出自己想要的形状，选择填充按钮，为创建的形状进行颜色填充，也可以进行描边处理，改变形状轮廓的颜色、大小、样式等。

图 10-29　“钢笔工具”形状选项

路径操作：这些按钮主要用来指定新路径与原路径之间的关系，如相加、相减、相交或排除运算，如图 10-30 所示。“新建图层”表示开始创建新路径区域；“合并形状”表示将现有路径或形状添加到原路径或形状区域中；“减去顶层形状”表示从现有路径或形状区域中减去与新绘制重叠的区域；“与形状区域相交”表示将保留原区域与新绘制区域的交叉区；“排除重叠形状”表示将原区域与新绘制的区域相交叉的部分排除，保留没有重叠的区域。

形状对齐：这些按钮主要用来指定不同形状之间的对齐关系以及分布间距，如左对齐、右对齐、居中对齐、分布样式以及分布间距，如图 10-31 所示。

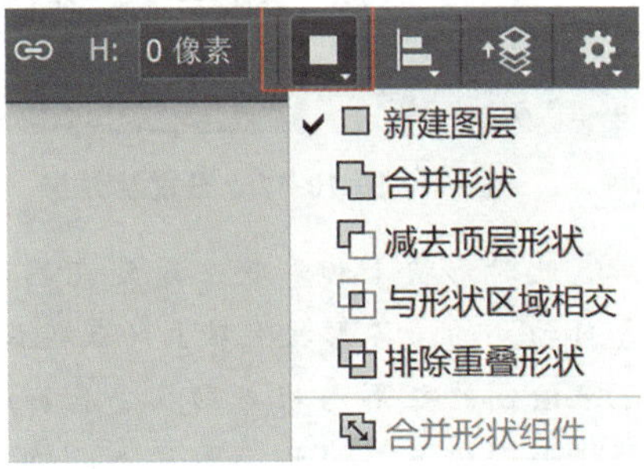

图 10-30　路径操作的具体内容

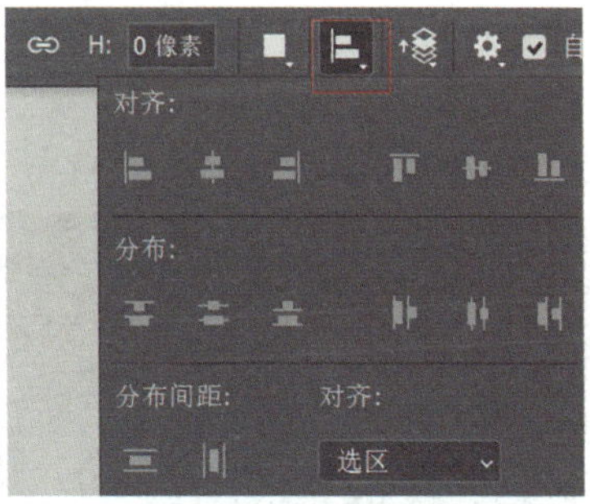

图 10-31　形状对齐

10.3.1 钢笔工具绘制形状

★实例 10-7:用钢笔绘制分析图

①打开链接网址中 PS 素材文件—第 10 章—实例 10-7,如图 10-32 所示。

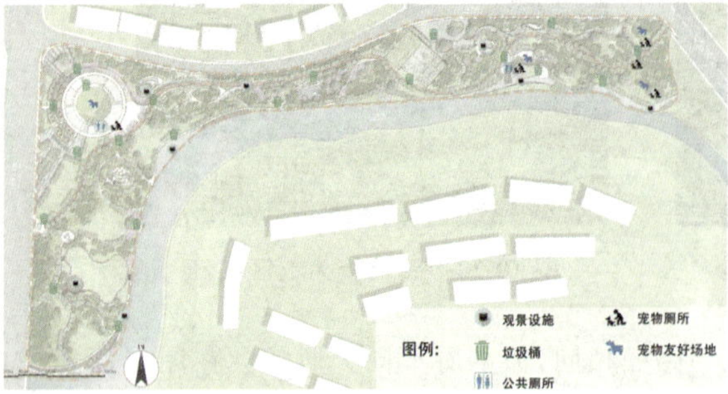

图 10-32 打开实例文件

②选择钢笔工具,设置属性栏为画“形状”,填充色为红色,其他属性设置如图 10-33 所示,直接在图上绘制如图 10-33 所示区域。

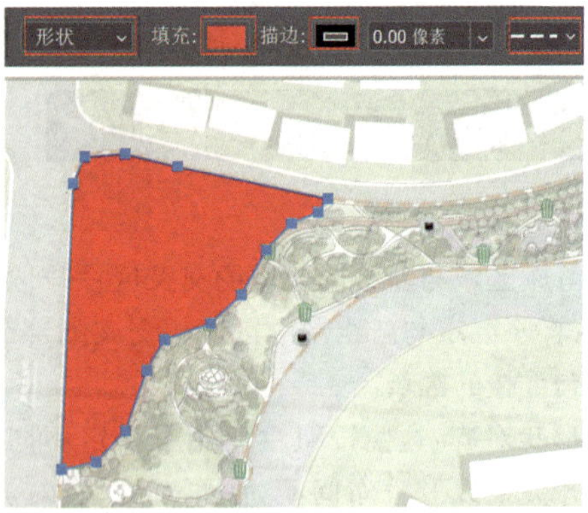

图 10-33 设置内容与绘制区域

③选择【图层面板】,设置【填充】为“40%”,选择上方属性栏,更改【描边】为“15 像素”,点回车键确认,如图 10-34,视图区形状呈现效果如图 10-35 所示。

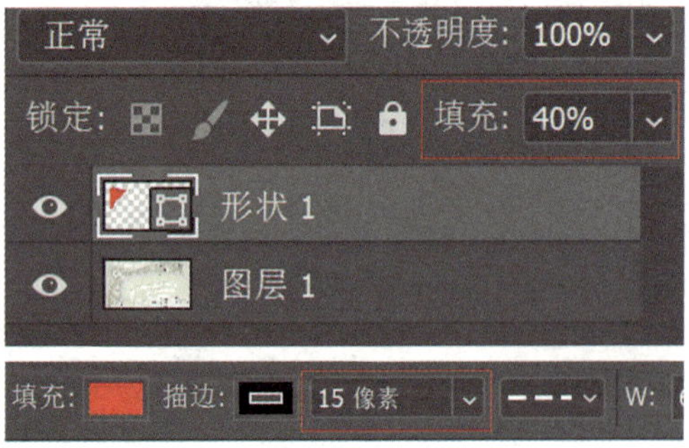

图 10-34 参数设置

图 10-35 绘制效果(1)

④继续用钢笔工具画形状,鼠标点下后,【图层面板】自动生成形状 2,绘制如图 10-36 所示的效果。调整形状填充度为 40%,更改属性颜色为蓝色,如图 10-37 填充项所示,得到图 10-37 所示效果。

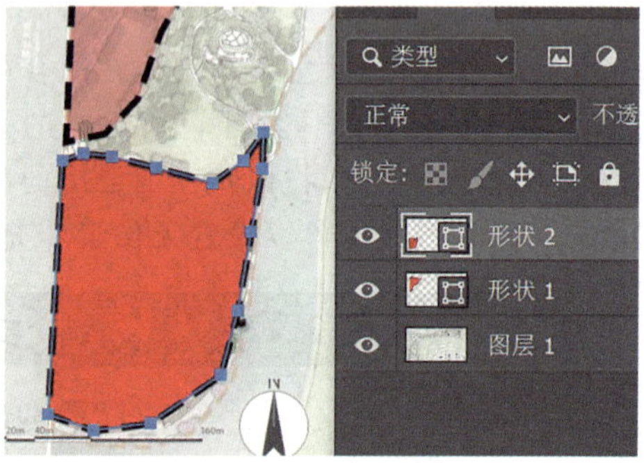

图 10-36 绘制效果(2)

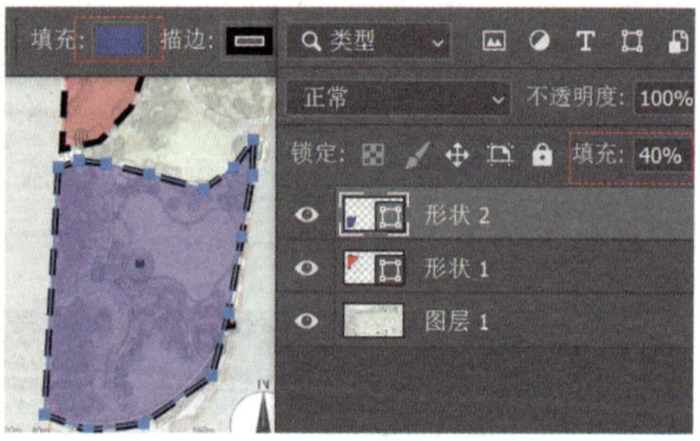

图 10-37 设置及效果

⑤此时形状 1 和形状 2 是处在不同的图层,两者是各自独立的。各形状有独立的属性设置。如果希望接下来绘制的矩形形状与形状 1 具有相同的属性,需要将矩形形状画在形状 1 图层上,即需要对形状 1 上方的属性栏进行形状运算的“相加”设置。其理解与选区的相加、相减运算方式类似。先进入形状 1 图层,如图 10-38 所示。

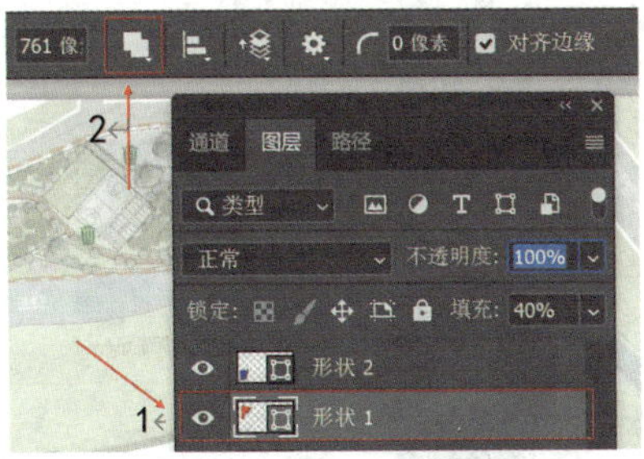

图 10-38 形状运算的相应设置

⑥在工具箱中找到如图 10-39 所示的矩形工具，此时矩形工具上方的属性栏将默认为形状 1 对应的属性，此时【路径操作】设置，须更改为“合并形状”，如图 10-40 所示。

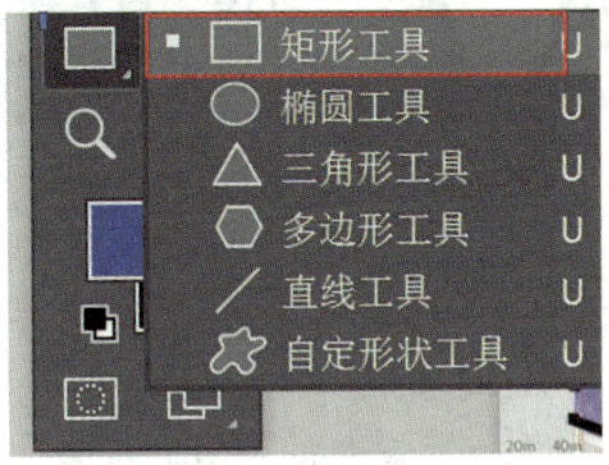

图 10-39 矩形工具

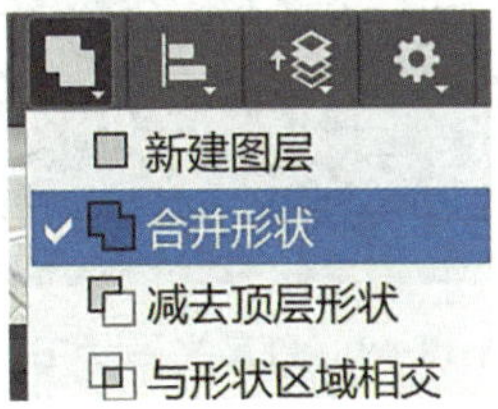

图 10-40 路径操作设置

⑦在视图左下方拉出一矩形形状，该形状则合并绘制到形状 1 图层中，如图 10-41 所示。用相同的方法选中形状 2 图层，设置属性栏【路径操作】为“合并形状”，选择矩形工具，设置画形状，并设置【路径操作】方式为“合并形状”，绘制另一个矩形到形状 2 图层中，如图 10-42 所示。录入相应的文字，完成效果。

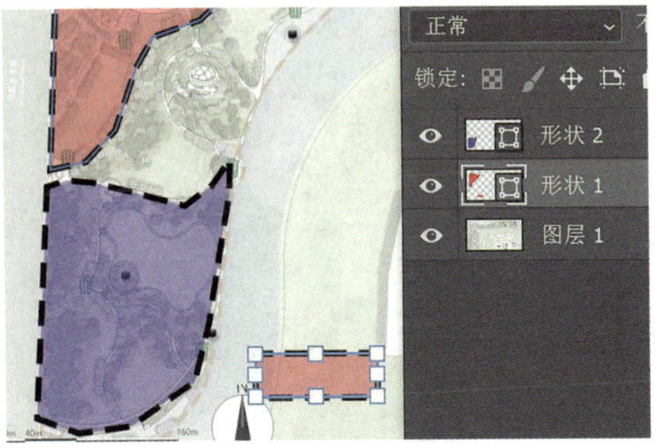

图 10-41 形状 1 图层上加绘矩形形状

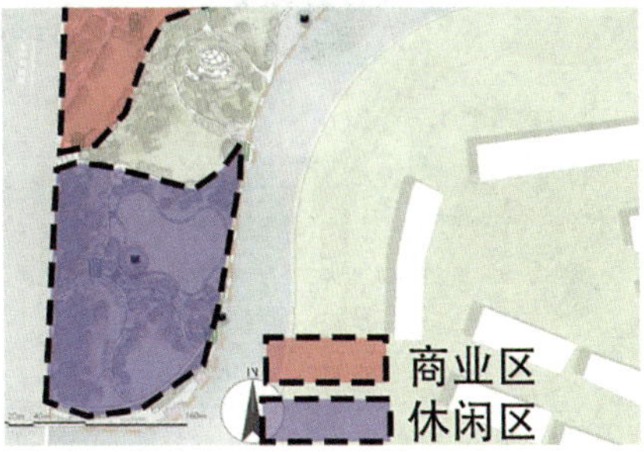

图 10-42 完成效果

10.3.2 自定义形状

系统自带的形状工具包括【矩形工具】【椭圆工具】【三角形工具】【多边形工具】【直线工具】及【自定形状工具】。除此之外，还可以通过编辑形状并将它保存为自定义的形状。

★实例 10-8:自定义标高形状

①选择形状工具中的椭圆工具，如图 10-43 所示。设置其上方属性栏参数如图 10-44 所示。

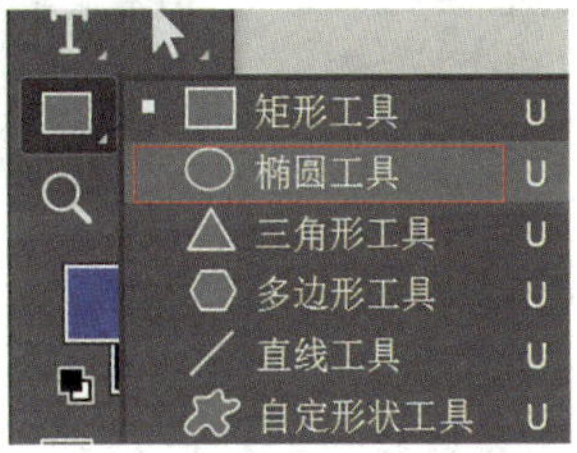

图 10-43 选择椭圆工具

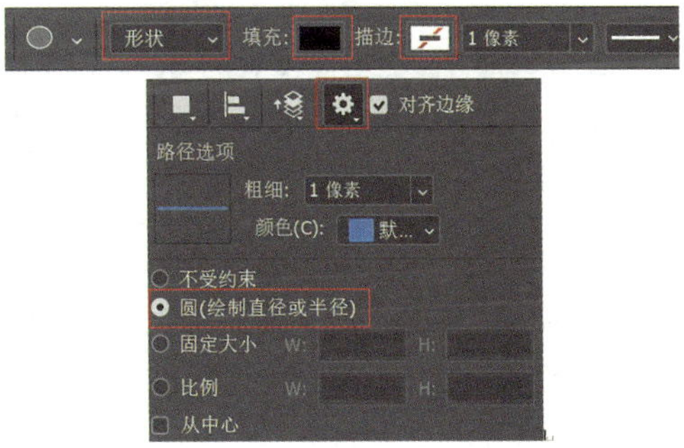

图 10-44 属性栏参数设置

②在图中拉出一个圆形形状，转到【直接选择】工具，拉动下方圆点，出现如图 10-45 所示对话框，点“是”确认变换。

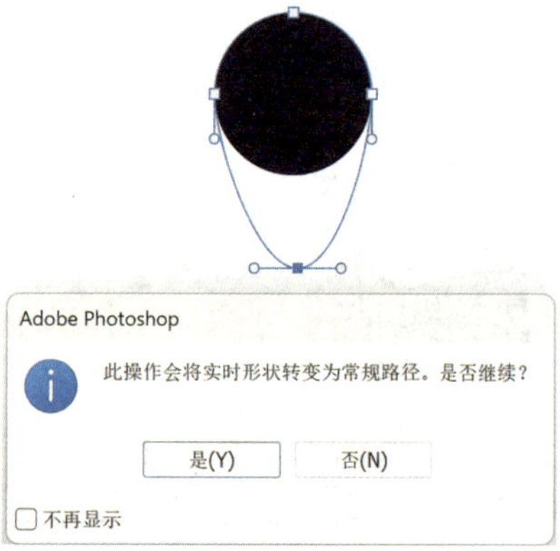

图 10-45　修改形状

③返回【椭圆】工具，修改上方属性栏中的【路径操作】为“合并形状”，此时鼠标带上了一个小“+”号。返回在原形状上绘制一个小圆形。如图 10-46 所示。注意此时目的虽是让原椭圆形状减去中间的小圆，但不能直接设置属性栏中的“减去顶层形状”，此处需要先合并形状。

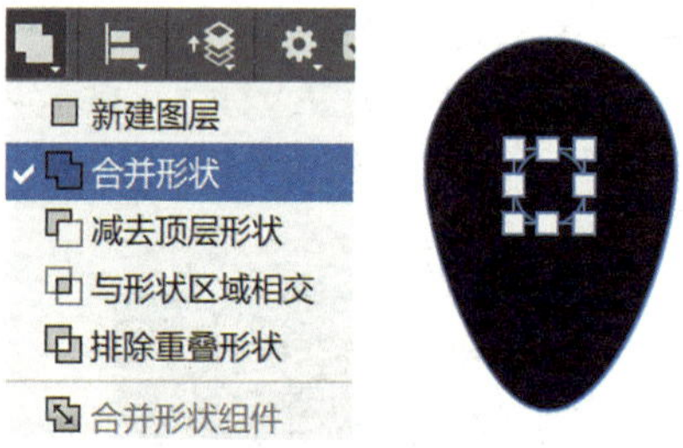

图 10-46　路径操作设置

④修改上方属性栏中的【路径选择】为“减去顶层形状”，如图 10-47 所示，此时可看到在原形状上减去了小圆形。

⑤在当前状态下，新运算后的形状处于路径与像素同时显现状态，可以将它定义为新的形状。方法为菜单【编辑】—【自定义形状】，弹出“形状名称”对话框，修改名字为“标高”如图 10-48 所示，点确定，即定义了一个名为“标高”的自定义形状。

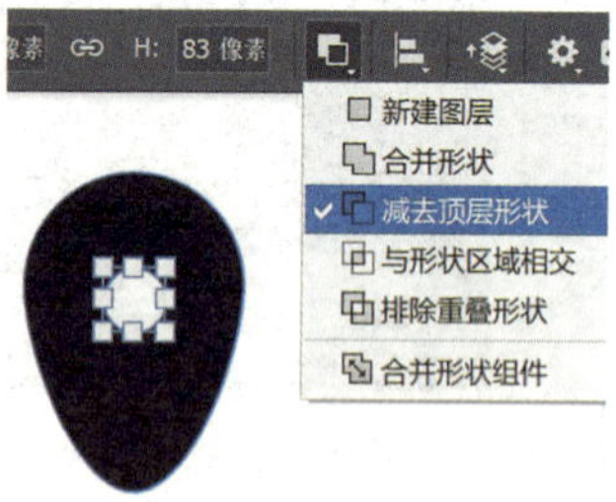

图 10-47　设置为减去顶层形状

图 10-48　定义形状名称

⑥在矩形工具中选择【自定形状工具】，如图 10-49 所示，在上方属性栏中的形状位置处下拉面板的最后位置上可找到名为“标高”的形状，如图 10-50 所示。

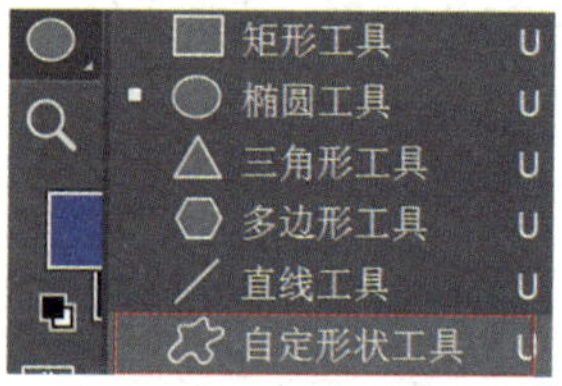

图 10-49　自定义形状工具

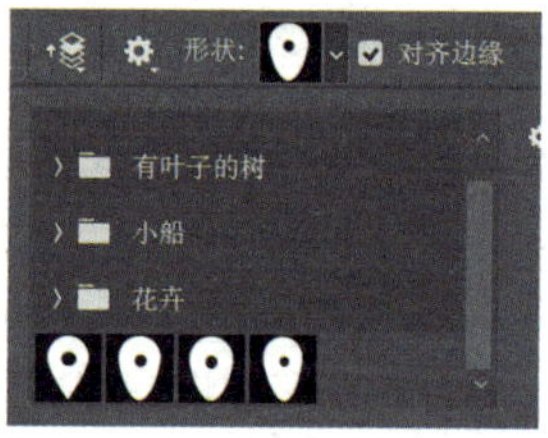

图 10-50　标高形状所在位置

❖本章数字资源

实例 10-3
操作视频

第11章 图像的绘制与修饰

11.1 绘图工具

11.1.1 画笔工具

在 PS 中，画笔工具是最基本的绘图工具，可用于创建图像内柔和的色彩线条或黑白线条。单击工具箱中“画笔工具”按钮，此时属性栏中将显示画笔工具的参数设置。如图 11-1 所示。

- 点按可打开“画笔预设”选取器。
- 可以设置画笔的绘画模式。
- 可输入 1%～100%。随着数值越大，绘图的颜色会逐渐掩盖图像。
- 可设置画笔绘制时的流量，数值越大画笔颜色越深。
- 可设置画笔描边平滑度。
- 可改变画笔的倾斜角度。

在属性栏中单击“切换画笔设置面板”按钮，或按 F5 键，可打开画笔面板。在此面板中也可以选择画笔，如图 11-2 所示。单击“画笔笔尖形状”选项，可以设定画笔大小、硬度和间距等，其中各项选项含义如下。

- 大小：拉动滑块或在文本框中直接输入数值，可设置画笔大小，如图 11-3 所示，分别展示了画笔大小在 1 和 100 的绘制效果。

图 11-1 “画笔工具”属性栏

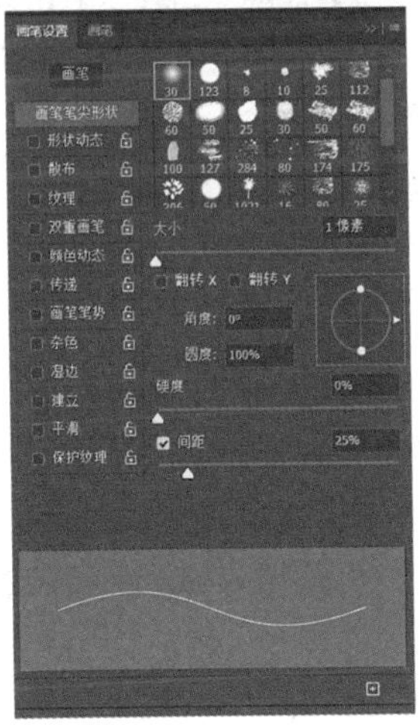

图 11-2 画笔面板

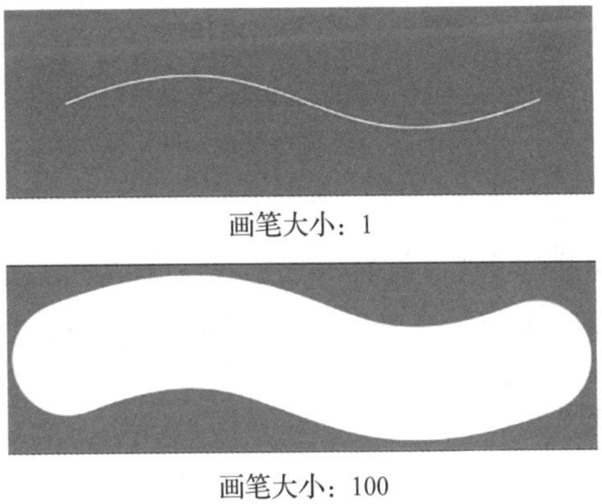

图 11-3 画笔大小

◆ 角度：设置画笔倾斜角度，直接在文本框中输入数值，即可设置画笔角度，如图 11-4 所示，展示了画笔倾斜角分别为 0°和 90°的绘制效果。

◆ 圆度：设置画笔圆度，直接在文本框中输入数值，即可设置画笔圆度，如图 11-5 所示，展示了画笔圆度为 50％和 100％的绘制效果。

画笔角度：0°　　画笔角度：90°

图 11-4　画笔角度

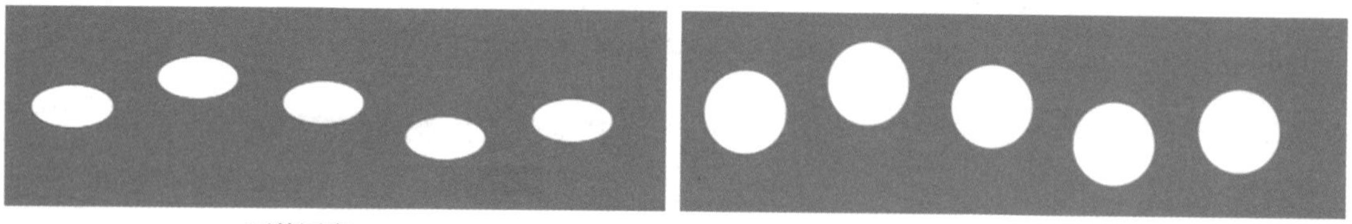

画笔圆度：50%　　画笔圆度：100%

图 11-5　画笔圆度

◆ 硬度：设置画笔硬度，拉动滑块或直接在文本框中输入数值，即可设置画笔硬度，如图 11-6 所示，展示了画笔硬度为 20％和 100％的绘制效果。

◆ 间距：设置画笔图像之间的间隔，拉动滑块或直接在文本框中输入数值，即可设置画笔间距，如图 11-7 所示，展示了画笔间距为 100％和 200％的绘制效果。

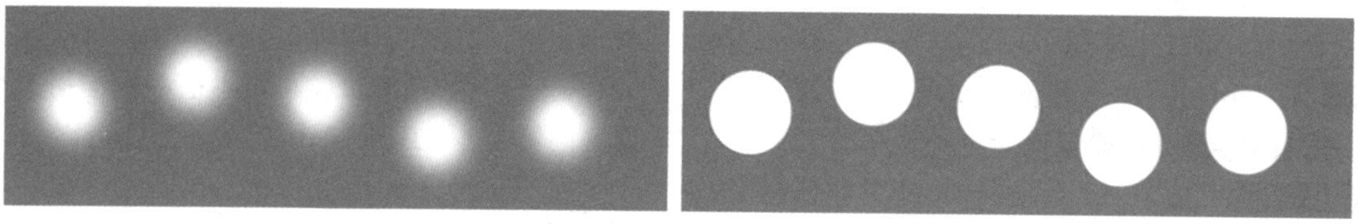

画笔硬度：20%　　画笔硬度：100%

图 11-6　画笔硬度

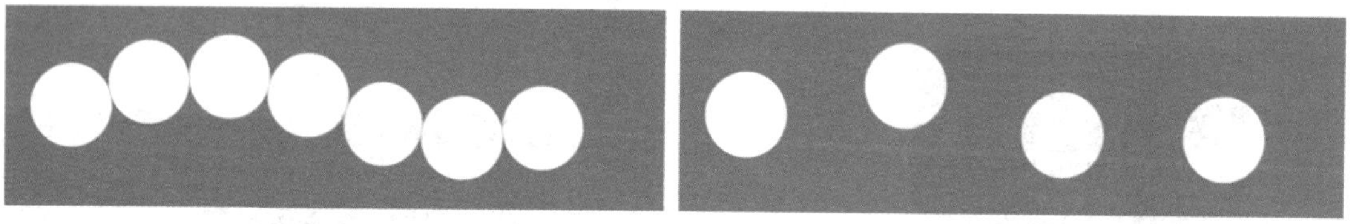

画笔间距：100%　　画笔间距：200%

图 11-7　画笔间距

在画笔设置面板中，单击“形状动态”选项，显示如图 11-8 所示的控制面板，可以设置描边时画笔笔尖形状的变化，能让画笔的大小、圆度、角度随机变化，其中各项含义如下。

◆ 大小抖动：设置画笔图像大小的随机性，向右拖动滑块或直接在文本框中输入数值，即可改变画笔大小抖动，如图 11-9 所示，展示了大小抖动分别为 20％和 100％的绘制效果。

◆ 控制：用于控制大小抖动的变化，在“控制”选项的下拉菜单中有 5 个选项，包括关、渐隐、钢笔压力、钢笔斜度和光笔轮，可依据自己所想要绘制的效果与“大小抖动”选项结合使用。

◆ 最小直径：设置画笔的最小尺寸。

◆ 倾斜缩放比例：选择“控制”选项中的“钢笔斜

度”选项后，设置画笔倾斜缩放比例。

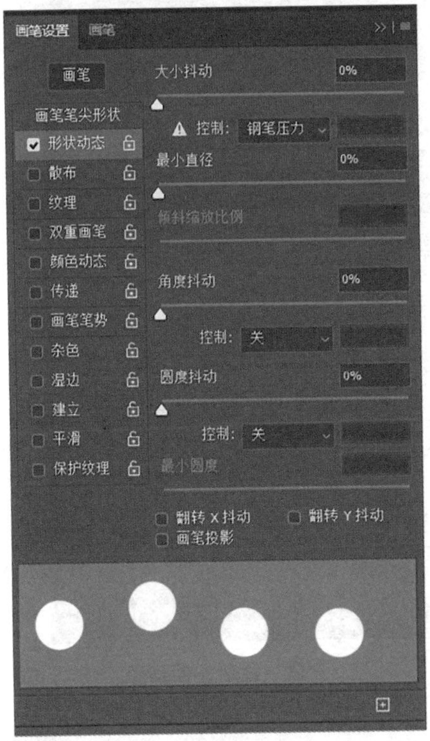

图 11-8　形状动态控制面板

◆ 角度抖动：用于设置画笔角度的随机性，如图 11-10 所示，展示了角度抖动分别为 0% 和 100% 的绘制效果。

◆ 圆度抖动：用于设置画笔的圆度随机性，如图 11-11 所示，展示了圆度抖动分别为 0% 和 100% 的绘制效果。

◆ 最小圆度：用于设置画笔的最小圆度变化。需配合圆度抖动下的“控制”选项使用。

在画笔设置面板中，单击“散布”选项，显示如图 11-12 所示的控制面板，可以设置画笔散布和数量，通过对两轴、数量和数量抖动的设置，从而达到画笔的不规则散布，其中各项含义如下。

◆ 散布：设置画笔的散布随机性。

◆ 数量：设置笔尖数量。

◆ 数量抖动：设置数量随机性。

在画笔设置面板中，单击“纹理”选项，显示如图 11-13 所示的控制面板，可以使画笔绘制出带有纹理质感的笔触、改变颜色的变化以及纹理的分布规律。其中各项含义如下。

◆ 反相：将画笔中使用的纹理反相显示。如图 11-14 所示，展示了画笔添加纹理的前后效果。

大小抖动：20%　　大小抖动：100%

图 11-9　大小抖动效果

角度抖动：0%　　角度抖动：100%

图 11-10　角度抖动效果

圆度抖动：0%　　圆度抖动：100%

图 11-11　圆度抖动效果

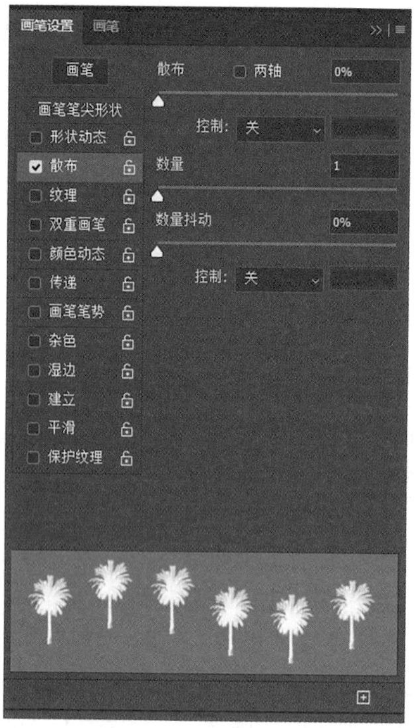

图 11-12　散布控制面板

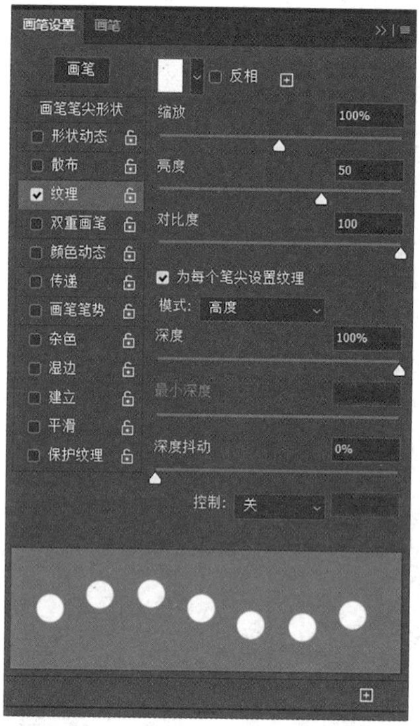

图 11-13　纹理控制面板

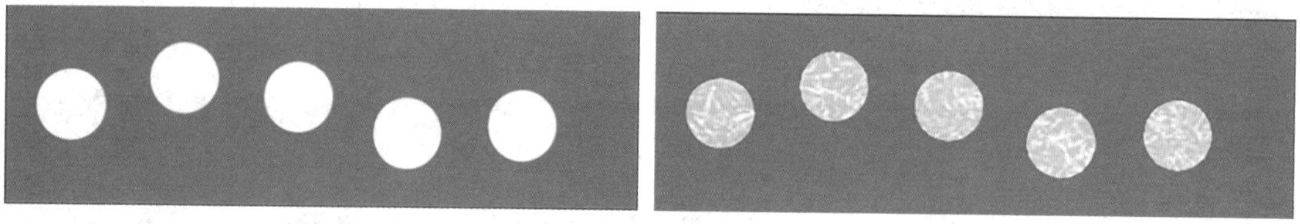

添加前　　添加后

图 11-14　纹理效果对比

◆ 缩放:调整纹理尺寸。

◆ 亮度:设置纹理亮度。

◆ 对比度:设置纹理对比度。

◆ 为每个笔尖设置纹理:经过设置可以在每一单独的顶点而不是在整个描边上混合纹理。

◆ 模式:设置画笔和纹理之间交互的方法。

◆ 深度:设置画笔混合图案的深度。

◆ 最小深度:设置画笔混合图案的最小深度。

◆ 深度抖动:设置深度随机性。

在画笔控制面板中,单击“双重画笔”选项,显示如图 11-15 所示的控制面板。可以在用一种笔尖形状绘制出的笔迹中添加其他画笔的笔尖形状,使两种笔迹混合产生特殊的纹理效果,其中各选项具体含义如下。

◆ 模式:设置主要画笔和双重画笔之间混合叠加的方法。

◆ 大小:设置画笔直径。

◆ 间距:设置画笔间距。

◆ 散布:设置间距散布。

◆ 数量:设置笔尖数量。

在画笔设置面板中,单击“颜色动态”选项,弹出如图 11-16 所示的控制面板。调整各项颜色动态参数,可以用来丰富画面颜色以及增强质感和细节,其中各选项具体含义如下。

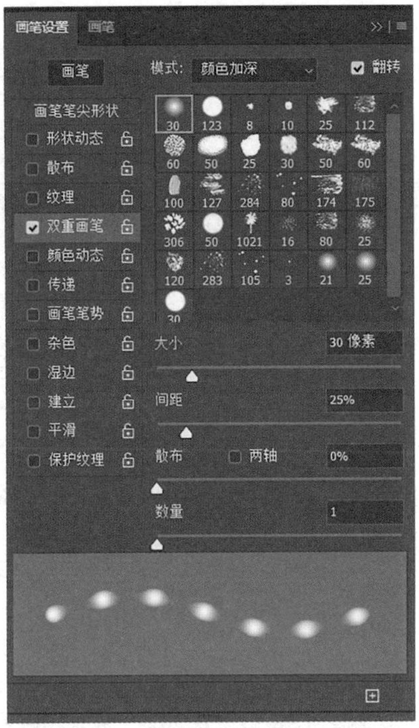

图 11-15　双重画笔控制面板

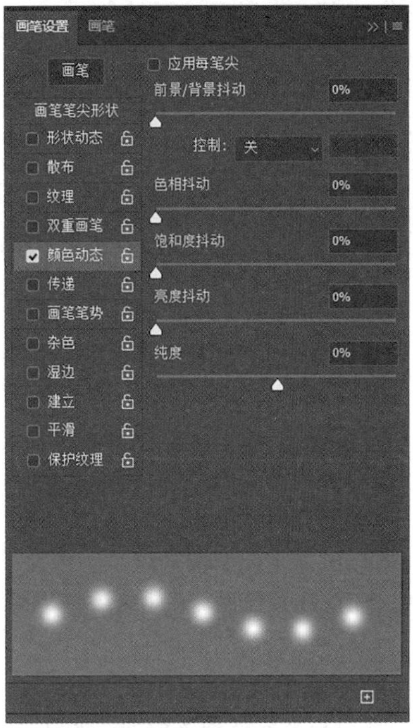

图 11-16　颜色动态控制面板

◆ 前景/背景抖动:设置颜色随机性。
◆ 色相抖动:设置色相随机性。
◆ 饱和度抖动:设置饱和度随机性。
◆ 亮度抖动:设置亮度随机性。
◆ 纯度:设置颜色偏向或偏离中轴。

在画笔设置面板中,单击“传递”选项,显示如图11-17所示控制面板。在该面板中可以调整油彩或效果的动态建立,其中各选项具体含义如下。

◆ 不透明度抖动:设置不透明度随机性。
◆ 流量抖动:设置流量随机性。
◆ 湿度抖动:设置湿度随机性。
◆ 混合抖动:设置混合随机性。

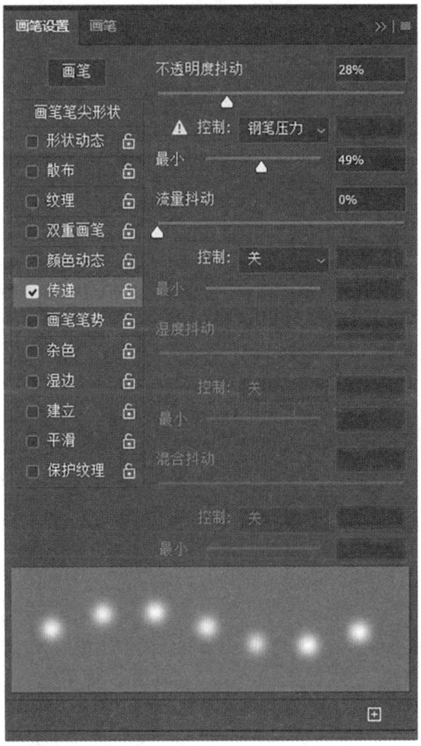

图 11-17　传递控制面板

在画笔设置面板中，单击"画笔笔势"选项，显示如图 11-18 所示相应的控制面板。在此面板中通过对笔势参数的设置，可以对画笔的倾斜角度、旋转角度以及画笔压力进行重新定义，其中各选项具体含义如下。

- 倾斜 X：设置默认画笔光笔 X 笔势。
- 倾斜 Y：设置默认画笔光笔 Y 笔势。
- 旋转：设置默认画笔光笔旋转。
- 压力：设置默认画笔光笔压力。

在画笔设置面板中，还有其他选项，它们的具体含义如下。

- 杂色：为画笔笔尖增加杂色效果。
- 湿边：强调画笔描边的边缘。
- 建立：为画笔启用喷枪样式的建立效果。
- 平滑：启用鼠标路径平滑处理。
- 保护纹理：应用预设画笔时保留纹理图案。

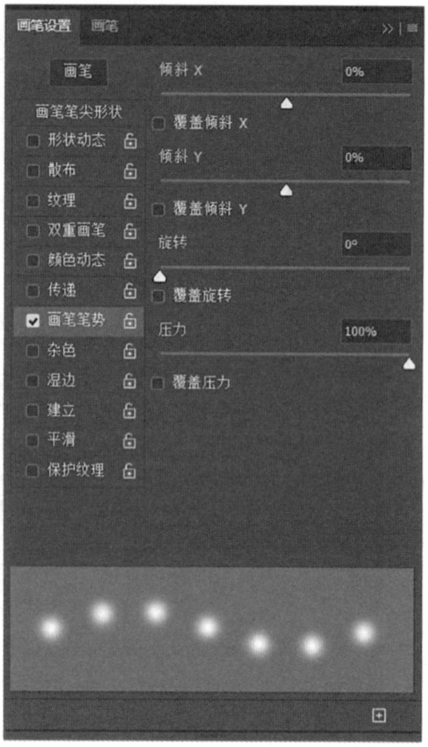

图 11-18 画笔笔势控制面板

11.1.2 自定义画笔

自定义画笔可以将任务图形或图案转换为自己的画笔笔刷，从而扩展创作的可能性。

★实例 11-1：自定义画笔设置

①打开链接网址中 PS 素材文件—第 11 章—实例 11-1 图像素材文件，如图 11-19 所示，用"快速选择工具"创建选区。

图 11-19 素材图片

②选择【编辑】—【定义画笔预设】命令，弹出如图 11-20 所示，在名称文本框里输入画笔名称，单击“确定”按钮，将图像定义为画笔，并保存到当前画笔列表的最下方。

图 11-20　定义画笔

③打开需要绘制的底图，在画笔选择窗口可以看到自己定义的画笔大小和颜色，设置合适的画笔，绘制如图 11-21 所示的图像效果。

图 11-21　自定义画笔效果

11.1.3　铅笔工具

铅笔工具属于实体画笔，主要用于绘制硬边画笔的笔触，类似于铅笔，单击工具箱中的“铅笔工具”，属性栏显示如图 11-22 所示。

铅笔工具属性栏中的选项与画笔工具的选项基本相似，其使用方法也与画笔工具雷同，用鼠标单击或拖动即可绘制图像。其中自动抹除是铅笔工具中的特殊功能，具有擦除的效果。当绘制点的像素与前景色相同时，可表现橡皮擦的功能，并以背景色绘图；当绘制起点的像素与前景色不相同时，则绘制的颜色仍然是前景色。

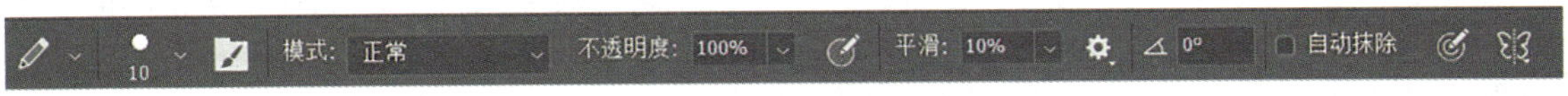

图 11-22　“铅笔工具”属性栏

提示：在使用铅笔工具时，鼠标单击绘图区域同时按住 Shift 键，即以直线的方式进行绘制。

11.1.4　橡皮擦工具

选择“橡皮擦工具”后，可以在图像中拖动鼠标，根据画笔形状对图像进行消除，其属性栏如图 11-23 所示。其中各选项具体含义如下。

◆ 在下拉列表下可以改变橡皮擦的形状、大小和硬度。

◆ 模式：在其下拉列表中可以选择 3 种擦除模式：画笔、铅笔、块。

◆ 抹到历史记录：勾选此复选框，可以将图像擦除至历史记录面板中的历史记录画笔停放处的图像效果。

图 11-23 “橡皮擦工具”属性栏

★实例 11-2:橡皮擦工具操作步骤

①打开链接网址中 PS 素材文件—第 11 章—实例 11-2 图像素材文件,如图 11-24 所示。

②点击“橡皮擦工具”,选择柔边圆橡皮擦,设置 100%的不透明度和流量,4%的硬度,在图像中拖动鼠标进行擦除,擦除图像中一些不需要的像素,如图 11-25 所示。

图 11-24 素材图片

图 11-25 擦除后效果

提示:按住 Shift 键,拖动鼠标,橡皮擦工具可以在垂直或水平方向擦除;按住 Ctrl 键,橡皮擦可以切换成移动工具;按住 Alt 键,系统将以“抹除历史记录”的状态进行擦除。

11.1.5 油漆桶工具

油漆桶工具可使用前景色或图案填充图像,单击工具箱中的“油漆桶工具”,其属性栏如图 11-26 所示。

◆ 设置填充区域的源:用于设置填充区域的源是前景色还是图案。若选择“前景”选项,则使用前景色填充,若选择“图案”选项,则使用选定的图案填充,并可在“图案”下拉列表框中修改要使用的填充图案

◆ 模式:设置填充模式。

◆ 不透明度:为填充设置不透明度。

◆ 容差:填充色范围。

◆ “消除锯齿”:平滑边缘转换。

◆ “连续的”:只填充连续像素。

图 11-26 “油漆桶工具”属性栏

◆ “所有图层”：填充复合图像。

用户也可以用“自定义图案”进行填充，方法是用矩形选框工具选取图像，然后选择【编辑】—【定义图案】命令，再选择“图案填充”方式对选区进行填充。

★实例 11-3：油漆桶工具操作步骤

①打开链接网址中 PS 素材文件—第 11 章—实例 11-3 图像素材文件，如图 11-27 所示。

②在没有指定填充选区状态下，选择工具箱中的“油漆桶工具”，勾选“连续的”，单击图像，会使得单击处颜色相近的区域被当前前景色所填充，如图 11-28 所示。

③想要用图案填充图像，单击工具属性栏中填充右边的小三角按钮，在打开的下拉列表中选择“图案”选项，单击旁边的图案缩略图按钮，选择一种需要填充的图案。

④单击图像中需要填充的区域，用图案填充，效果如图 11-29 所示。

⑤也可以设置好填充区域，用“油漆桶工具”单击选定的区域，用颜色或图案填充被选区域，如图 11-30 所示。

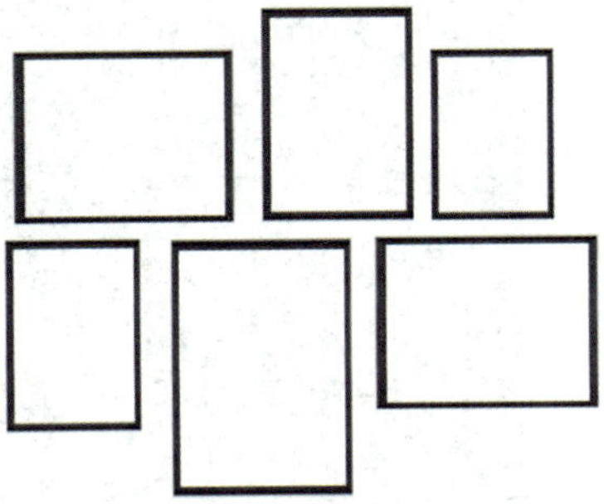

图 11-27 素材图片

图 11-28 填充颜色

图 11-29 用图案填充图像

图 11-30 填充选定区域

11.1.6 渐变工具

使用渐变工具可以创建多种效果，单击工具箱中的“渐变”工具，其属性栏设置如图 11-31 所示。

◆ 渐变色按钮：该按钮可以显示当前设定的渐变色。单击该按钮，可以打开“渐变编辑器”，在此面板中可以设定或管理渐变颜色。单击右侧下拉按钮，可以选择和管理渐变预设。

◆ ：这组按钮代表 5 种渐变样式，分别是线性渐变、径向渐变、角度渐变、对称渐变和菱形渐变。

图 11-31 “渐变工具”属性栏

◆ 模式：此选项用于混合渐变和源图像颜色的混合效果。

◆ 不透明度：用于设置渐变色的透明度。

◆ 反向：勾选此复选框，可以反向渐变颜色。

◆ 仿色：勾选此复选框，仿色以减少带宽。

◆ 透明区域：切换渐变透明度。

◆ 方法：可以呈现出“可感知、线性、古典”3 种状态的表现效果。

使用渐变工具中预先设定的渐变色，可以快速创建多种渐变效果。在“经典渐变”模式下，单击属性栏中渐变颜色按钮，可打开渐变编辑器，如图 11-32 所示。

11.1.7 “历史记录画笔”工具

“历史记录画笔”工具和画笔工具一样，都是绘图工具，但是它们又有其独特的用途。使用历史记录画笔工具可以非常方便地恢复至任意操作，而且可以结合属性栏中的画笔形状、不透明度和模式等选项制作出特殊的效果，如图 11-33 所示，需要注意的是使用此工具必须配合历史记录面板使用。

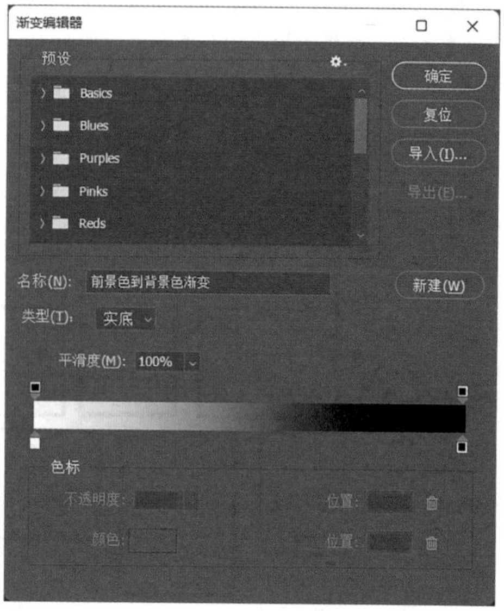

图 11-32 渐变编辑器

图 11-33 “历史记录画笔”属性栏

如图 11-34 和图 11-35 所示，当对某幅图像进行了多次的修改后，需要将某个区域恢复到指定的过程图时，可使用历史记录画笔来完成。此时，“历史记录画笔”工具将与历史记录面板配合使用。具体操作为：打开历史记录面板，单击某一需要恢复的过程图前的历史记录复选框，打开历史记录画笔工具，配合其各项参数的选择，即可对历史记录面板指定步骤以前的内容，进行复原或修改。

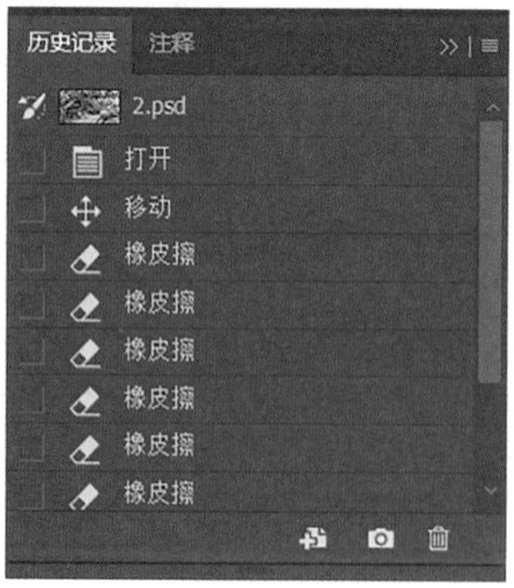

图 11-34 历史记录面板

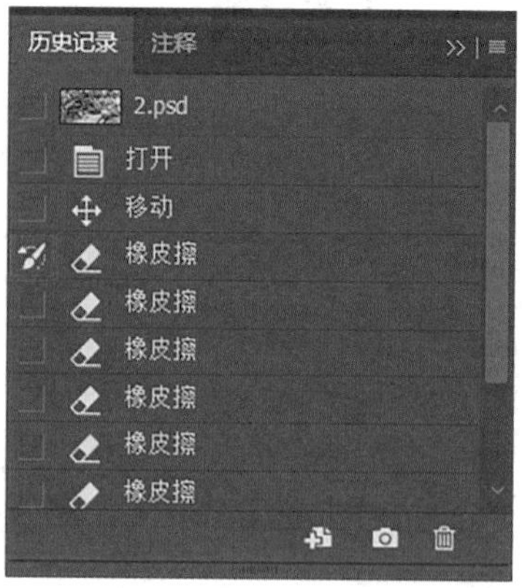

图 11-35 设置历史记录画笔的源

除“历史记录画笔”工具外，还有“历史记录艺术画笔”工具，功能与历史记录画笔一致，只是在此基础上允许用户使用图像中的特定历史记录状态或快照作为源数据，以风格化的方式进行绘画，通过调整绘画样式、区域和容差等选项，模拟不同的色彩和艺术风格的绘画纹理，其属性栏设置如图 11-36 所示。

图 11-36　“历史记录艺术画笔”属性栏

11.2　修图工具

11.2.1　修复工具组

“修复”工具组可用于修复图像中的瑕疵，移去图像中的污点和错误色斑。该工具组包括 6 个工具，分别为“污点修复画笔”工具、“移除”工具、“修复画笔”工具、“修补”工具、“内容感知移动”工具、“红眼”工具。

(1)“污点修复画笔”工具　“污点修复画笔”工具可以快速移去图像中的污点，它将取样图像中某一点的图像，修复到当前要修复的位置，并将取样像素的纹理、光照、透明度和阴影与所修复区域的像素相匹配，从而达到自然的修复效果，其属性栏如图 11-37 所示。

- 模式：选择绘画模式。
- 类型：设置源取样类型。
- 对所有图层取样：从复合数据中取样仿制数据。

图 11-37　“污点修复画笔”工具属性栏

★实例 11-4：“污点修复画笔”工具操作步骤

①打开链接网址中 PS 素材文件—第 11 章—实例 11-4 图像素材文件，如图 11-38 所示。

②选择“污点修复画笔”工具，调整笔头大小，选择图像中的人物，单击鼠标，该工具会自动在图像上进行取样，并将取样的像素与修复的像素相匹配。多次单击后，对图像进行修复，产生的效果如图 11-39 所示。

图 11-38　素材图片

图 11-39　“污点修复画笔”工具效果

(2)“移除”工具　“移除”工具是 PS 2024 版本中新增功能，可快速、轻松地移除路人、杂物或瑕疵等干扰因素，基于人工智能移除(被画笔笔触覆盖的)对象并自动填充背景，同时保留相邻对象的完整性以及复杂多样背景中的深度，其属性栏如图 11-40 所示。

图 11-40　“移除”工具属性栏

◆ 大小：调整画笔的大小。

◆ 对所有图层取样：勾选后，可以从所有可见图层中进行内容取样。

◆ 每次笔触后移除：移除单个笔触后的区域。

(3)“修复画笔”工具　“修复画笔”工具的工作方式与“污点修复画笔”工具类似，但不同的是“修复画笔”工具必须从图像中取样，并在修复的同时将样本像素的纹理、光照、透明度和阴影与所修复区域的像素相匹配，从而使修复后的像素更加真实，其属性栏如图 11-41 所示。

图 11-41　“修复画笔”工具属性栏

◆ 模式：选择所需要的绘画模式。

◆ 源：设置修复区域的根源。

◆ 对齐：对每个描边使用相同的位移。

◆ 样本：仿制样本模式。

(4)“修补”工具　“修补”工具可以用其他区域或图案中的像素来修复选中的区域，该工具同样将样本的像素纹理、光照、透明度和阴影与所修复区域的像素相匹配，从而使修复的效果更加自然，其属性栏如图 11-42 所示。

◆ 修补：选择所要修补的模式。

◆ 源：可以将选中的区域像素用目标区域像素来替换。

◆ 目标：复制目标区域像素修补要修复的区域。

◆ 透明：混合修补时使用透明度。

◆ 使用图案：将所选区域填充为所选图案并进行修补。

图 11-42　“修补”工具属性栏

★实例 11-5:“修补”工具操作步骤

①打开链接网址中 PS 素材文件—第 11 章—实例 11-5 图像素材文件，如图 11-43 所示。

②观察素材图片，可以看到整个画面右下角有多余的部分需要进行修补，在工具箱中选择“修补”工具，在属性栏中将修补模式选为“内容识别”，并确认“源”的选项为选中状态，使用“修补”工具在视图中单击并拖动鼠标，对素材需要修补的地方建立选区，如图 11-44 所示。

③将选区上下拖移至正确样本的区域，到合适的位置后释放鼠标，如图 11-45 所示。

④此时所修补的区域与整个画面不够协调，可以利用“橡皮擦”工具，调整透明度，逐步擦除边界比较明显的区域，得到最终的修补效果，如图 11-46 所示。

图 11-43　素材图片

图 11-44 修复图像选区

图 11-46 最终效果呈现

图 11-45 修补画笔工具效果

(5)“内容感知移动”工具 “内容感知移动”工具可以用其他区域或图案中的像素来修复选中的区域，该工具同样将样本像素纹理、光照、透明度和阴影与所修复的像素相匹配，从而使修复的效果更加自然，其属性栏如图 11-47 所示。

◆ 模式：选择重新混合的模式。

◆ 结构：参数范围 0～7，参数越大，所移动的对象边缘越清晰。

◆ 颜色：参数范围 0～10，参数越大，所移动的对象背景颜色与移动位置之后的背景颜色越融合。

◆ 对所有图层取样：启用以重新混合所有图层。

◆ 投影时变换：启用可以调整移动对象的大小和构图。

图 11-47 “内容感知移动”工具属性栏

★实例 11-6：“内容感知移动”工具操作步骤

①打开链接网址中 PS 素材文件—第 11 章—实例 11-6 图像素材文件，如图 11-48 所示。

②观察素材图片，需要将标识牌移动到合适的位置，在工具箱中选择“内容识别移动”工具，在属性栏中将模式选为“移动”，结构参数为 7，颜色参数为 10，使用“内容识别移动”工具在视图中单击并拖动鼠标，对标识牌建立选区后，将标识牌拖移至想要的位置，最终呈现如图 11-49 所示的效果。

图 11-48 素材原图

图 11-49　最终效果呈现

(6)“红眼”工具　“红眼”工具可以移去用闪光灯拍照的人物照片中的红眼，也可以移去用闪光灯拍摄的动物照片中的白色或绿色反光，其属性栏如图 11-50 所示。

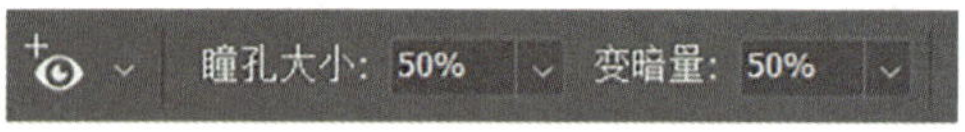

图 11-50　“红眼”工具属性栏

- 瞳孔大小：设置眼睛的瞳孔或中心的黑色部分的比例大小。
- 变暗量：设置瞳孔变暗量。

★实例 11-7：红眼工具操作步骤

①打开链接网址中 PS 素材文件—第 11 章—实例 11-7 图像素材文件，如图 11-51 所示。

②选择工具箱中“红眼”工具，在红色眼球上单击鼠标，红眼立即就会消失，效果如图 11-52 所示。

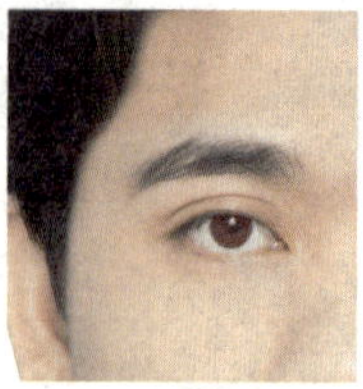

图 11-51　素材图片

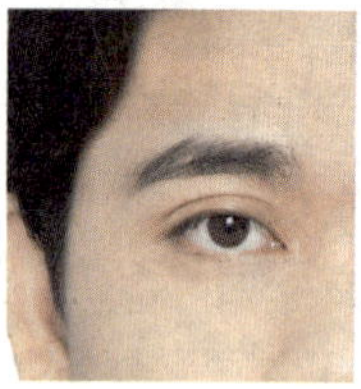

图 11-52　红眼工具效果

11.2.2　图章工具组

“图章”工具组包括两个工具，分别是“仿制图章”工具和“图案图章”工具，使用这两个工具可以在图层中复制图像。这两个工具的作用都是复制图像，但是复制的方式不同。“仿制图章”工具是对画面中的样本进行复制，而使用“图案图章”工具可以利用图案进行绘画，绘画图案的素材可以从图案库中选择图案或者自定义创建图案来获得。

(1)“仿制图章”工具　“仿制图章”工具可以从图像中取样，并将样本应用到其他图像或同一图像的其他部分。选择“仿制图章”工具，按下 Alt 键，此时光标会变成⊕，表示开始取样，然后在需要复制的样本上单击以设置取样点。其属性栏如图 11-53 所示。

图 11-53　“仿制图章”工具属性栏

- ：可以选择不同形状的仿制图章。
- 模式：选择仿制图章的效果模式。
- 不透明度：设置描边的不透明度。
- 流量：设置描边的流动率。
- 对齐：对每个描边使用相同的位移。
- 样本：仿制样本模式。

★实例 11-8：仿制图章工具操作步骤

①打开链接网址中 PS 素材文件—第 11 章—实例 11-8 图像素材文件，如图 11-54 所示。

②将图像中的右下角突出部分用周围环境进行覆盖。选择“仿制图章”工具，按住 Alt 键，在图片其他合适

图 11-54　素材图片

处进行取样，在突出的部位进行多次单击，可适当调整画笔大小和透明度，直至达到满意的效果，如图 11-55 所示。

图 11-55　仿制图章工具效果

(2)“图案图章”工具　“图案图章”工具可以利用图案绘画。它可以从预设的图案库中选择图案，或者创建自定义图案，达到复制图案的效果。利用图案图章对样本源的某一区域复制时，需要进行选区处理，其属性栏如图 11-56 所示。

- 模式：选择图案图章的效果模式。
- 不透明度：设置描边的不透明度。
- 流量：设置描边的流动率。
- 对齐：对每个描边使用相同的位移。
- 印象派效果：将图案渲染为绘画轻涂以获得印象派效果。

图 11-56　“图案图章”工具属性栏

★实例 11-9：图案图章工具操作步骤

①打开链接网址中 PS 素材文件—第 11 章—实例 11-9 图像素材文件，如图 11-57 所示。

图 11-57　素材图片

②选择“图案图章”工具，在工具属性栏中单击图案缩略图，找到水的图案，根据自己想要的效果，适当调整属性栏中其他参数，然后多次单击素材图片即可，产生的效果如图 11-58 所示。上半部分与下半部分分别为硬边圆画笔和柔边圆画笔所产生的效果。

图 11-58　图案图章工具效果

11.2.3　仿制源面板

打开仿制图章工具属性栏，即可看见“切换仿制源面板”按钮，点击按钮会出现仿制源面板。该面板最多可以为“仿制图章”或“修复画笔”工具设置 5 个不同的样本源。利用该面板既可以显示样本源的叠加，帮助在特定的位置复制图像，又可以缩放或旋转样本源，使其按照特定大小和方向复制图像，其面板如图 11-59 所示。

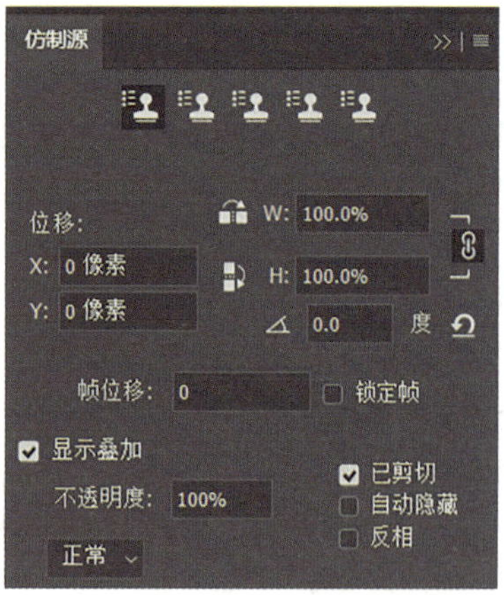

图 11-59　仿制源面板

◆ 仿制源:面板上提供了 5 个仿制源按钮,默认第 1 个为激活状态,按住 Alt 键的同时使用仿制图章工具或修复画笔工具在图像中单击,可以设置取样点,单击下一个仿制源按钮,可再次取样。

◆ X、Y:指定 X 轴和 Y 轴的像素位移,可以在相对于取样点的精确位置进行仿制。

◆ W/H:输入 W(宽度)或 H(高度)值,可以缩放所仿制的源。

◆ 旋转:在文本框中输入旋转角度,可以旋转仿制的源。

◆ ▢▢:分别是"水平翻转"按钮和"垂直翻转"按钮。单击"水平翻转"按钮,可以水平翻转仿制源;单击"垂直翻转"按钮,可垂直翻转仿制源。

◆ ▢:将 W、H、角度值和翻转方向恢复到默认的状态。

◆ 帧位移:在文本框中输入帧数,可以使用与初始取样的帧相关的特定帧进行仿制。

◆ 显示叠加:勾选"显示叠加"复选框,并设置了叠加方式以后,可以在使用图章工具或修复画笔工具时更好地查看叠加以及下面的图像。

★实例 11-10:仿制源面板操作步骤

①打开链接网址中 PS 素材文件—第 11 章—实例 11-10 图像素材文件,如图 11-60 所示。

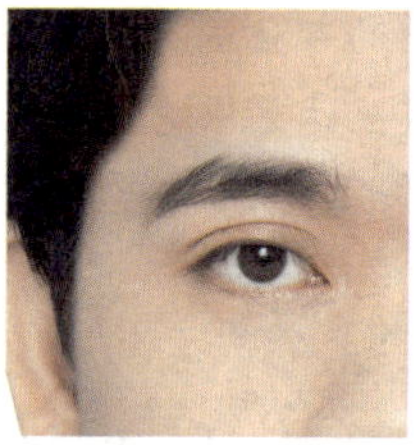

图 11-60　素材图片

②执行【窗口】—【仿制源】命令,打开"仿制源"面板,确定好所要取样的 X/Y 轴坐标,点击水平翻转按钮,对素材图片进行取样,如图 11-61 所示。

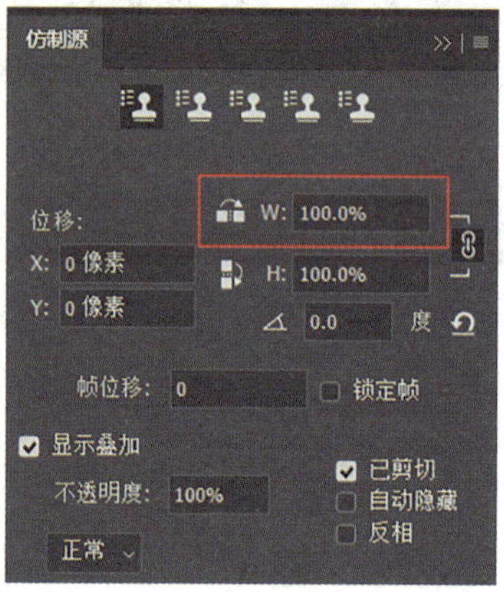

图 11-61　仿制源面板水平翻转点

③新建图层,使用"仿制图章"工具在图像中进行涂抹,效果如图 11-62 所示。

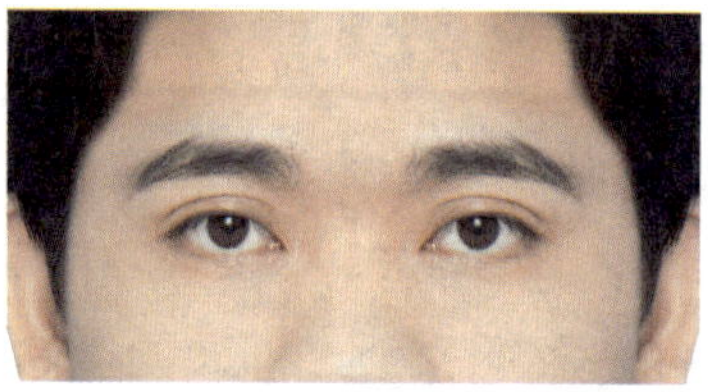

图 11-62　仿制效果

11.2.4　颜色替换工具

"颜色替换"工具▢使用前景色对图像中特定的颜色进行替换,该工具常用来校正图像中较小区域的颜色,其属性栏如图 11-63 所示。

图 11-63　"颜色替换"工具属性栏

提示:“颜色替换”工具不适用于“位图”“索引”或“多通道”颜色模式的图像。

◆ 模式:设置绘画模式。

◆ 取样:第一个图案表示“连续”、第二个图案表示“一次”、第三个图案表示“背景色板”。

◆ 限制:确定替换颜色的范围。

◆ 容差:选择相关颜色的容差。

◆ 消除锯齿:对画笔应用程序消除锯齿。

11.2.5　混合器画笔工具

借助“混合器画笔”工具和毛刷笔尖,可以创建逼真、带纹理的笔触,轻松地将图像变为绘图或创建独特的艺术效果,其属性栏如图 11-64 所示。

图 11-64　“混合器画笔”工具属性栏

◆ 潮湿:设置从画布拾取的油彩量。

◆ 载入:设置画笔上的油彩量。

◆ 混合:设置描边的颜色混合比。

◆ 流量:设置描边的流动速率。

◆ 对所有图层取样:从所有图层拾取湿油彩。

★实例 11-11:混合器画笔工具操作步骤

①打开链接网址中 PS 素材文件—第 11 章—实例 11-11 图像素材文件,如图 11-65 所示。

图 11-65　素材图片

②选择工具箱中的“混合器画笔”工具,设置属性栏各项参数,按住 Alt 键,吸取所要覆盖的颜色图案,随后在绘图区上涂抹或单击,将绘制出具有混合图像效果的笔触,如图 11-66 所示。

图 11-66　混合器画笔工具效果

❖本章数字资源

实例 11-1
操作视频

第12章 蒙版与通道

12.1 蒙版

12.1.1 蒙版概述

蒙版是合成图像的重要工具，使用它可在不破坏原始图像的基础上实现特殊的图层叠加效果。其包括4种不同的蒙版，分别是图层蒙版、快速蒙版、矢量蒙版、剪贴蒙版。

(1)创建蒙版　创建蒙版方法如下：

◆ 菜单栏：点击【图层】菜单，可以在下拉菜单中找到图层蒙版、矢量蒙版、剪贴蒙版，如图12-1所示。其中“显示全部”是指白色蒙版，“隐藏全部”是指黑色蒙版。

◆ 快速添加蒙版：建好选区后，点击图层面板上的蒙版按钮，如图12-2所示，默认情况下是建白色蒙版，前面建立的图层选区外的像素会被遮蔽。按Alt点击蒙版按钮是建立黑色蒙版，情况会相反。

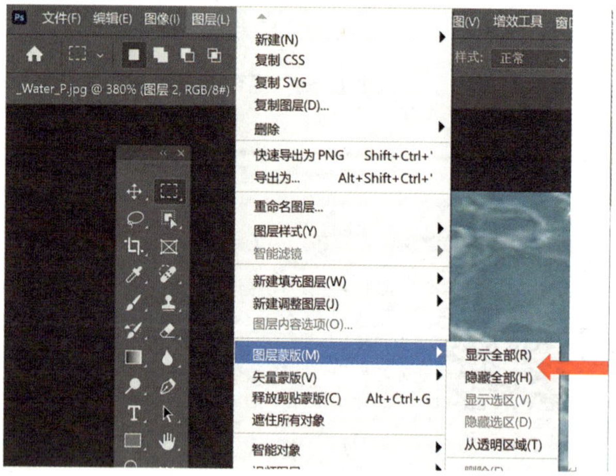

图 12-1　用菜单创建蒙版

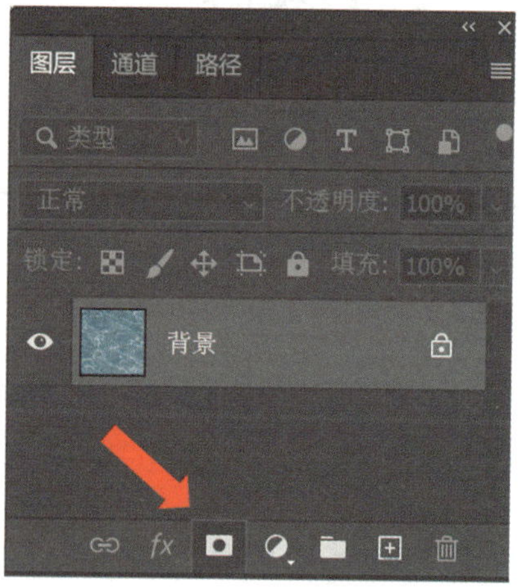

图 12-2　快速创建蒙版

(2)蒙版的编辑　带蒙版的图层有两个缩略图，点击不同的缩略图分别对应修改图层或蒙版，如图12-3所示。图层蒙版可点击图层上的蒙版缩略图用画笔工具、渐变工具等直接在蒙版上操作，矢量蒙版不允许画笔等像素编辑。

(3)蒙版的停用、删除、取消链接　利用图层菜单或利用图层面板上的右键快捷菜单即可停用、删除蒙版。单击图层与蒙版缩略图间的锁链可解开链接独立移动图层或蒙版，否则默认为图层与蒙版一起移动，如图12-4所示。

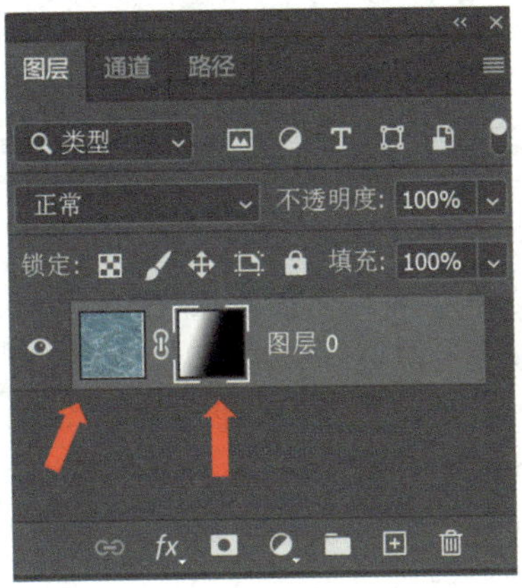

图 12-3　图层蒙版两个对应的缩略图

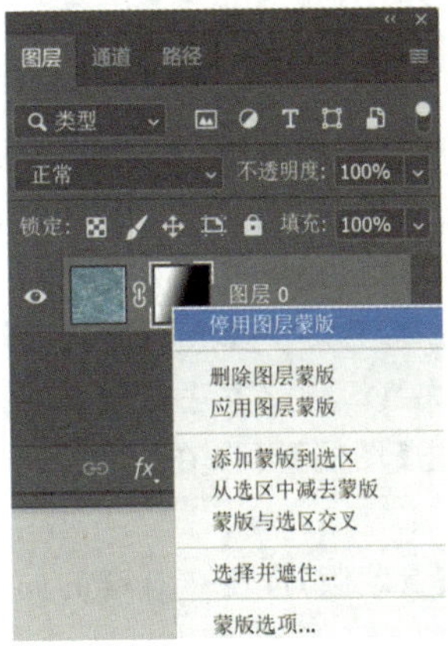

图 12-4　图层蒙版的停用、删除等

12.1.2　图层蒙版

图层蒙版是通过 Alpha 通道中灰度图的灰阶来控制目标图层的显隐。通过在图层面板上创建蒙版，用户可使用绘图工具以黑白灰制作在蒙版上，来隐藏或显示图层的特定区域。黑色区域将隐藏相关图层的内容，而灰色区域将产生半透明效果，白色区域则是完全显示效果。从编辑手段来看，图层蒙版是各类蒙版中最为丰富的。同时图层蒙版编辑的优点是不破坏图像，可以对图像进行反复的修改和调整。

★实例 12-1：用图层蒙版组合图像

①打开链接网址中 PS 素材文件—第 12 章—实例 12-1A 和实例 12-1B，打开后，放在一个文件的两个图层，其中蓝天所在图层在上方，如图 12-5 所示。

②为蓝天所在的图层链接一个图层蒙版，此时默认处在图层蒙版的编辑状态，蒙版缩略图为高亮状态。

③用渐变工具，设置为黑白渐变在图层蒙版上拖拽，可得到如图 12-6 所示图像效果。

图 12-5　图层内容

图 12-6　组合效果

提示：由于带蒙版的图层有两个缩略图，点击不同的缩略图分别对应修改图层或蒙版。在进行图层蒙板操作中，注意不要到图层上操作，可以通过查看对应的缩略图来更正。

12.1.3 矢量蒙版

矢量蒙版，也叫作路径蒙版，是指可以任意放大或缩小而不影响清晰度的蒙版。在 PS 使用过程中，矢量蒙版具有蒙版性质，可以保证原图不受损；同时它的矢量性可以随时用钢笔工具修改蒙版形状，且形状无论拉大多少，都不会失真。创建方法有如下两种：

- 菜单栏：点击【图层】可以在下拉菜单中找到矢量蒙版。
- 快速添加矢量蒙版：按住 Ctrl 键的同时，点击图层面板上的蒙版按钮。默认添加“显示全部”矢量蒙版。

★实例 12-2：用矢量蒙版制作特效

①打开链接网址中 PS 素材文件—第 12 章—实例 12-2，打开后，新建一个黑色图层放于下方，如图 12-7 所示。

②选中图层 0，按住 Ctrl 键点击图层面板底部的按钮添加矢量蒙版，如图 12-8 所示。此时，注意缩略图矢量蒙版处于高亮，可以直接调用路径进行绘制。

③选择形态工具中的椭圆工具，设置为画“路径”。在图层蒙版上拖拽，可得到如图 12-9 所示，在弹出的属性框中蒙版按钮下调整羽化值为 150，如图 12-10 所示。

④退出路径显示状态，最终效果如图 12-11 所示。

图 12-7　添加黑色图层于下方

图 12-8　创建默认的矢量蒙版

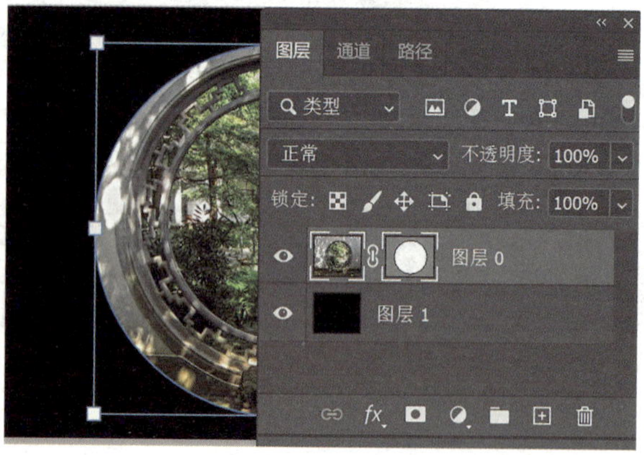

图 12-9　用椭圆工具在矢量蒙版上绘制路径

图 12-10　调整蒙版的羽化值 150 后效果

图 12-11　矢量蒙版最终效果

提示：矢量蒙版容易丢失，此时，可以通过按 Shift 键时点击矢量蒙版缩略图停用矢量蒙版，再次单击可以重新激活矢量蒙版。同时用形状工具时，注意参数要设置为画路径，不要设置为画形状。

12.1.4　剪贴蒙版

剪贴蒙版，它是通过使用处于下方图层的形状来限制上方图层的显示状态，达到一种剪贴画的效果，即“下形状上颜色”。

在使用剪贴蒙版时需要两层图层，下面一层相当于底板，上面相当于彩纸，创建剪贴蒙版就是把上层的彩纸贴到下层的底板上，下层底板是什么形状，剪贴出来的效果就是什么形状。

★实例 12-3：用剪贴蒙版制作剪影效果

①打开链接网址中 PS 素材文件—第 12 章—实例 12-3，将背景图层复制一个并隐藏，背景图层解锁，用菜单中的【图像】—【调整】—【去色】将它转为黑白图，调整其不透明度为 30%，并新建一个白色图层放于下方，如图 12-12 所示。

②用文字工具录入如图所示文字。将文字图层放在隐藏层下方，如图 12-13 所示。

③如图 12-14 所示，将鼠标移动到【背景拷贝】图层和【文字】图层之间，按住 Alt 键，可以发现鼠标变形了（有一个向下的箭头），点击鼠标，创建剪贴蒙版。最终效果如图 12-15 所示。

图 12-12　初步效果

图 12-13　录入文字

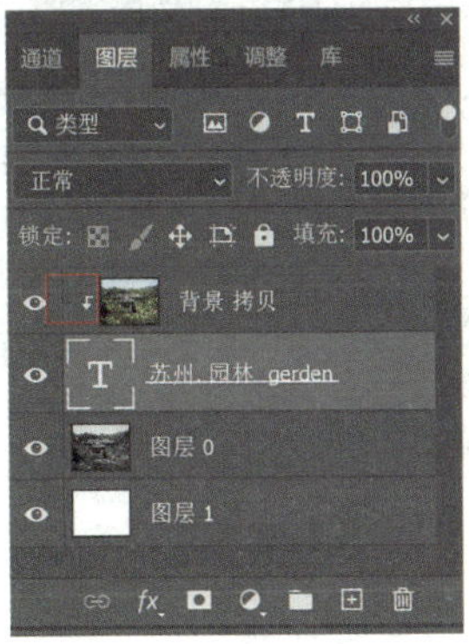

图 12-14　创建剪贴蒙版

图 12-15　最终效果

12.1.5 快速蒙版

快速蒙版主要用于创建、编辑和修改选区。利用工具箱中的蒙版按钮可快速在快速蒙版和标准模式间切换。用黑色画笔描选物品，再切换回标准模式，则物品以外的区域形成选区。

快速蒙版模式可以将任何选区作为蒙版进行编辑，而无须使用“通道”调板，在查看图像时也可如此。将选区作为蒙版来编辑的优点是几乎可以使用任何PS工具或滤镜修改蒙版。

★实例 12-4:用快速蒙版制作选区

①打开链接网址中PS素材文件—第12章—实例12-4，选择背景图层并解锁，键入【Q】或者单击工具箱中【以快速蒙版模式编辑】按钮，如图12-16所示。

②进入快速蒙版模式。用黑色画笔在背景图层上涂抹出非选区，如图12-17所示。

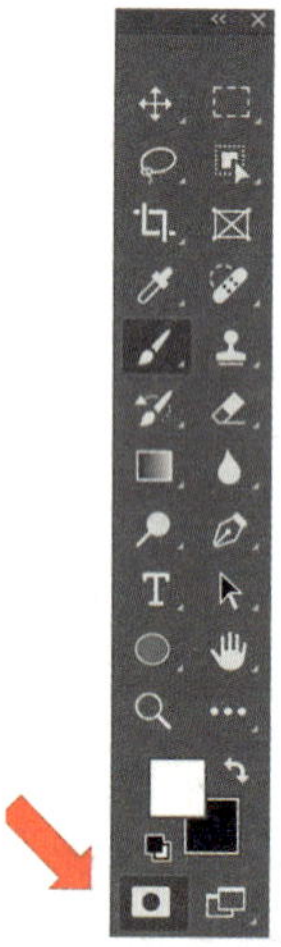

图 12-16 工具箱中快速蒙版按钮

图 12-17 用画笔抹出非选区

③再次键入【Q】或单击【以快速蒙版模式编辑】按钮，退出快速蒙版模式，反选，得到水面的选区。在选区上添加一个亮度的调整图层，如图12-18，调整后效果如图12-19所示。

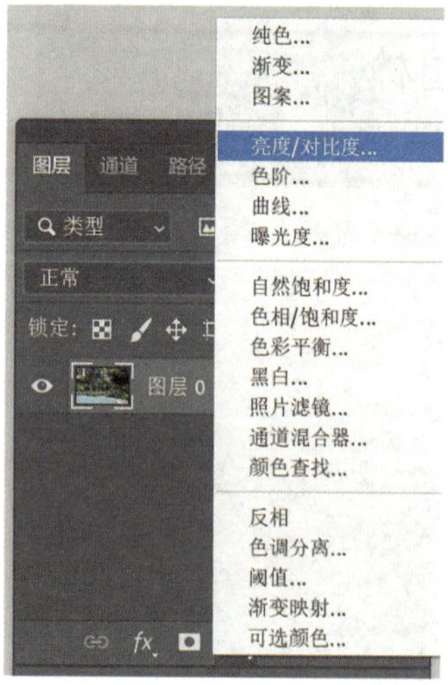

图 12-18 为选区添加亮度调整图层

图 12-19 调暗亮度后效果

12.2　通道

12.2.1　认识通道

图像是由图层组成的，而图层是由像素组成的，之前学习的工具箱，无不是针对图层级。那么像素又如何编辑？可以理解为通道是针对图层中的像素进行编辑的平台。它主要通过通道中对应图层的不同类型的灰度值，分别反映图层中各像素的色彩、各像素的选取程度以及各像素的不透明度。以下详细说明几种最常用的通道：

◆ 颜色通道：像素是指确定了位置和颜色的方块，位置由分辨率决定，各像素颜色由色彩模式决定。以 RGB 为例，各像素颜色，由其 R、G、B 的取值决定。如图 12-20 如示，当 R、G、B 的取值为 140，47，47 时，对应的红通道为灰色，绿通道及蓝通道为深灰。取值越大，在通道灰度图中会越亮；取值越小，在通道灰度图中会越暗。当 R、G、B 的取值相同时，合成为不同亮度的灰，R、G、B 的取值越大，合成的灰色越浅。当取值为极值的 0 和 255 时，表现为如图 12-21 所示。当 R、G、B 的取值为 0 时，合成黑色，对应的单色红通道、绿通道、蓝通道值越小，灰度图越暗。当 R、G、B 的取值为最大的 255 时，合成最亮的白色，各单色通道中红通道、绿通道、蓝通道均为灰度图最亮。

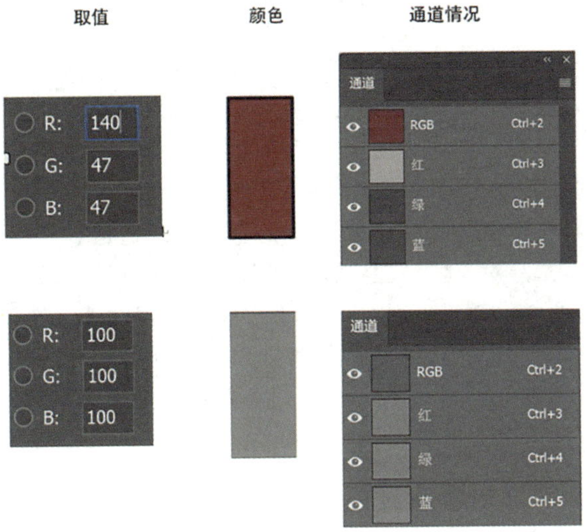

图 12-20　颜色取值与通道的关系

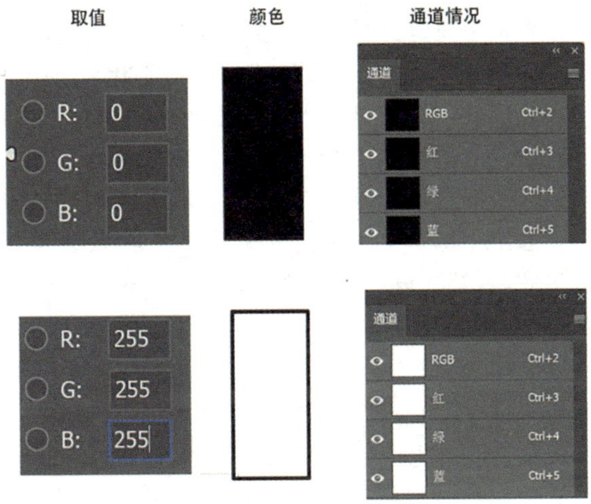

图 12-21　颜色取极值与通道的关系

提示：颜色通道变更会直接破坏原图像的颜色信息。通常不作改动，操作中常将某单色通道复制后，在复制的单色通道上操作，此时，复制的单色通道实质已不是颜色通道而是 Alpha 通道。

◆ Alpha 通道：像素除颜色和位置以外，还有一个重要的信息——选择信息，也就是说，这个像素有没有被选。这种选择信息并不是很单纯的是与否两种状态。可能有半选状态（如羽化），PS 为了记录像素的这个选择信息，使用了另外一种通道——Alpha 通道。如果我们把选区在通道中进行保存，它就会出现在通道面板里面，叫作 Alpha 通道。其中，Alpha 通道中白色代表完全选取，黑色代表完全不选区，由浅到深的灰，代表选取程度由大多数选取到小部分选取。

★实例 12-5：用 Alpha 通道创建和修改选区

①新建一个羽化值为 66 的圆形选区，填充蓝色，如图 12-22 所示。

②进入通道面板。点击面板下方第二个按钮，将选区存储为通道。此时已将选区以像素的精度存储在 Alpha 通道中了。此时可以将隐藏的 Alpha 通道显示出来，为方便查看并不与 RGB 颜色通道干扰，可以隐藏颜色通道。此时图像窗口可以看到 Alpha 通道中选区的情况，其中灰色的渐变部分即是像素选取程度的变化。如图 12-23 所示。

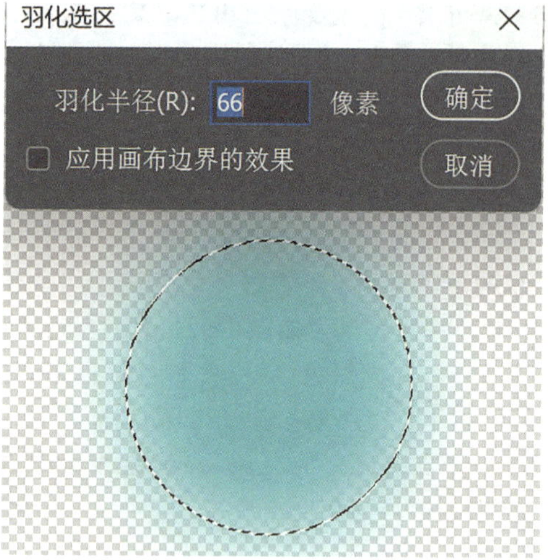

图 12-22　颜色取值与通道的关系(a)

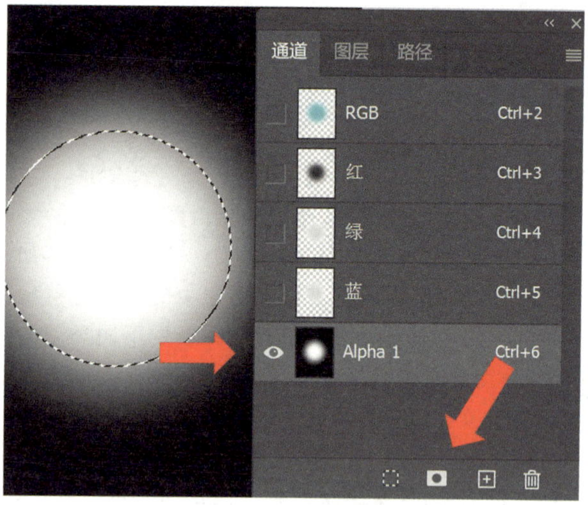

图 12-23　颜色取值与通道的关系(b)

◆ 蒙版通道:图层的不透明度设置是通过图层面板上的不透明度进行调整的。但是不能针对图层中的一部分区域(或者选区)进行不透明度的调整。因此,针对像素的不透明度调整就是蒙版的实质。也就是像素(透明、不透明、不同程度的半透明)的控制是通过在蒙版通道中的灰度图去实现,当为白色时代表不透明度为最大,即 100%,当为黑色时代表不透明度为最小,即 0%,为完全透明。当为不同程度的灰时,代表不透明度为 0%~100%,显示为不同程度的半透明,且灰度越深,不透明度越小,即越透明(具体怎么控制,就是蒙版的用法,通过黑、白、灰去控制像素的显示与隐藏)。

12.2.2　通道基本操作

◆ 新建通道:如果需要新建一个 Alpha 通道,只需要点击通道面板底部的【创建新通道】按钮⊞。

◆ 复制通道:如果要在图像之间复制 Alpha 通道,则通道必须具有相同的像素尺寸。在【通道】调板中,选择要复制的通道,拖到【创建新通道】图标上;也可以选择通道,从【通道】调板菜单中选取【复制通道】,键入复制通道的名称。

◆ 删除通道:在 PS【通道】调板中选择该通道。将调板中的通道名称拖动到【删除】图标🗑上;也可以从【通道】调板菜单中选取【删除通道】。

◆ 合并通道:可以将多个灰度图像合并为一个图像的通道。合并通道的方法如下:

(1)打开包含要合并通道的灰度图像(多个图像),并使其中一个图像成为现用图像。

(2)从【通道】调板菜单中选取【合并通道】。

(3)对于【模式】,选取要创建的颜色模式。适合模式的通道数量出现在【通道】文本框中。单击【确定】。

◆ 分离通道:只能分离拼合图像的通道。当需要在不能保留通道的文件格式中保留单个通道信息时,分离通道非常有用。

12.2.3　通道应用

利用通道可以直接对灰度图进行多工具及滤镜的编辑来实现抠图及一些特殊效果。

★实例 12-6:用通道抠去图像中的天空

①打开链接网址中 PS 素材文件—第 12 章—实例 12-6,并复制“背景拷贝”图层。

②进入通道面板,选择一个主体景观与天空颜色对比度最大的通道——蓝色通道并复制它,得到“蓝拷贝”通道。

③打开“蓝拷贝”通道(其余通道保持关闭状态),按住 Ctrl+L 调出“蓝拷贝”通道的“色阶”,并且移动三角滑块进一步增加主体景观与天空颜色对比度,如图 12-24 和图 12-25 所示。

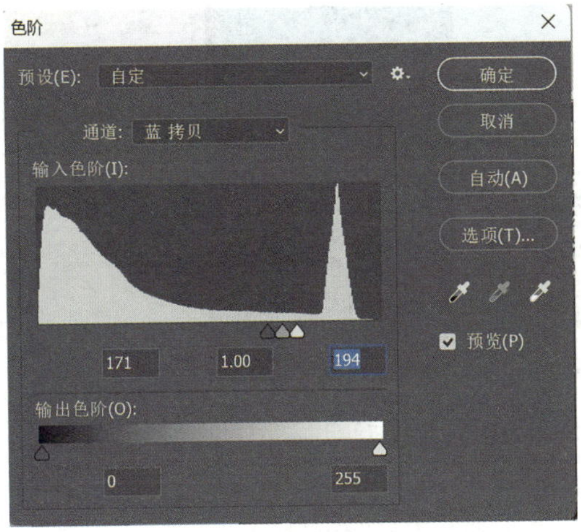

图 12-24　增加主体景观与天空颜色对比度

④用黑色画笔将图中除天空外的石头与绿地的白色高光部分抹成黑色，使整个图像只剩下“天空”所占的高光部分。然后按住 Ctrl 键单击“蓝拷贝”通道的缩略图，获得如图 12-26 所示选区。

图 12-26　天空选区

★实例 12-7：用通道制作雪景

①打开链接网址中 PS 素材文件—第 12 章—实例 12-7，并导入 PS 复制出“背景拷贝”图层。

②将需要做成有雪景覆盖的地方用“减淡”工具进行反复涂抹，以看得见白色反光为准，如图 12-28 所示。

③进入通道面板，查看单色通道中用作雪景较为理想的绿通道并复制一个如图 12-29 所示。

④对当前“绿拷贝”通道，执行菜单【滤镜】—【滤镜库】—【艺术效果】—【胶片颗粒】，在弹出的“胶片颗粒”

图 12-25　增加主体景观与天空颜色对比度后效果

⑤点击“RGB”通道，关闭“蓝拷贝”通道，回到图层，点击“背景拷贝”图层，反选，得到天空外的选区，复制到新图层，关闭其他图层，可看到最终效果如图 12-27 所示。

图 12-27　最终效果

窗口中，根据图像的效果来设置参数，如图 12-30 所示。

⑤单击确定“胶片颗粒”设置后，就可以看见白色的部分被突出显示，按住 Ctrl 键，点击“绿拷贝”通道的缩略图，将其载入选区，如图 12-31 所示。

⑥按 Ctrl+C 复制选区，这时载入的选区是绿拷贝通道白色区域部分，然后返回图层面板，新建“图层 1”，按 Ctrl+V 将内容粘贴在“图层 1”上，这样就形成了在画面上覆盖雪景的大致效果，如图 12-32 所示。

⑦最后对雪景中挡住建筑的像素用“橡皮擦”工具进行局部擦除修整，最终效果如图 12-33 所示。

图 12-28　减淡至看得见白色反光

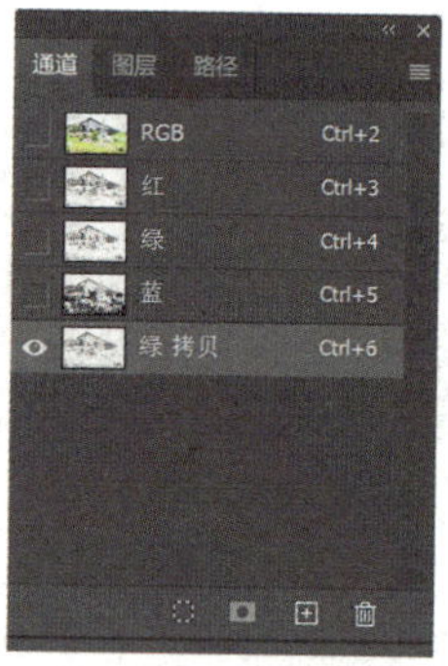

图 12-29　复制通道

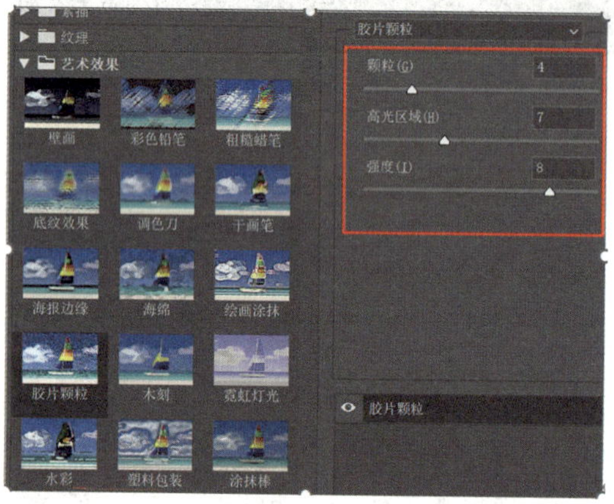

图 12-30　"胶片颗粒"设置参数

图 12-31　将绿拷贝通道载入选区

图 12-32　图层面板设置

图 12-33　最终效果

❖本章数字资源

实例 12-7
操作视频

第13章 滤镜的应用

在 PS 的应用中，滤镜是用于创建图像特殊效果的一个强大工具，使用滤镜可以帮助用户对图像进行模糊、锐化和亮暗处理，使图像产生各种各样的艺术效果。在园林设计中，用户常用模糊、水彩画、杂色、波浪以及浮雕等效果。

13.1 滤镜简介

“滤镜”来源于摄影领域中的“滤光镜”，但又不同于滤光镜，滤镜改进图像和产生的特殊效果是滤光镜所不能及的。在 PS 中，通过滤镜功能可以为图像添加各种各样的效果，滤镜包括智能滤镜、滤镜库、camera raw 滤镜、风格化以及艺术效果滤镜等，使用这些滤镜可以创造出不同的图像效果，也可将不同的滤镜配合使用。

13.1.1 滤镜使用范围

在 PS 中，滤镜是该软件用处最多且效果最为奇妙的功能。滤镜可以应用于图像的选择区域，也可以应用于整个图层。从功能上基本分为矫正性滤镜与破坏性滤镜。矫正性滤镜包括模糊、锐化、视频、杂色以及其他滤镜，它们对图像处理的效果很微妙，可调整对比度、色彩等宏观效果。除这几种效果外，滤镜菜单中的其他滤镜效果均为破坏性滤镜，破坏性滤镜对图像的改变比较明显，主要用于构造特殊的艺术效果。

滤镜的处理以像素为单位，因此滤镜的处理与分辨率有关，同一幅图像如果分辨率不同，那么应用滤镜功能所产生的效果也不同。

在为图像添加滤镜效果时，如果图像处于位图、索引图、16 位灰度图等色彩模式，就不允许使用滤镜；如果处于 CMYK、Lab 色彩模式，就不允许使用艺术效果、画笔描边、素描、纹理以及视频等滤镜效果。

13.1.2 滤镜使用技巧

滤镜的使用方法与其他工具有一些差别，下面对滤镜工具的使用技巧进行介绍。

- 按 Ctrl＋F 键，可以快速重复使用上一次滤镜，若要使用新的设置选项，需要在对话框中设置。
- 按 Esc 键，可以放弃当前正在应用的滤镜。
- 按 Ctrl＋Z 键，可以还原滤镜操作。
- 按 Ctrl＋Alt＋F 键，可以显示出最近应用的滤镜对话框。
- 滤镜可以应用于可视图层。
- 不能将滤镜应用于位图模式或索引颜色的图像。
- 有些滤镜只对 RGB 图像产生效果。

在为图像添加滤镜效果时，通常会占用计算机的大量内存，特别是在处理高分辨率的图像时，用户可用如下方法进行优化。

- 在处理大图像时，先在局部添加滤镜效果。
- 如果图像很大且出现内存不足的情况，可以将滤镜效果应用于图像的单个通道。
- 关闭其他程序，为 PS 提供更多的内存。
- 如果要打印黑白图像，最好在应用滤镜前，先将图像的一个副本转换为灰度图像。
- 如果将滤镜应用于彩色图像后再转换为灰度，则所得到的效果可能与该滤镜直接应用于此图像的灰度图的效果不同。

13.1.3 滤镜菜单

在 PS 中，共有 3 组滤镜，“转换为智能滤镜”为一组，“滤镜库”“液化”等为一组，“风格化”“模糊”等为一组，共提供了 17 小组滤镜样式，每组滤镜的子菜单中又包含了几种不同的滤镜效果，如图 13-1 所示。

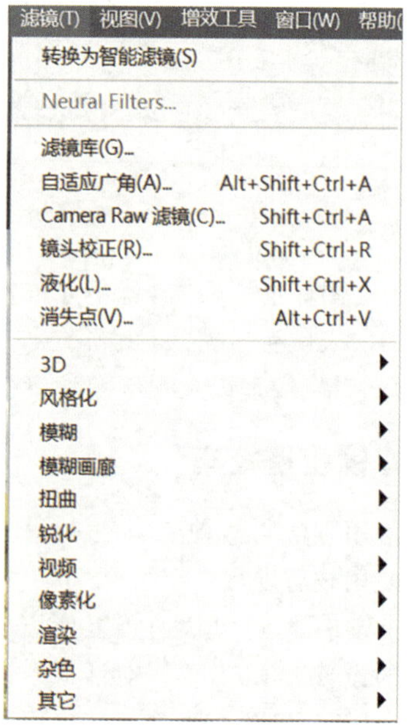

图 13-1 滤镜菜单

13.2 智能滤镜的应用

在 PS 中，通过“转换为智能滤镜”，可以非破坏性地对图像应用各种滤镜效果，原始图像数据不会被更改，可以随时调整、隐藏，甚至删除这些滤镜效果，便于滤镜效果的管理，这是其他滤镜没有的优点。应用智能滤镜后，可编辑智能滤镜内的设置，也可以选择智能滤镜外的其他滤镜功能编辑（少数滤镜不能用，如“消失点”）。此外，也可以编辑智能滤镜的混合选项，类似于使用“渐隐”命令对传统图层应用滤镜时的操作。但智能滤镜对电脑配置要求高，因此根据需求和实际情况而使用。具体操作如下：

★实例 13-1：智能滤镜的操作

①打开链接网址中 PS 素材文件—第 13 章—图片 1，选择菜单中的【滤镜】，在选项栏中选择【转为对象智能滤镜】命令，完成将图片转为智能对象，如图 13-2 所示。

②可以对图片再进行其他效果的设置。如选择菜单中的【滤镜】，在选项栏中选择【风格化】命令，弹出子菜单，点击任意可编辑的效果，本实例中点击【查找边缘】即可完成在智能滤镜下的滤镜效果设置，如图 13-3 所示。

图 13-2 图像转为智能对象

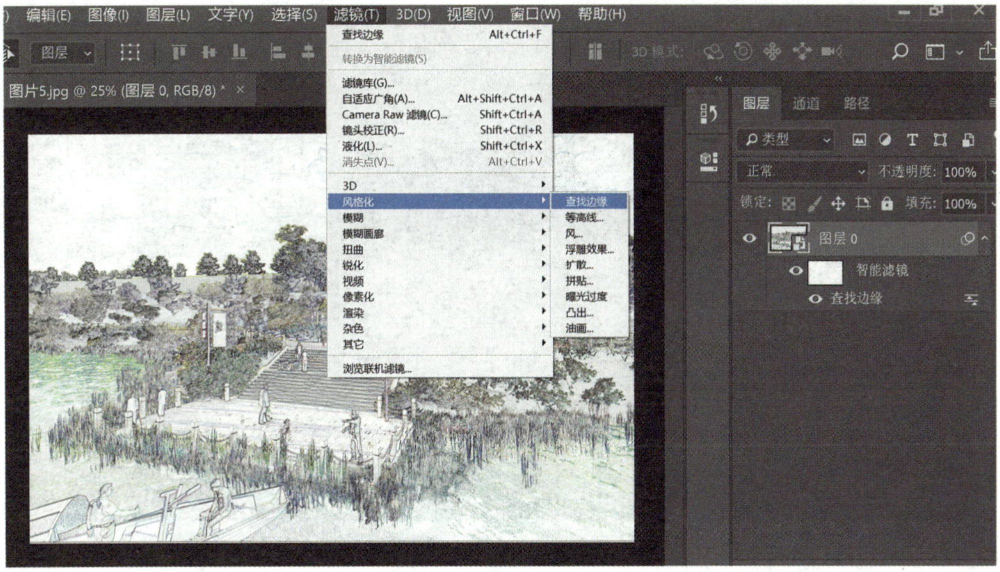

图 13-3　智能滤镜下的查找边缘滤镜效果

③可在智能滤镜内对图片进行蒙版等调整，如图 13-4 所示。

④继续增加其他效果设置，如选择菜单中的【滤镜】，在选项栏中选择【渲染】命令，弹出子菜单，选择可编辑的效果，完成第二次滤镜效果设置，如图 13-5 所示。

⑤可以编辑智能滤镜的混合选项，右击某一滤镜图层右侧的■按钮，弹出对话框，则可在该滤镜上调整叠加模式和不透明度，如图 13-6(a)、图 13-6(b)所示。

⑥可以调整滤镜效果的顺序，在某一效果停留并按住鼠标左键上下拖，则整体滤镜效果会有相应的变化，如图 13-7 所示。

图 13-4　智能滤镜中调整蒙版

图 13-5　智能滤镜叠加渲染滤镜效果

(a)混合选项

(b)混合叠加滤镜效果

图 13-6　智能滤镜中混合选项

图 13-7　调整图层位置的滤镜效果变化对比

提示：将图像转为智能滤镜后，大部分的滤镜功能可用，但有少部分子菜单中的滤镜功能是不可用的，所以在使用前先点击看看自己想要的效果是否在智能滤镜下还能使用。

13.3　滤镜库的应用

在 PS 中可以通过滤镜库功能浏览软件中的常用滤镜，并可方便地实现对各个滤镜效果的预览、操作和参数设置：

(1)在“滤镜库”对话框中提供了风格化、画笔描边、扭曲、素描、纹理、艺术效果 6 组滤镜分类，单击每组滤镜左侧的按钮▣，即可展开该组滤镜。

(2)对话框提供了常用的滤镜缩略图，单击需要浏览的滤镜缩略图，在对话框左侧的预览框中即可查看该滤镜的效果，在对话框的右侧显示出相应的参数设置选项。

(3)设置好相关参数后，单击【确定】按钮即可完成设置。

◆【风格化】包含了一系列用于改变图像外观的滤镜，可以模拟不同的艺术效果或视觉风格。

◆【画笔描边】是一个用于增强图像效果的工具，它允许用户使用画笔工具沿着选区、路径或图层的边缘添加颜色或纹理。

◆【扭曲】主要用于对图像进行各种变形处理，创造出独特的视觉效果。

◆【素描】用于模拟各种素描和绘画效果，给图像添加手绘或艺术化的外观。

◆【纹理】用于为图像添加各种纹理效果，模拟不同的材质和表面特征。增强图像的视觉效果，使其看起来更加真实或具有特定的艺术风格。

◆【艺术效果】用于模拟各种艺术绘画和图像处理技术，为图像添加独特的视觉效果，使其看起来像是通过特定的艺术手法创作的。

★实例 13-2：滤镜库的操作

①打开链接网址中 PS 素材文件—第 13 章—图片 1，选择菜单栏中的【滤镜】，在选项栏中选择【滤镜库】命令，弹出“滤镜库”的对话框，如图 13-8 所示；

②任意选择一种效果，如可选择【画笔描边】，进入画笔描边参数设置选项；

③根据需求调整画笔粗细、颜色，单击【确定】按钮即可，如图 13-9 所示。

图 13-8 "滤镜库"对话框

图 13-9 滤镜库中画笔描边滤镜效果

13.4 液化滤镜的应用

液化滤镜可以快速地将图像变形，如旋转平滑、向前变形、膨胀、褶皱等，从而产生特殊的溶解、扭曲效果。以下详细介绍各子菜单的图标及作用。

◆【向前变形工具】按钮：在图像上拖动，会使图像向拖动方向产生弯曲变形效果。

◆【重建工具】按钮：在已发生变形的区域单击或拖动，可以使已变形图像恢复为原始状态。

◆【平滑工具】按钮：主要用于平滑图像中的特定区域，减少噪点或不均匀的纹理。

◆【顺时针旋转工具】按钮：在图像上按住鼠标时，可以使图像中的像素顺时针旋转。按住 Alt 键单击鼠标，可以使图像中的像素逆时针旋转。

◆【褶皱工具】按钮：在图像上单击或拖动时，会使图像中的像素向画笔区域的中心移动，使图像产生收缩效果。

◆【膨胀工具】按钮：在图像上单击或拖动时，会使图像中的像素从画笔区域的中心向画笔边缘移动，使图像产生膨胀效果，该工具产生的效果与褶皱工具刚好相反。

◆【左推工具】按钮：在图像上单击或拖动时，图像中的像素会以相对于拖动方向左垂直的方向在画笔区域内移动，使其产生挤压效果；按住 Alt 键则向右垂直方向移动。

◆【冻结蒙版工具】按钮：将图像中不需要变形的区域涂抹进行冻结，使涂抹区域不受其他区域变形的影响；使用“向前变形”在图像上拖动，经过冻结的区域图像不会被变形。

◆【解冻蒙版工具】按钮：在图像中冻结的区域涂抹，可以解除冻结。

◆【脸部工具】按钮：在图像中人物的脸部进行再修饰、增加滤镜效果。

◆【抓手工具】按钮：当图像放大到超出预览框时，使用抓手工具可以移动图像进行查看。

◆【缩放工具】按钮：使用该工具可将预览区的图像放大，按住 Alt 键单击鼠标会将图像按比例缩小。

◆ 设置好相关参数后，单击按钮即可，产生液化滤镜效果。

★实例 13-3：液化滤镜的操作

在了解各个子菜单形成的效果后，让我们通过实例操作其中常用的几种效果。

①选择菜单栏【滤镜】中的【液化】命令，弹出对话框，如图 13-10 所示。

②如选择【褶皱工具】，同一方向不断地拖动图像的某一位置，产生收缩效果，如图 13-11 所示。

③如选择【顺时针旋转工具】，调整参数，重复单击或拖动鼠标顺时针旋转某一位置，单击【确定】产生旋转的效果，如图 13-12 所示。

图 13-10　“液化”滤镜对话框

图 13-11　褶皱工具效果

图 13-12　顺时针旋转效果

13.5 消失点滤镜的应用

消失点滤镜可以在透视角度下编辑图像，允许在包含透视平面的图像中进行透视校正编辑。在消失点滤镜选定的图像区域内进行克隆、喷绘、粘贴图像等操作时，会自动应用透视原理，按照透视的角度和比例来适应图像的修改，使修饰后的图像更加逼真。

◆【创建平面工具】按钮：在图像中单击并创建平面的 4 个点，节点之间会自动连接成透视平面，在透视平面边缘上按住 Ctrl 键拖动时，就会产生另一个与之配套的透视平面。

◆【选框工具】按钮：在平面内拖动即可在平面创建选区，按住 Alt 键拖动选区可以将选区内的图像复制到其他位置，复制的图像会自动生成透视效果；按住 Ctrl 键拖动选区可以将选区停留的图像复制到创建的选区内。

◆【图章工具】按钮：使用方法与软件工具箱中的“仿制图章工具”相同。

◆【画笔工具】按钮：使用该工具可以在创建的平面内进行绘画操作，特别适用于需要保持透视效果的场景。

◆【交换工具】按钮：使用该工具可以对选区复制的图像进行调整变换。

◆【吸管工具】按钮：使用该工具可以在图像中采集颜色，选取颜色可作为画笔颜色。

◆【测量工具】按钮：使用该工具可以测量图像中的距离关系。

◆【缩放工具】按钮：使用该工具用来缩放预览区的视图，在预览区内单击鼠标会将图像放大，按住 Alt 键单击鼠标会将图像按比例缩小。

◆【抓手工具】按钮：单击并拖动可在预览窗口中查看局部图像。

◆ 设置好相关参数后，单击 确定 按钮即可产生消失点滤镜效果。

★实例 13-4：消失点滤镜的操作

①打开链接网址中 PS 素材文件—第 13 章—图片 3，选择菜单栏【滤镜】中的【消失点】命令，弹出“消失点”对话框，如图 13-13 所示；

②选择【创建平面工具】，在图像中单击并创建平面的 4 个点，节点之间会自动连接成透视平面，如图 13-14(b)所示；

③在透视平面边缘上用选框工具选出想要编辑的图案，如图 13-14(c)所示；

④按住 Alt 键拖动，产生与之配套的透视平面，如图 13-14(d)所示。根据需要增加效果，单击【编辑平面工具】，对创建的透视平面进行调整大小，获得新的效果。

图 13-13 “消失点”滤镜对话框

图 13-14(a)　进入“消失点”滤镜对话框

图 13-14b　创建编辑平面

图 13-14(c)　框选需编辑的内容

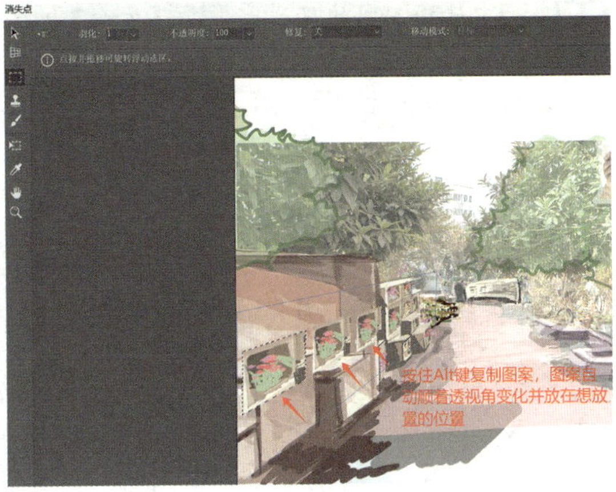

图 13-14(d)　呈现透视效果

13.6　内置滤镜的应用

PS 提供了多种内置滤镜，包括风格化、扭曲、杂色、模糊、渲染等滤镜，本节将结合实例介绍这些内置滤镜的功能及使用方法。

13.6.1　风格化滤镜

风格化滤镜组主要通过移动和置换图像的像素并增加图像像素的对比度，生成绘画或印象派的图像效果。该滤镜组包括查找边缘、等高线、风、浮雕效果、扩散、拼贴、曝光过度、凸出、油画，如图 13-15 所示。

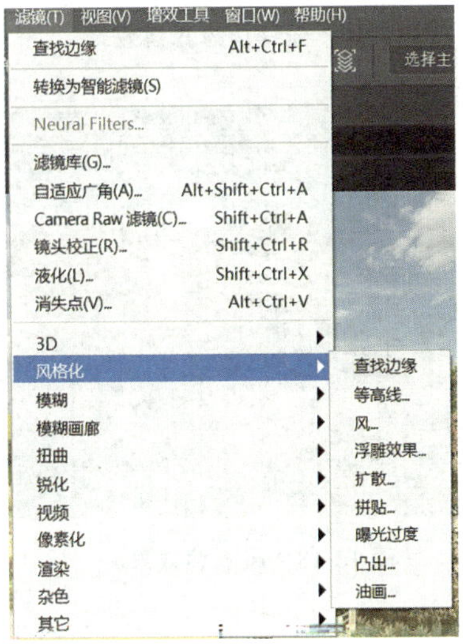

图 13-15　风格化滤镜组

★实例 13-5:风格化滤镜的操作

①查找边缘:打开链接网址中 PS 素材文件—第 13 章—图片 1,选择菜单栏【滤镜】中【风格化】选项,单击【查找边缘】命令,产生查找边缘效果,如图 13-16 所示。

②等高线:打开链接网址中 PS 素材文件—第 13 章—图片 1,选择菜单栏【滤镜】中【风格化】选项,单击【等高线】命令,在【色阶】中设置边缘线对应的像素颜色范围;在【边缘】中设置边缘特性,设置好参数后,单击【确定】按钮,产生等高线效果,如图 13-17 所示。

③风:打开链接网址中 PS 素材文件—第 13 章—图片 1,选择菜单栏【滤镜】中【风格化】选项,单击【风】命令,在【方法】中选择不同的风力大小;在【方向】中控制风吹动的方向,设置好参数后,单击【确定】按钮,产生风效果,如图 13-18 所示。

④浮雕:打开链接网址中 PS 素材文件—第 13 章—图片 1,选择菜单栏【滤镜】中【风格化】选项,单击【浮雕效果】命令,在【角度】中设置光线照射方向;在【高度】中设置浮雕的凸起程度;在【数量】中调节浮雕凸起部分的细节程度,设置好参数后,单击【确定】按钮,产生浮雕效果,如图 13-19 所示。

⑤拼贴:打开链接网址中 PS 素材文件—第 13 章—图片 1,选择菜单栏【滤镜】中【风格化】选项,单击【拼贴】命令,在【拼贴数】中设置图像每行每列中要显示的最小贴块数;在【最大位移】中设置允许贴块偏移原始位置的最大距离;在【填充空白域用】设置贴块间空白区域的填充方式,设置好后,单击【确定】按钮,产生拼贴效果,如图 13-20 所示。

⑥曝光过度:打开链接网址中 PS 素材文件—第 13 章—图片 1,选择菜单栏【滤镜】中【风格化】选项,单击【曝光过度】命令,产生曝光过度效果,如图 13-21 所示。

图 13-16　查找边缘滤镜效果

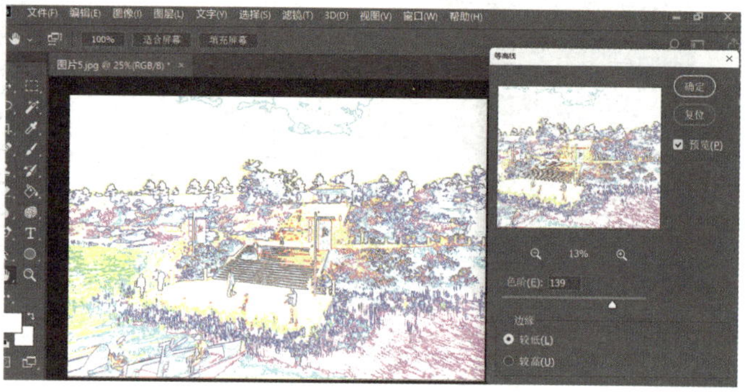

图 13-17　等高线滤镜效果

图 13-18　风滤镜效果

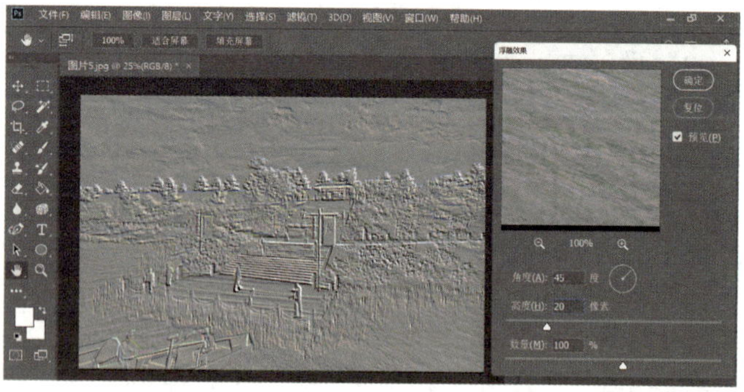

图 13-19　浮雕滤镜效果

图 13-20　拼贴滤镜效果

⑦凸出：打开链接网址中 PS 素材文件—第 13 章—图片 1，选择菜单栏【滤镜】中【风格化】选项，单击【凸出】命令，产生凸出效果，如图 13-22 所示。

图 13-22　凸出滤镜效果

13.6.2　模糊滤镜

使用模糊滤镜可以柔化图像边缘，遮蔽清晰的边缘像素，产生模糊图像的效果。该滤镜组包括表面模糊、动感模糊、方框模糊、高斯模糊、进一步模糊、径向模糊、镜头模糊、模糊、平均、特殊模糊、形状模糊等，如图 13-23 所示。

★实例 13-6：模糊滤镜的操作

①表面模糊：打开链接网址中 PS 素材文件—第 13 章—图片 1，选择菜单栏【滤镜】中【模糊】选项，单击【表面模糊】命令，在【半径】中设置模糊效果强度；在【阈值】中设置阈值，设置好参数后，单击【确定】按钮，产生表面模糊效果，如图 13-24 所示。

图 13-21　曝光过度滤镜效果

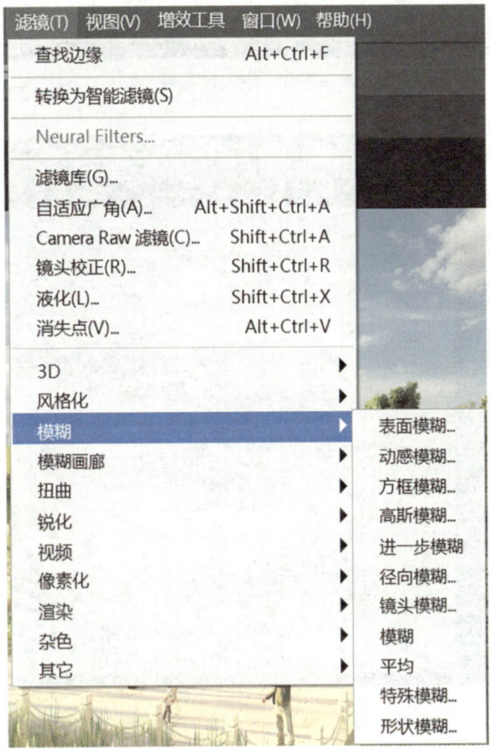

图 13-23　模糊滤镜组

②动感模糊：打开链接网址中 PS 素材文件—第 13 章—图片 1，选择菜单栏【滤镜】中【模糊】选项，单击【动感模糊】命令，在【角度】中设置角度，控制模糊方向；在【距离】中设置图像中像素的移动距离，距离越大模糊强度越大，设置好参数后，点击【确定】按钮，产生动感模糊效果，如图 13-25 所示。

图 13-24 表面模糊滤镜效果

图 13-25 动感模糊滤镜效果

③径向模糊：打开链接网址中 PS 素材文件—第13章—图片1，选择菜单栏【滤镜】中【模糊】选项，单击【径向模糊】命令，在【数量】中设置模糊效果强度，在【模糊方法】中选择模糊的方法，在【品质】中选择模糊效果生成的品质，设置好参数后，点击【确定】按钮，产生径向模糊效果，如图 13-26 所示。

④镜头模糊：打开链接网址中 PS 素材文件—第13章—图片1，选择菜单栏【滤镜】中【模糊】选项，单击【镜头模糊】命令，在【深度映射】中设置模糊焦距；在【光圈】中设置模糊半径及旋转角度；在【镜面高光】中设置模糊亮度；在【杂色】设置数量和分布状况，设置好参数后，单击【确定】按钮，产生镜头模糊效果，如图 13-27 所示。

图 13-26　径向模糊滤镜效果

图 13-27　镜头模糊滤镜效果

⑤形状模糊：打开链接网址中 PS 素材文件—第 13 章—图片 2，选择菜单栏【滤镜】中【模糊】选项，单击【形状模糊】命令，使用指定的形状来产生模糊效果，如图 13-28 所示。

图 13-28　形状模糊滤镜效果

13.6.3　模糊画廊滤镜

模糊画廊是一个强大的工具集，通过直观的图像控件快速创建各种模糊效果，从而增强整体图像效果或模拟特定的摄影技术，为使用者提供了极大的灵活性和创造性，使他们能够在后期制作中实现各种视觉效果。模糊画廊包括多种模糊效果，如场景模糊、光圈模糊、移轴模糊、路径模糊和旋转模糊，如图 13-29 所示。

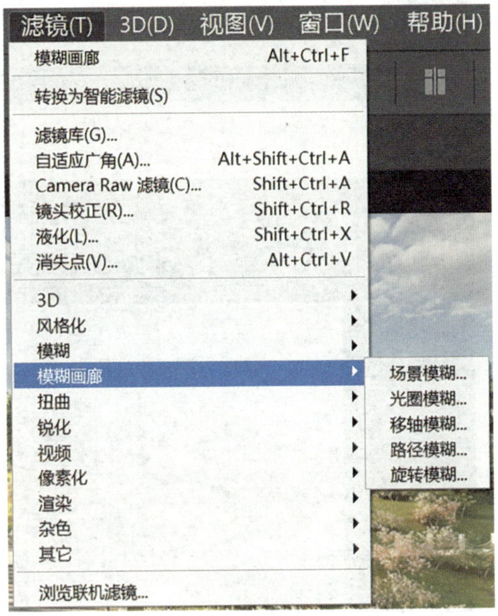

图 13-29　模糊画廊滤镜组

★实例 13-7：模糊画廊滤镜的操作

①场景模糊：打开链接网址中 PS 素材文件—第 13 章—图片 1，选择菜单栏【滤镜】中【模糊画廊滤镜】选项，单击【场景模糊】命令，进入模糊画廊界面，调整【场景模糊】中的模糊参数，产生整体模糊效果，如图 13-30 所示。

②光圈模糊：可在上一步场景模糊的基础上，勾选【光圈模糊】，调整光圈及模糊大小，即可产生深浅模糊的效果，如图 13-31 所示。若想突出图中多个场景，则在相应位置单击鼠标左键，增加光圈数量。

图 13-30　场景模糊滤镜效果

图 13-31　光圈模糊滤镜效果

③倾斜偏移模糊：打开链接网址中 PS 素材文件—第 13 章—图片 1，在【模糊画廊滤镜】菜单栏里勾选【移轴模糊】，调整模糊及扭曲度大小，即可产生横向模糊的效果，如图 13-32 所示。

④路径模糊：打开链接网址中 PS 素材文件—第 13 章—图片 1，在【模糊画廊滤镜】菜单栏里勾选【路径模糊】，速度大小不同体现模糊程度不同，调整图像中的路径线，可模糊的前后上下方向，如图 13-33 所示。

⑤旋转模糊：打开链接网址中 PS 素材文件—第 13 章—图片 1，在【模糊画廊滤镜】菜单栏里勾选【旋转模糊】，移动光圈至需要旋转模糊的地方，调整模糊的大小，即可产生漩涡式模糊的效果，如图 13-34 所示。

图 13-32　倾斜偏移滤镜效果

图 13-33　路径模糊滤镜效果

图 13-34　旋转模糊滤镜效果

13.6.4 扭曲滤镜

使用扭曲滤镜可以对图像进行各种扭曲和变形处理，如创建出波浪、波纹及球面效果等。该滤镜组包括波浪、波纹、极坐标、挤压、切变、球面化、水波、旋转扭曲和置换等，如图 13-35 所示。

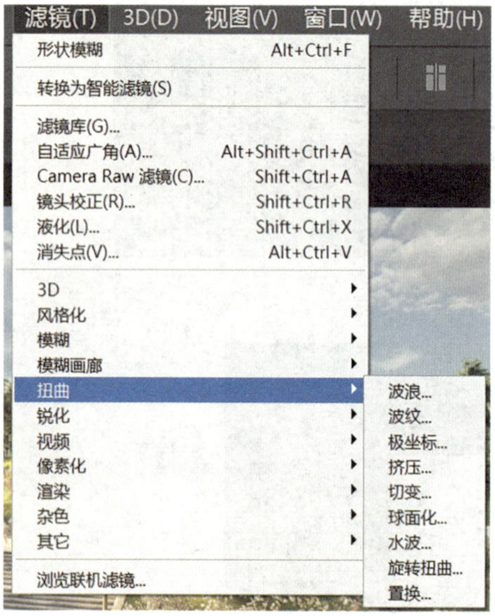

图 13-35 扭曲滤镜组

★实例 13-8：扭曲滤镜的操作

①波浪：打开链接网址中 PS 素材文件—第 13 章—图片 1，选择菜单栏【滤镜】中【扭曲】选项，单击【波浪】命令，在【生成器数】输入框中调数值，在【波长】选项中设置波长，在【波幅】选项中设置波幅，在【比例】选项中设置比例，设置参数后，单击【确定】按钮，产生波浪效果，如图 13-36 所示。

②波纹：打开链接网址中 PS 素材文件—第 13 章—图片 2，选择菜单栏【滤镜】中【扭曲】选项，单击【波纹】命令，在【数量】中输入数值范围为－999～999，在下拉列表【大小】中选择波纹大小，设置相关参数后，单击【确定】按钮，产生波纹效果，如图 13-37 所示。

③极坐标：打开链接网址中 PS 素材文件—第 13 章—图片 1，选择菜单栏【滤镜】中【扭曲】选项，单击【极坐标】命令，产生极坐标效果，如图 13-38 所示。

④球面化：打开链接网址中 PS 素材文件—第 13 章—图片 1，选择菜单栏【滤镜】中【扭曲】选项，单击【球面化】命令，产生球面化效果，如图 13-39 所示。

⑤水波：打开链接网址中 PS 素材文件—第 13 章—图片 1，选择菜单栏【滤镜】中【扭曲】选项，单击【水波】命令，【数量】中设置波纹数量；在【起伏】中设置波纹幅度，设置好参数后，单击【确定】按钮，产生水波，如图 13-40 所示。

⑥旋转扭曲：打开链接网址中 PS 素材文件—第 13 章—图片 1，选择菜单栏【滤镜】中【扭曲】选项，单击【旋转扭曲】命令，单击【确定】按钮，产生旋转扭曲效果，如图 13-41 所示。

图 13-36 应用波浪滤镜效果

图 13-37 应用波纹滤镜效果

图 13-38　应用极坐标滤镜效果

图 13-39　应用球面化滤镜效果

图 13-40　应用水波滤镜效果

图 13-41　应用旋转扭曲滤镜效果

13.6.5　锐化滤镜

锐化滤镜可以通过增加相邻像素的对比度来聚焦模糊的图像。该滤镜组包含 USM 锐化、进一步锐化、锐化、锐化边缘和智能锐化 5 种滤镜效果，如图 13-42 所示。

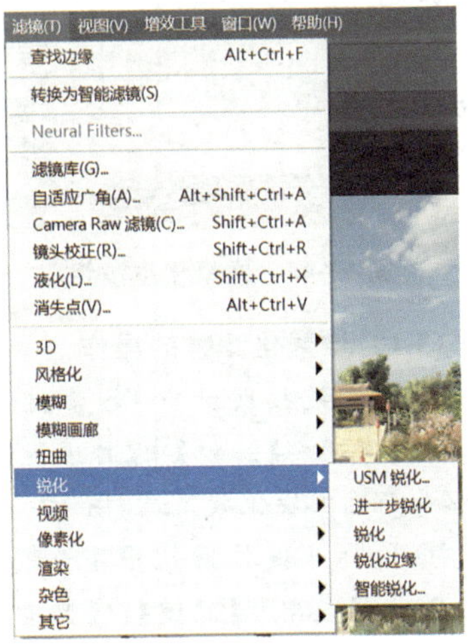

图 13-42　锐化滤镜组

★实例 13-9：锐化滤镜的操作

①USM 锐化：打开链接网址中 PS 素材文件—第 13 章—图片 2，选择菜单栏【滤镜】中【锐化】选项，单击【USM 锐化】命令，在【数量】中设置增加像素对比度的数量；在【半径】中设置边缘像素周围影响锐化的像素数目，在【阈值】中设置锐化的相邻像素必须达到的最低差值，设置好后，单击【确定】按钮，产生 USM 锐化效果，如图 13-43 所示。

②锐化边缘：打开链接网址中 PS 素材文件—第 13 章—图片 2，将背景图层复制一层，在复制图层上选择菜单栏【滤镜】中【锐化】选项，单击【锐化边缘】命令，可以查找图像中颜色发生显著变化的区域，然后将其锐化，从而产生锐化边缘效果，如图 13-44 所示。可以通过放大后与原图层对比出差异。

图 13-43　USM 锐化效果

图 13-44　锐化边缘效果

③智能锐化：打开链接网址中 PS 素材文件—第 13 章—图片 2，选择菜单栏【滤镜】中【锐化】选项，单击【智能锐化】命令，在【数量】设置增加像素对比度的数量；在【半径】设置边缘像素周围影响锐化的像素数目，设置好后，单击【确定】按钮，产生智能锐化效果，如图 13-45 所示。

13.6.6　像素化滤镜

像素化滤镜组主要是通过将相似颜色值的像素转化成单元格而使图像分块或平面化。该滤镜组包括彩块化、彩色半调、点状化、晶格化、马赛克、碎片和铜板雕刻 7 种滤镜，如图 13-46 所示。

图 13-45　智能锐化效果

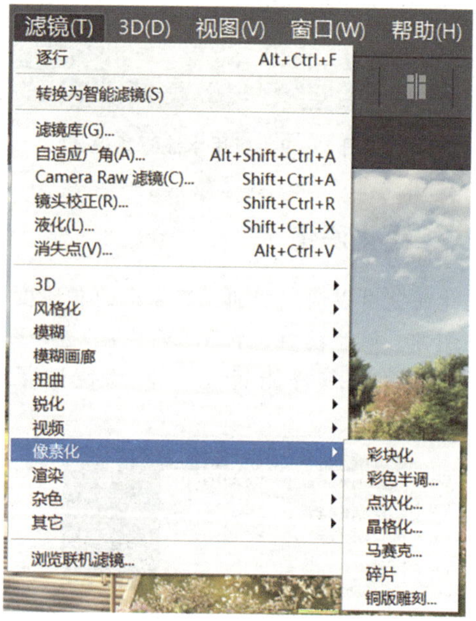

图 13-46　像素化滤镜组

★实例 13-10：像素化滤镜的操作

①彩块化：打开链接网址中 PS 素材文件—第 13 章—图片 2，选择菜单栏【滤镜】中【像素化】选项，单击【彩块化】命令，产生彩块化效果，如图 13-47 所示。

②彩色半调：打开链接网址中 PS 素材文件—第 13 章—图片 2，选择菜单栏【滤镜】中【像素化】选项，单击【彩色半调】命令，弹出“彩色半调”对话框，在【最大

半径】输入框中输入数值 4～127，设置网格大小；在【网角(度)】选项中设置屏蔽的度数，其中的 4 个通道分别代表填入的颜色之间的角度，每一个通道的取值范围均为－360～360，设置参数后，点【确定】击按钮，最终产生彩色半调的效果，如图 13-48 所示。

图 13-47　彩块化滤镜效果

图 13-48　彩色半调滤镜效果

③点状化：打开链接网址中 PS 素材文件—第 13 章—图片 2，选择菜单栏【滤镜】中【像素化】选项，单击【点状化】命令，产生点状化效果，如图 13-49 所示。

④晶格化：打开链接网址中 PS 素材文件—第 13 章—图片 2，选择菜单栏【滤镜】中【像素化】选项，单击【晶格化】命令，产生晶格化效果，如图 13-50 所示。

图 13-49　点状化滤镜效果

图 13-50　晶格化滤镜效果

⑤马赛克：打开链接网址中 PS 素材文件—第 13 章—图片 2，选择菜单栏【滤镜】中【像素化】选项，单击【马赛克】命令，产生马赛克效果，如图 13-51 所示。

⑥碎片：打开链接网址中 PS 素材文件—第 13 章—图片 2，选择菜单栏【滤镜】中【像素化】选项，单击【碎片】命令，产生碎片效果，如图 13-52 所示。

图 13-51　马赛克滤镜效果

图 13-52　碎片滤镜效果

13.6.7　渲染滤镜

渲染滤镜可以创建3D形状、云彩图案和不同的光源效果等。该滤镜组包含分层云彩、镜头光晕、纤维和云彩等滤镜效果，如图13-53所示。

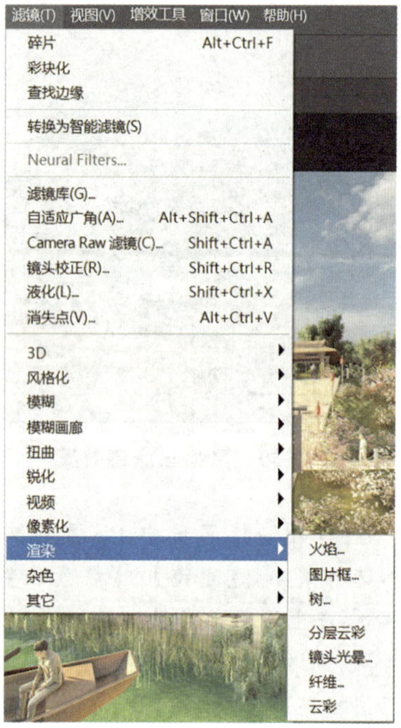

图 13-53　渲染滤镜组

★实例13-11：渲染滤镜的操作

①分层云彩：打开链接网址中PS素材文件—第13章—图片1，选择菜单栏【滤镜】中【渲染】选项，单击【分层云彩】命令，产生分层云彩效果，如图13-54所示。

图 13-54　分层云彩滤镜效果

②光照效果：打开链接网址中PS素材文件—第13章—图片1，选择菜单栏【滤镜】中【渲染】选项，单击【光照效果】命令，在【样式】中设置光照效果样式；在【光照类型】中设置光照类型、强度和聚焦范围；在【属性】中设置光照属性，在【纹理通道】中设置纹理通道，设置好后，单击【确定】按钮，产生光照效果，如图13-55所示。

③镜头光晕：打开链接网址中PS素材文件—第13章—图片1，选择菜单栏【滤镜】中【渲染】选项，单击【镜头光晕】命令，设置亮度；选择镜头类型，设置好后，单击按钮，产生镜头光晕效果，如图13-56所示。

图 13-55　光照效果滤镜效果

④云彩：打开链接网址中 PS 素材文件—第 13 章—图片 1，选择菜单栏【滤镜】中【渲染】选项，点击【云彩】命令，生成由前景色和背景色颜色确定的云彩效果，如前景色和背景色为黑白则效果如图 13-57 所示。

图 13-56　镜头光晕滤镜效果

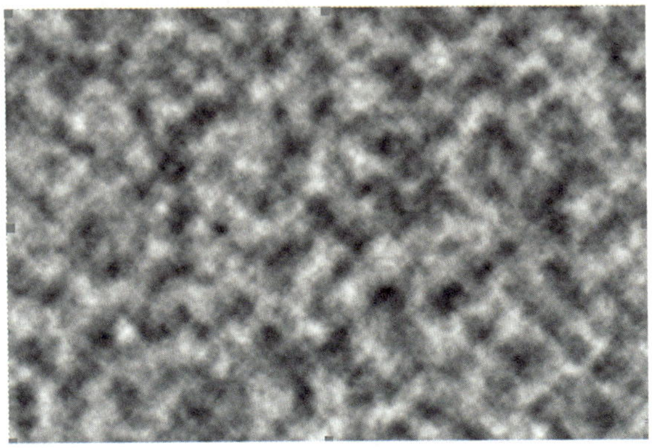

图 13-57　云彩滤镜效果

13.6.8　杂色滤镜

杂色滤镜可以向图像添加或移去杂点。该滤镜组包含减少杂色、蒙尘与划痕、去斑、添加杂色和中间值，如图 13-58 所示。

图 13-58　杂色滤镜组

★实例 13-12：杂色滤镜的操作

①添加杂色：打开链接网址中 PS 素材文件—第 13 章—图片 1，选择菜单栏【滤镜】中【杂色】选项，单击【添加杂色】命令，产生添加杂色效果。在【数量】中设置添加杂色的数量；在【分布】中设置杂色的分布方式，设置好参数后，单击【确定】按钮，产生添加杂色效果，如图 13-59 所示。

图 13-59　添加杂色滤镜效果

②蒙尘与划痕：打开链接网址中 PS 素材文件—第 13 章—图片 1，选择菜单栏【滤镜】中【杂色】选项，单击【蒙尘与划痕】命令，产生蒙尘与划痕效果，如图 13-60 所示。

图 13-60 蒙尘与划痕滤镜效果

❖本章数字资源

13.2 智能滤镜操作视频

13.3 滤镜库操作视频

13.4 液化滤镜操作视频

13.5 消失点滤镜操作视频

13.6.1 风格化滤镜操作视频

13.6.2 模糊滤镜
13.6.3 模糊画廊滤镜
操作视频

13.6.4 扭曲滤镜
13.6.5 锐化滤镜
操作视频

13.6.6 像素化滤镜
13.6.7 渲染滤镜
13.6.8 杂色滤镜
操作视频

第三部分　InDesign 2024

第14章 InDesign 2024简介及入门

14.1 InDesign 2024简介

InDesign 2024(以下简称ID)的推出是为了替代当时已经老化的传统排版软件PageMaker,其成熟的功能与创新的技术,让其在诞生之日起就引起人们广泛的关注。随着软件的发展,ID的定位已不仅局限在印刷排版上,还扩展至Web和无线通信领域的跨媒体桌面出版软件。它能为印刷和数字出版设计专业的版面,不仅广泛应用于报纸、杂志、图册等印刷品的编排,还可用于名片设计、海报设计等,甚至可以用来制作交互式文档与演示文稿。若干年前,在设计成果的排版设计领域,几乎都是使用CorelDraw,但近年来使用ID的人越来越多,因为该软件和Photoshop同属Adobe公司,在软件界面、操作方式等方面均有很高的一致性,而且文件之间的兼容性也更好。可以说,只要熟悉Photoshop的使用,学习使用ID是比较容易的。

因为Photoshop的普及面非常广,几乎所有的设计人员都会使用它,所以有很多人喜欢用Photoshop做设计成果的排版工作。虽然从最后结果看,Photoshop也能把“排版”工作做好,但实际上用Photoshop“排版”存在很多问题,如效率低下、修改麻烦、容易出错、不利于素材的重复利用、风格难以有效统一等,因为Photoshop本身并不是针对排版的专业软件。在此对涉及排版用途的几类软件进行对比分析,方便读者在学习过程中选用。

Adobe公司推出的设计系列软件,广泛适用于各种设计行业,如今已推出2024系列,其中涉及排版和印刷的Photoshop、Illustrator和ID与园林设计相关应用息息相关。在实际应用中有设计师根据自己对软件的熟悉程度选择Photoshop和Illustrator进行图册编排工作,但由于软件特性的限制,往往事倍功半。因为Photoshop的主要功能定位为位图图像处理,Illustrator的主要功能定位为矢量图绘制,而ID的主要功能定位是多页面图册书籍排版,其凭借内建创意工具和精确的排版控制来帮助排版人员发挥设计创意,提高工作效率。由于三款软件共享了核心处理技术,有很强的交互性和兼容性。建议还是在不同环节穿插使用专门软件,以发挥出相应软件的最强功效。还有一点需特别指出,ID也具有一定的矢量图绘制功能,这部分功能足够园林相关专业的分析图制作等使用,无须再使用Illustrator制作,故本教材未选择Illustrator进行讲解。

Corel公司推出的CorelDraw软件为以矢量图绘制为核心功能,兼具多页面图册排版功能和简单图像处理功能的综合性软件,也可用于相关设计专业的成果编排。不过,CorelDraw与Photoshop缺乏较好的色彩兼容性,导致出品在打印时有一定的色彩损失,并且在操作习惯上也与Photoshop不同,在此还是选择了具有较好兼容性和交互性的ID作为推荐的图册排版软件。

14.2 ID入门

14.2.1 新建与保存文档

以创建一个A3横放,左边装订,无对页的1页文

档并存储为例,参见以下操作:

★实例 14-1:创建 A3 文档并存储

①启动软件,点“新文件”,打开新建文档设置界面,主要内容与 Photoshop 中新建文档界面相似,只有右侧内容不同,设置如图 14-1 与图 14-2 所示。须点击如图 14-3“边距和分栏”才能转入下一个设置页面进行边距与分栏的设置。

◆ 装订:确定从左边装订,确定从右边装订。

◆ 对页:勾选则指创建两页对开的页面为一个完整页。起点为 1 则第 2 页为对开页,起点为 2 则首页为对开页。

◆ 出血:印刷时用来标记图片哪些部分需要被裁切掉的线,通常用默认值。

②进入边距和分栏界面后设置如图 14-4 所示,确定后可以得到图 14-5 所示的页面效果。

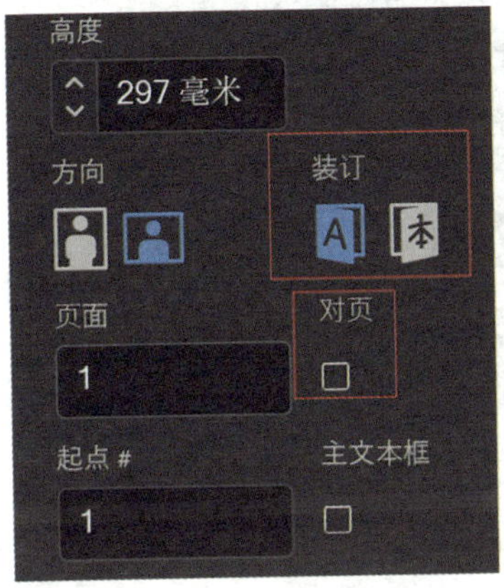

图 14-1　装订及对页设置

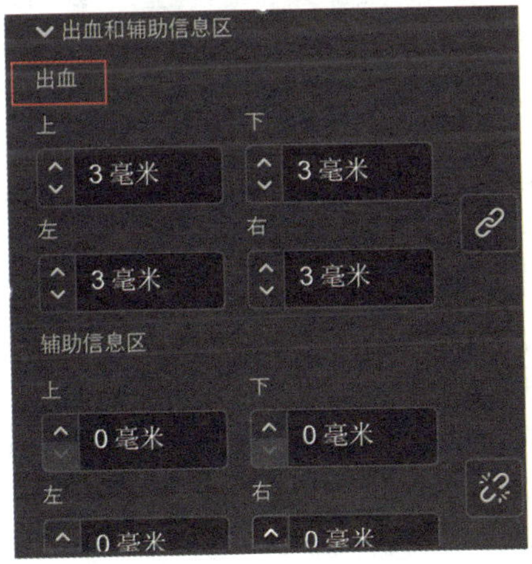

图 14-2　出血设置

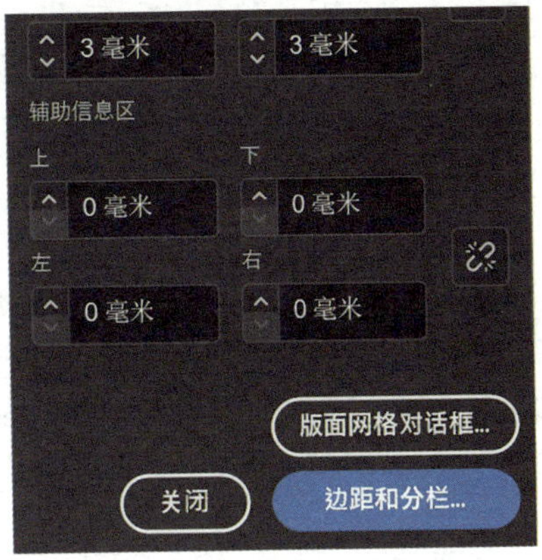

图 14-3　边距与分栏设置按钮

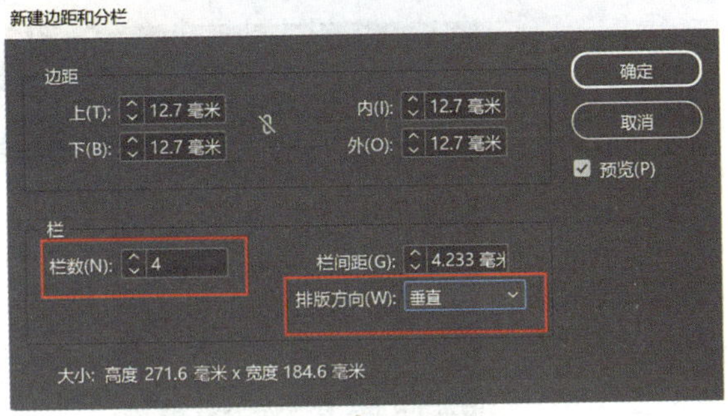

图 14-4　边距与分栏设置

图 14-5　页面设置效果

③存储文件:选择【文件/存储】命令可存储对当前文件所做的更改,文件格式不变;选择【文件/存储为】命令即会弹出“存储为”对话框,可将图像存储至其他位置,或以其他文件名或格式存储文件。

14.2.2 操作界面

操作界面，如图 14-6 所示。主要介绍与其他软件不同的板块：属性栏、工具栏、快捷面板、页面区几部分。

◆ 属性栏：主要显示当前所选工具的选项，设置属性栏上的参数可以改变所选工具的状态。默认情况下，属性栏停放在文档窗口的顶部，但是也可以将它停放在此窗口的底部，或者将它转换为浮动面板，或者完全隐藏起来。显示的选项根据所选择对象的类型而异。

◆ 工具栏：位于工作界面的左侧，要想从文档窗口中使用工具栏中的工具，只要单击相应工具按钮即可。如果工具按钮的右下角有一个小三角形，则表示该工具按钮还包含其他工具，在该按钮上单击鼠标右键，即会弹出其所隐藏的其他工具。

◆ 快捷面板：位于文档窗口的右侧位置，默认情况下，几个面板放置在一起共用一个控制窗口，各面板被折叠隐藏起来，只显示相应的文字标签。单击控制面板右上角的“展开面板”按钮◀◀，或者单击相应的面板标签，都会显示相应的面板内容。

◆ 页面区：位于界面的中间位置，用于显示排版的对象信息，可以将文档窗口设置为选项式窗口，并且在某些情况下可以进行分组和停放，而且该区域内的对象都可以被打印出来。

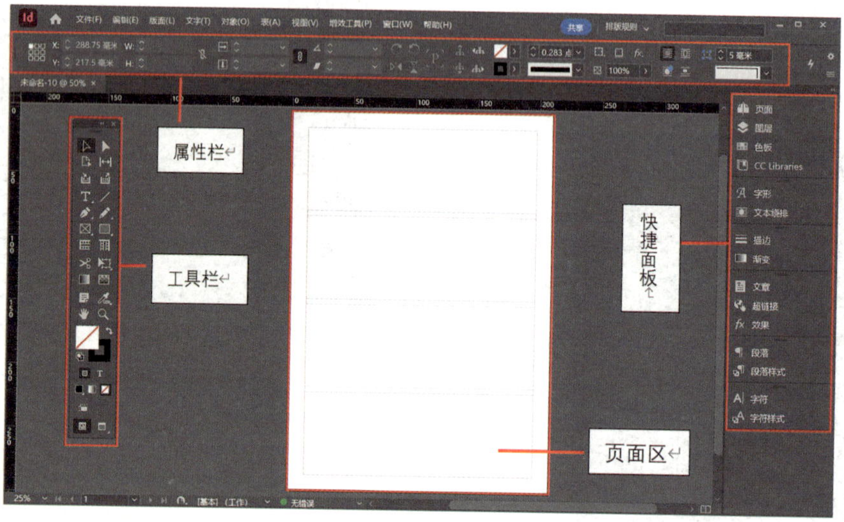

图 14-6 操作界面

14.2.3 常用工具

ID 作为一款由 Adobe 公司的出色排版软件，它基本继承了其公司旗下包括 Photoshop 在内的其他系列设计软件的操作方式，所以 ID 工具栏中大多数工具也出现在 Photoshop 中，且使用方法相同。下面介绍 ID 常用到的几种工具。

◆ 选择工具：可以选择、移动、缩放图形图像以及框架和成组的对象。

◆ 直接选择工具：可以选择、移动路径、锚点，还可以针对成组对象中的对象和框架内部的图像进行选择和移动。

◆ 间隙工具：可以调整对象间的间距。

◆ 钢笔工具：可以绘制锚点和路径。

◆ 文字工具、直排文字工具：可以创建文本框架和选择文本。

◆ 铅笔工具：可以绘制任意的路径形状。

◆ 平滑工具：可以使路径变得更平滑。

◆ 抹除工具：可以任意删除选中的路径。

◆ 直线工具：可以绘制任意长度和任意角度的线段。

◆ 矩形框架工具、椭圆形框架工具、多边形框架工具：可以绘制这三种形状的框架。

◆ 自由变换工具：可以通过拖动轴点进行旋转、缩放或切变对象。

◆ 旋转工具：可以此指定中心点将对象旋转任意角度。

◆ 缩放工具：可以此指定中心点将对象任意放

大和缩小。

◆ 渐变工具：可以调整对象中渐变的起点、终点和角度。

◆ 吸管工具：可以将对象的颜色或文本的属性复制出来应用给其他对象或文本。

◆ 抓手工具：可以在文档窗口中移动页面视图。

◆ 放大镜工具：可以放大和缩小页面视图。

14.2.4　主要功能

ID 经过多年的发展，已成为跨媒体的桌面出版软件，其中的功能已是非常丰富，这里只挑选出对园林设计方案编排有帮助的一些功能来进行介绍。

◆ 多页面编辑：一套方案文本中的所有页面都可以在一个 ID 文件中制作，页面的显示非常直观，有助于设计师去把控整套文本的编排效果。

◆ 矢量图绘制：ID 能读取并且编辑 Illustrator 格式的图像，且具有一定的矢量图绘制功能，可以满足园林方案分析图制作的需要。

◆ 文件置入：与 CorelDraw 不同，ID 在排版时，版面内的素材图像元素都是采用链接方式引入排版文档内，这样的好处是一方面能有效减少 ID 文档的大小，另一方面一旦修改了原链接文件，图册内的相关内容也可以同步更新。

◆ 网格置入：在置入多个文件时，通过鼠标拖动和方向键的组合就能快速更改置入图像的栏数和列数，并等分其间距。这对编排需要应用大量图片的页面很有帮助。

◆ 主页功能：主页类似于模板，在一个 ID 文件中允许预先制定多个页面模板，让你在文本编排中能快速插入不同模板的页面，并且更改主页能实现关联页面的同步修改。

◆ 自动生成页码和目录：ID 能根据预先设定的条件为文本自动生成页码与目录，即计算机辅助园林设计使对文本页面进行了顺序调整，页码和目录也能自动适应。

◆ 打包功能：ID 能把与文本制作中使用到的所有图片和字体的源文件整理到一个文件夹中，便于将相关文件整体转移到不同的计算机中编辑。

◆ 自动备份功能：ID 会对编辑中的文件自动生成备份，即使遇到软件崩溃或者计算机断电等情况也能通过备份文件还原，避免出现前功尽弃的情况。

14.2.5　基本操作

ID 最基础的操作包括：创建文档、矩形工具应用、描边和填色、置入和调整图片等。以下以相应的实例进行详细的操作，其他园林设计中常用的基本操作详见第 15 章和第 16 章。

★实例 14-2：创建文档

①打开软件，点“新文件”，或者菜单【文件】—【新建】—【文档】都会打开新建文档设置界面，设置如图 14-7 所示，其余为默认值，打开边距与分栏设置，设置内边距为 0，其余为默认值。如图 14-8 所示。

②按住 Alt 键滚动鼠标，可以缩放图像窗口，按空格键可以切换为手形移动窗口，按 W 键可以在印刷预览和视图显示模式中切换。

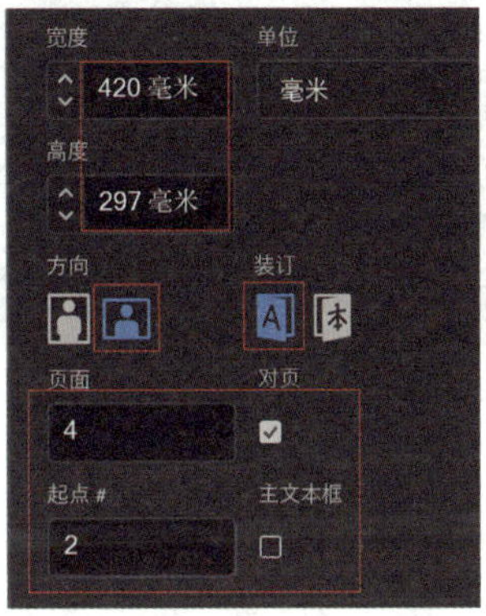

图 14-7　页面相关设置

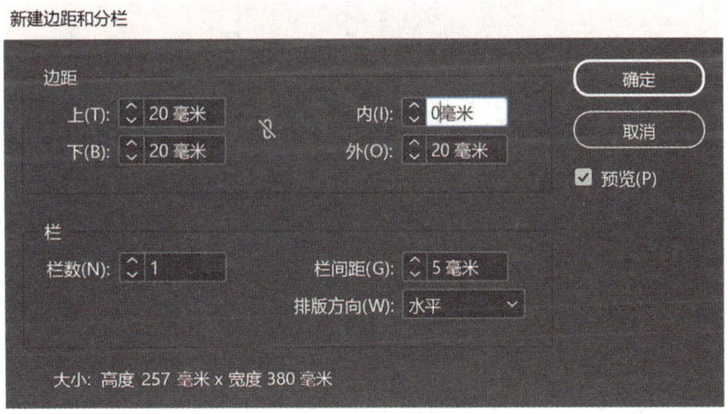

图 14-8　边距设置

★实例 14-3：矩形工具应用

①点击矩形工具，在图中拉矩形框时同时按方向键上键可以均分矩形框，拉出如图 14-9 所示的三等分矩形框。选椭圆工具，与 PS 操作相同，按 Alt 是

以点击处为中心开始绘制，按 Shift 是约束长宽比。按住 Alt+Shift 拉动，绘制出圆形，如图 14-9 所示。

图 14-9　页面相关设置

②点击多边形工具，在屏幕上点一下，出现如图 14-10 所示对话框，更改边数为“4”，其他用默认大小，确定后绘制出一个正方形如图 14-11 所示。

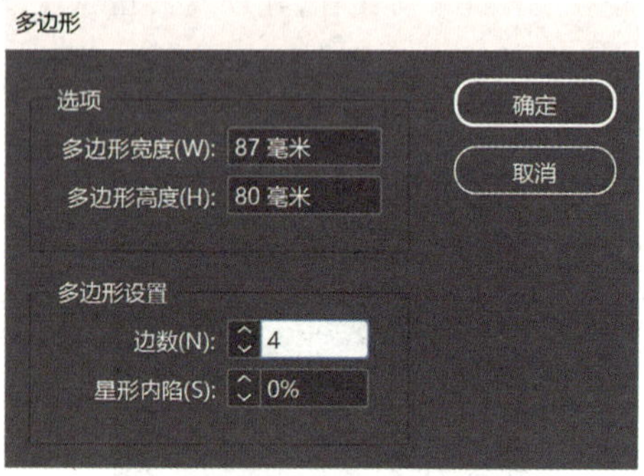

图 14-10　改边数为 4

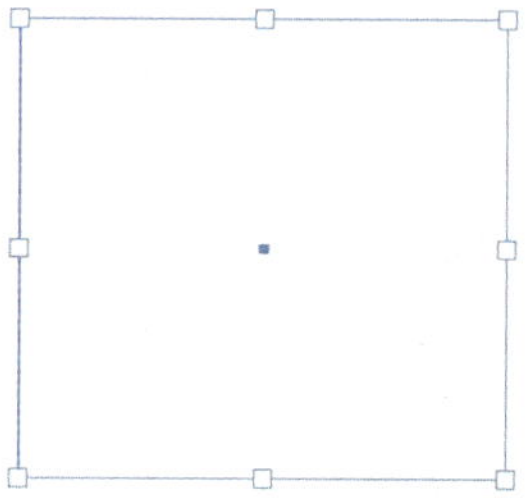

图 14-11　绘制正方形

③用选择工具选择正方形，选中时鼠标会显示，代表选到了对象。同时可以看到一个黄色的小点，如图 14-12 所示，移动鼠标到黄点处单击，可以编辑转角，此时出现 4 个黄色小点，如图 14-13 所示，拉动黄点如图 14-14 所示可完成转角编辑。

④用选择工具选中圆角矩形，鼠标放到边角上可以旋转矩形，将它旋转 45°，按住 Ctrl+Alt，鼠标变为复制形状，拉动可以复制圆角矩形，如图 14-15 所示。

⑤框选两个圆角矩形，按 Ctrl+G，将它成组，如图 14-16 所示。选中对象，按 Ctrl+Alt，鼠标变为复制形状，拉动再次复制矩形组，调整位置后再编组，效果如图 14-17 所示。

⑥Crtl+X 剪切编组的圆角矩形，点开右侧浮动面板中的【页面】面板，双击如图 14-18 所示位置，则可最大化显示第 4 页，Crtl+V 贴入圆角矩形组，用工具栏

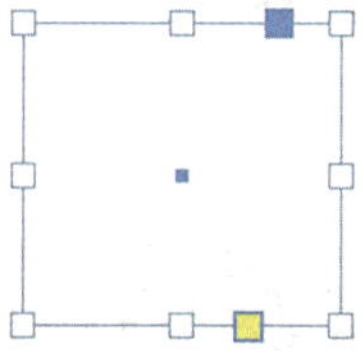

图 14-12　出现控制点

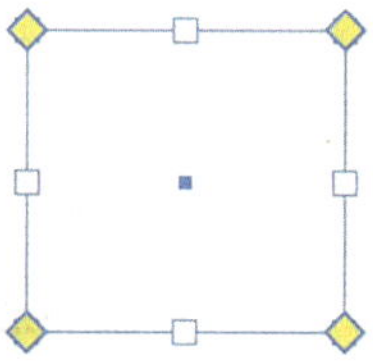

图 14-13　激活控制点

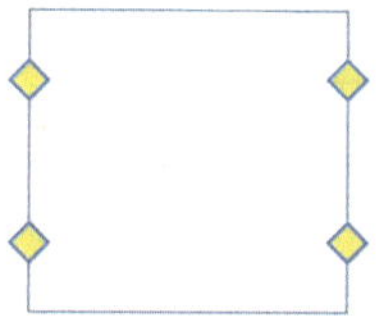

图 14-14　拉动控制点

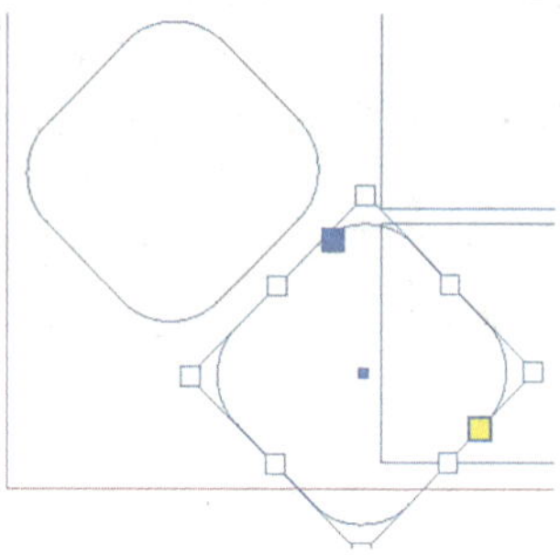

图 14-15　复制圆角矩形

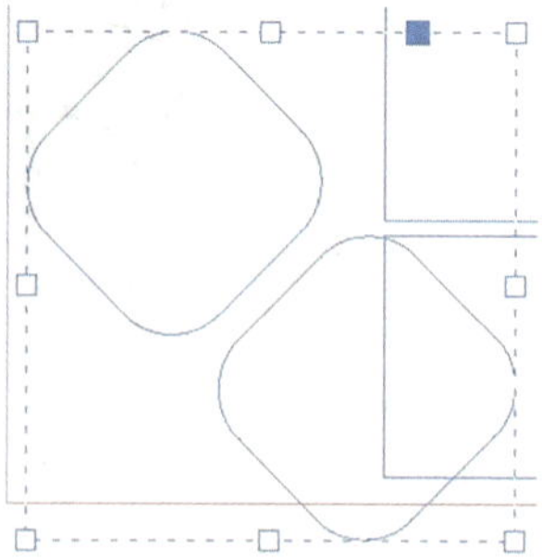

图 14-16　两圆角矩形编组

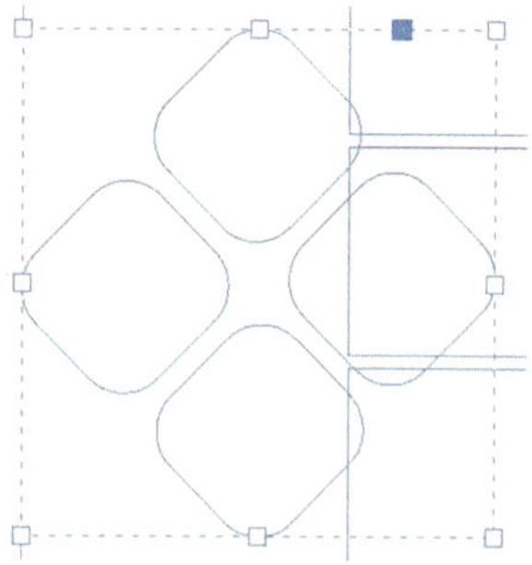

图 14-17　再次复制成组

中的直接选择工具选中圆角矩形，出现与 PS 中路径相似的编辑，选择一个如图 14-19 上方所示红色箭头处线段，可以删去该线段，删去后效果如图 14-19 下方所示。也可以移动各手柄点来编辑线段。

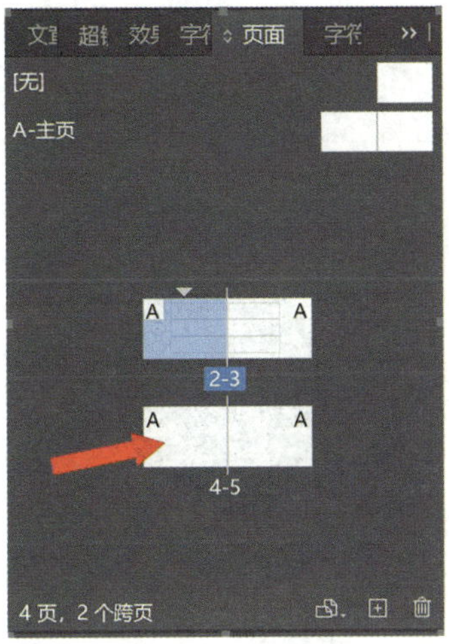

图 14-18　页面面板

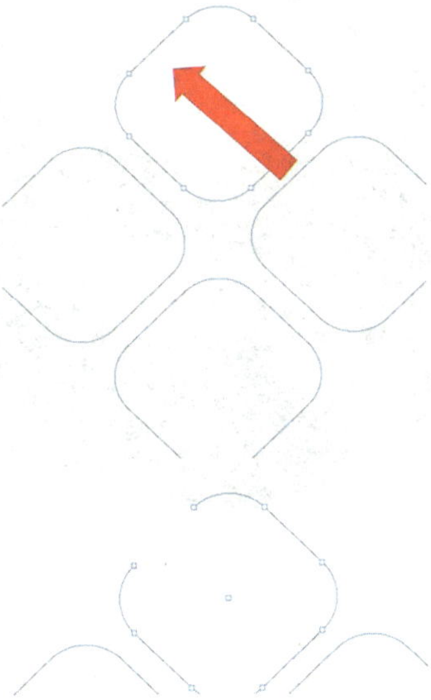

图 14-19　选择并删除线段

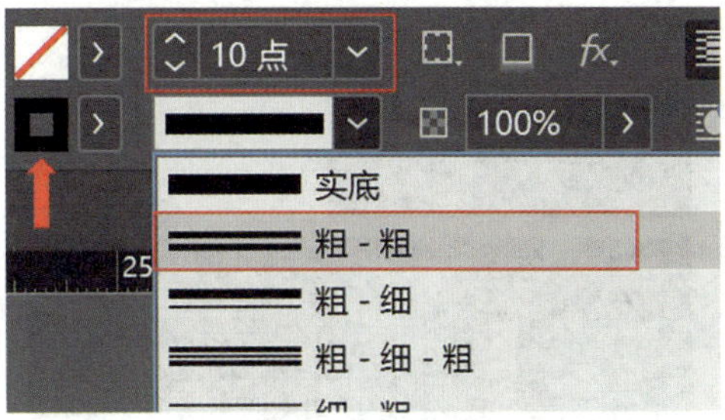

图 14-20　属性栏设置

图 14-21　描边色板设置

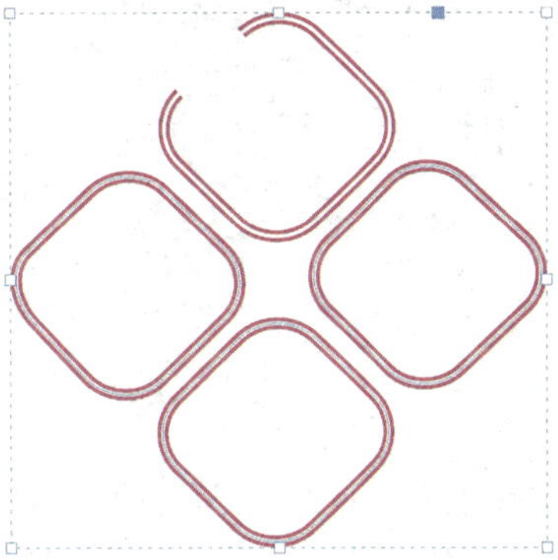

图 14-22　描边后的效果

★实例 14-4：描边和填色

①用选择工具选中整个圆角矩形组，在上方属性栏处设置如图 14-20 所示，共有填色、描边、线宽、线型 4 个选项，设置线宽为 10 点，线型为粗-粗线型。点箭头所示描边，在展开的色板中选择，选择 CMYK 模式中的品红，如图 14-21 所示。描边后效果如图 14-22 所示。

②选择属性栏上方的填色按钮，如图 14-23 上方所示，双击调出拾色器窗口，选中某颜色后，点右侧添加 CMYK 色板，并确定。此时，视图中圆角矩形内填充了该色，如图 14-24 所示。同时，如点开填色右边箭头，可以在下拉窗口上看到新保存到色板上的颜色，如图 14-25 所示。

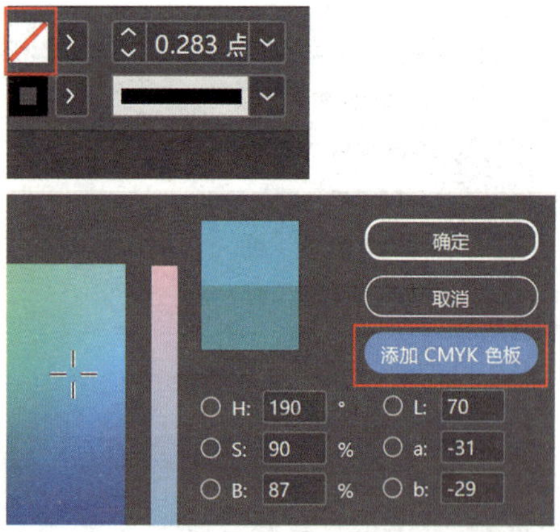

图 14-23　设置新颜色并添加

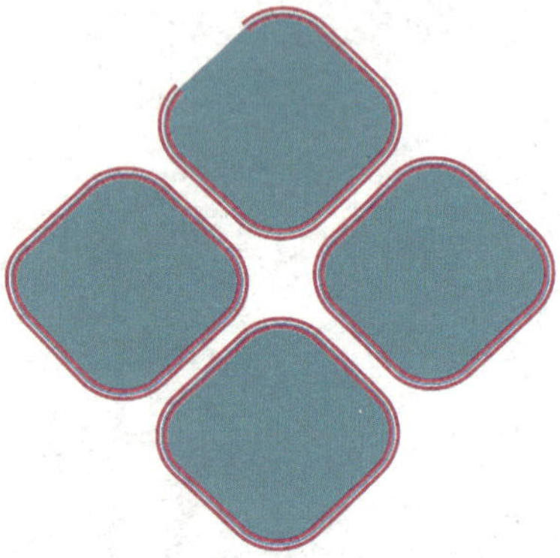

图 14-24　填色后效果

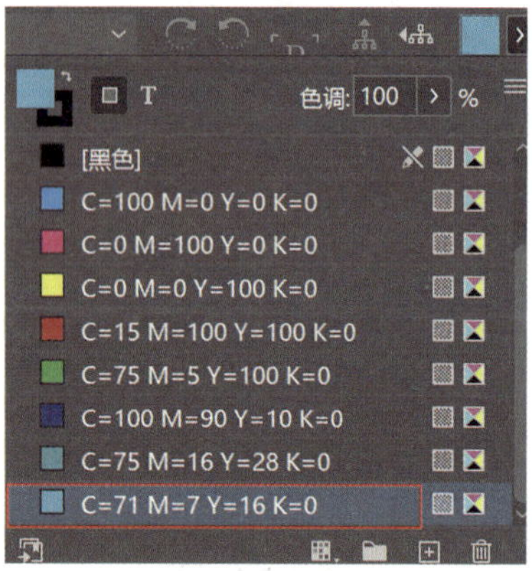

图 14-25　色板中新增 CMYK 颜色

★实例 14-5:置入和调整图片

①找到之前绘制好的圆形,如图 14-26,按住 Crtl+D 打开置入窗口,找到教材提供的 ID 素材文件第 14 章实例 14-5-1,点击打开,光标会自动附着上文件的缩略图,找到圆形,点击鼠标左键即可将文件置入所选位置,如图 14-27 所示。

②按 Ctrl+Shift+Alt+C,可以让图片快速适应框架,最大化显示了图片内容,如图 14-28 所示。

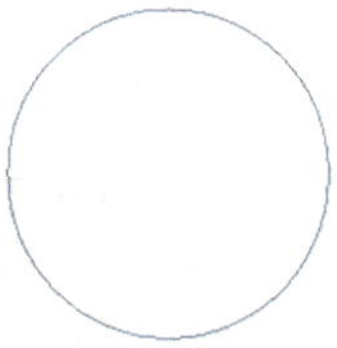

图 14-26　选择圆形

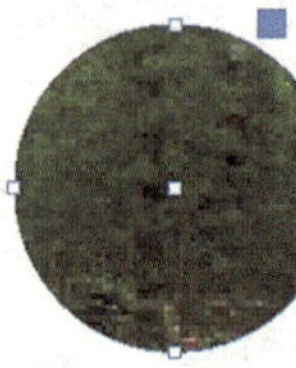

图 14-27　图片置入圆形

图 14-28　图片适应圆形框架

◆ 点击鼠标左键,拉动一个选框,图片将置入该选框。

◆ 在其余空白位置点击,可以实际大小置入页面中。

◆ 可以打开多个图片进行置入。

③Crtl+D 打开置入窗口,找到教材提供的 ID 素材文件第 14 章实例 14-5-2,点击打开。移动到之前绘制的三个相等的矩形处,选最上方矩形,点击置入图片,如图 14-29 所示。

④在图片处点击右键打开右键菜单选择【适合】—【按比例填充框架】,效果如图 14-30 所示。

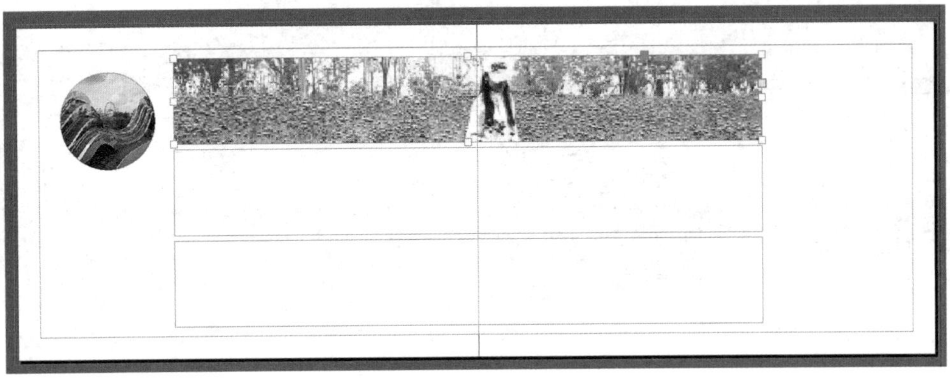

图 14-29　置入后效果

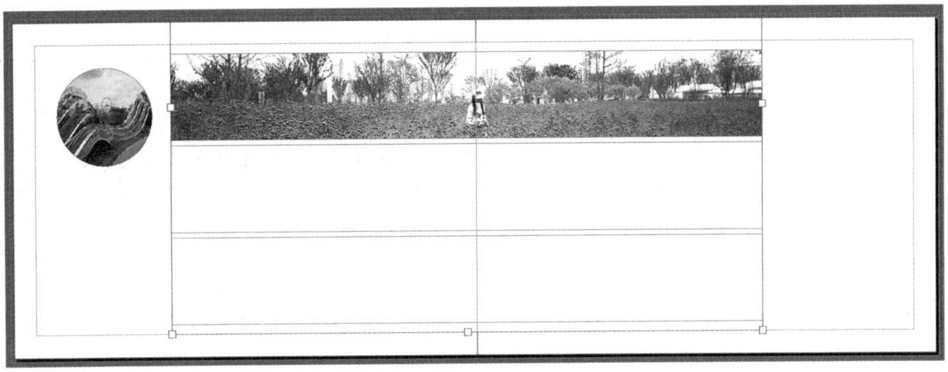

图 14-30　适合调整后效果

❖本章数字资源

14. 2. 5 基本操作视频

第15章 分析图绘制

15.1 分析图绘制基本方法

用ID制作分析图，其方法和PS类似。分析图中的各种构成元素如原场地平面图、园林设计和效果图等都是“原材料”，它们通过整理以图片的形式存在。ID负责将这些“原材料”有机组合起来，并利用自身具有的图像绘制功能，明确表达出各种元素所包含的相关内容。

与PS相比，ID体现出更强的兼容性。它不仅能够导入并处理位图，同样也能够导入矢量图，这种结合双图像形式的特点大大延展了ID的应用范围。而便捷的文字排版能力，让使用者可以轻松地展示更多文字信息。

ID分析图的制作通常可以与园林设计的后期排版结合起来完成。一个项目在实际的绘制过程中，往往会出现需要改善作品中原有不足的情况。而ID能够为整个作品建立起清晰简明的文档及素材目录，当使用者需要修改时可以直接在这个框架下进行，以提高作品整体性和效率。

15.2 常用分析图绘制

15.2.1 前期分析图绘制

★实例15-1：创建并存储分析图文档

①启动ID，点击新文件，选择打印模板下A3，预设参数如图15-1所示。其余参数采用默认值。

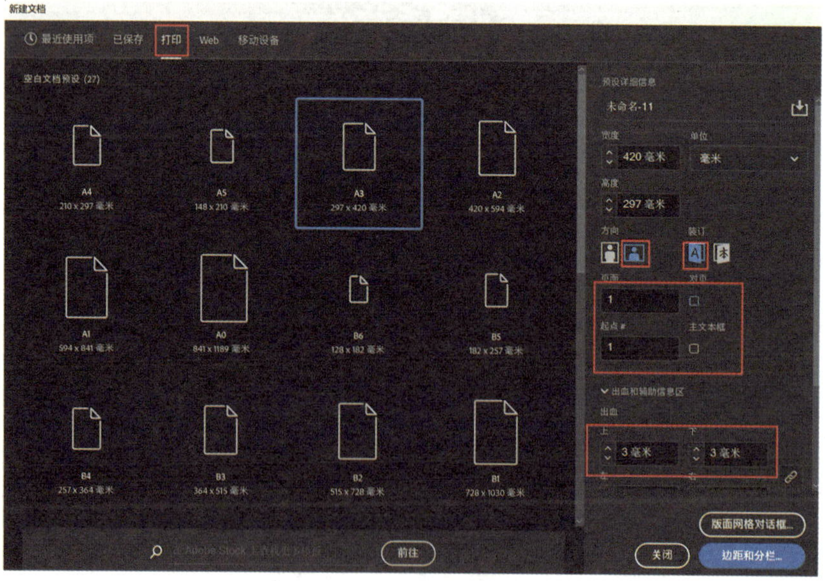

图15-1 新文件预设参数

②点击右下角【边距和分栏】按钮，并按照默认设置的各项参数如图 15-2 所示。点击【确定】，进入分析图创建的工作界面，如图 15-3 所示。

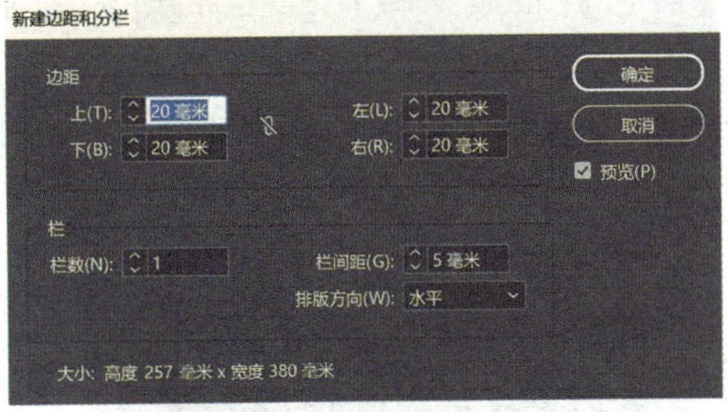

图 15-2 边距和分栏设置

页面从外向里有三条框线，第一条是红线，是出血位置线(用于标明装订时裁切掉的多余边部位置，以保证成品裁切时有色彩的位置能做到色彩完全覆盖到要表达的位置边界)；第二条是黑线，这是 A3 纸面的真正边线；第三条是蓝线，这是版心的范围线。这三条线在打印或输出时不会被输出。如果图册需要左边装订，则图 15-2 中左边边距可以设大一些。

③存储分析图文档。先把文件保存好，再做其他的工作。保存为 2024 文档时，文件后缀是 indd，保存为 2024 模板时，文件后缀是 indt(图 15-4)。

图 15-3 分析图工作界面

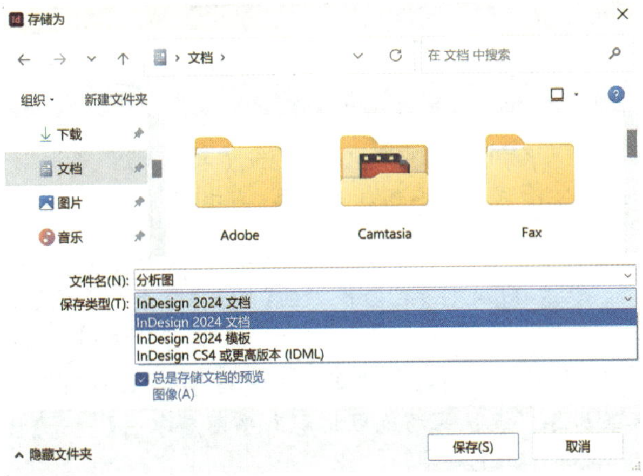

图 15-4 存储文档为 indd 类型

★实例 15-2：分析图内容设计

①用 Crtl+R，调出标尺，方法与 PS 操作类似，拖出参考线移到需要的位置。输入快捷键 M 调出矩形工具，点左键拉矩形外轮廓的同时，键盘输入方向键【右键】可以在水平方向均分矩形框架，输入方向键【上键】可以在竖直方向均分矩形框架。绘制如图 15-5 所示的矩形框架。

②框选全部矩形框架，将鼠标移到菜单栏，点击【对象/角选项】弹出“角选项”对话框，如图 15-6 所示设置参数，并点击确定。

③保持 9 个圆角矩形框架的选中状态，如图 15-7 所示鼠标移到界面右边的浮动面板上。单击【描边】弹出如图 15-8 所示对话框，将描边粗细设置为【0 点】，

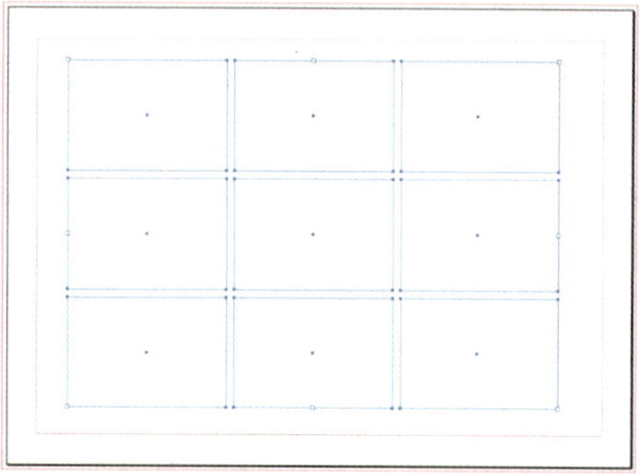

图 15-5　矩形框架

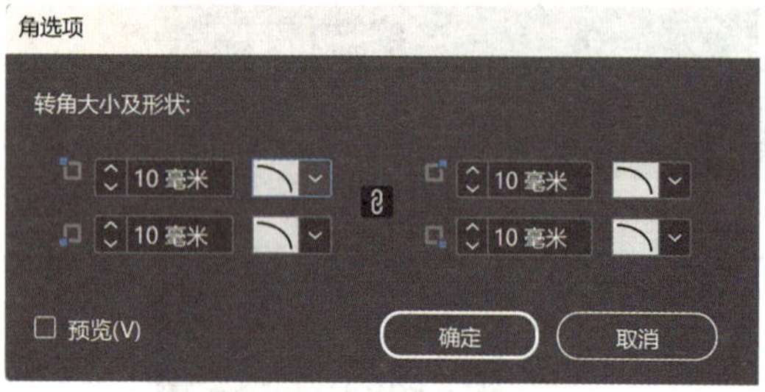

图 15-6　角选项设置参数

图 15-7　圆角矩形框架

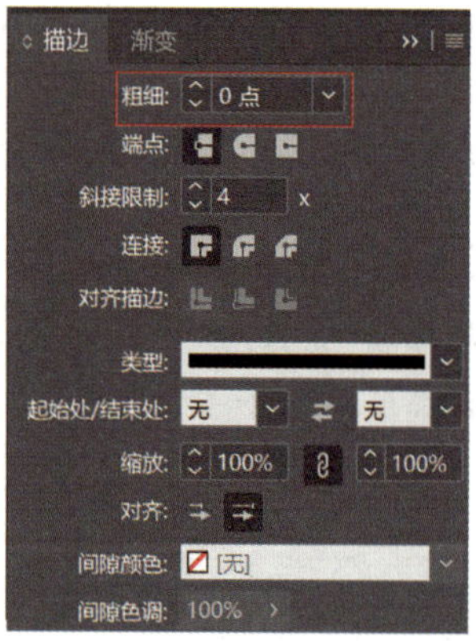

图 15-8　"描边"对话框

其他参数保持不变。

④用选择工具单独选择中间的圆角矩形，在描边对话框中设置粗细为【2 点】。然后菜单【窗口】—【颜色】—【颜色】，在颜色面板右上角 ▤ 处点击进入 CMYK 模式，将颜色设置为红色，如图 15-9 所示，即可看到中间的圆角矩形框已经描边了红色，如图 15-10 所示。

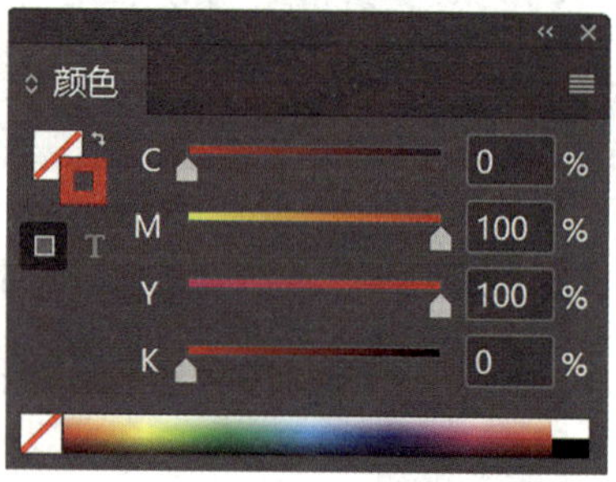

图 15-9　设置为 CMYK 的红色

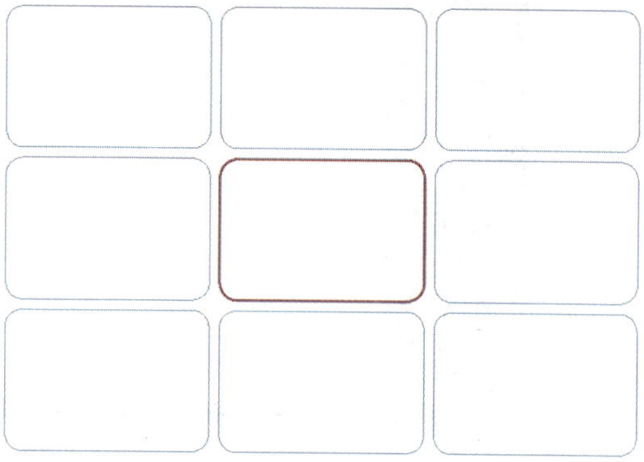

图 15-10　用红色粗描边框后

提示：在 ID 中绘制的图形，默认有描边和填充区域，两个部分可以填充不同的颜色。描边作用于对象的边框（即框架），填色作用于对象的背景。描边可以设置不同的粗细和线型，当把粗细设为 0 时，效果与不设边框相同。

⑤选择【文件】菜单栏下的【置入】命令，或用快捷键 Ctrl+D，打开置入命令窗口。在素材文件中找 ID 第 15 章到存放前期现状图的文件夹，按住 Ctrl 键选择 8 张具备代表性的场地现状和彩平图后单击【打开】按钮，如图 15-11 所示。

⑥分别点击倒圆角矩形的中部，将刚才选择的图片分别置入矩形框架中，并根据实际效果对各个框架大小进行调整，效果如图 15-12 所示。

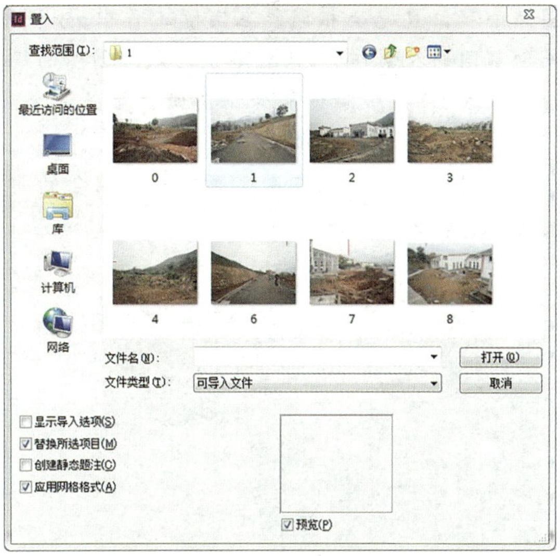

图 15-11 置入图片

图 15-12 对各个框架大小进行调整

⑦矩形框中的图如果没完整显示，用选择工具双击或用直接选择工具单击图片，可对置入的效果图进行拖动缩放或移动，也可在选择图片后按 Ctrl+Shift+Alt+C 键让图形快速适应框架。框架此时兼有蒙版的功能，使置入的图像只显示需要的部分，其他部分不显示，但原始图像并没有受影响。双击选中平面图，单击鼠标右键，选择【效果】—【透明度】，设置不透明度为 50%。调整后的效果如图 15-13 所示。

提示：为了使彩平图在排列层次上处于所有图片最下面，可单击选中该图片的圆角矩形框架，然后用鼠标右键弹出复选框，选择“排列/置为底层”，如图 15-14 所示。此外还可以对框架的形状、效果、锁定、隐藏等属性进行设置。

图 15-13 调整后效果

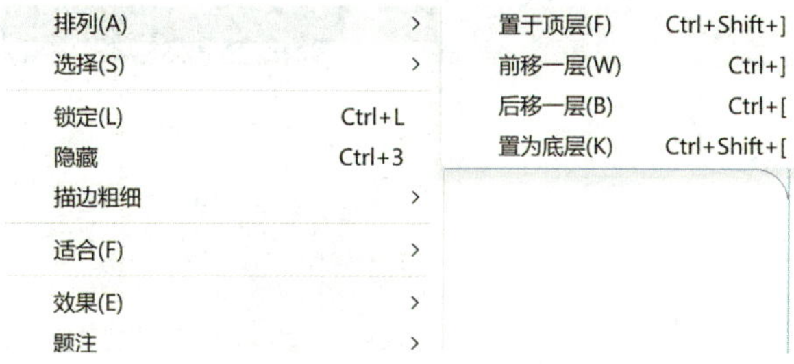

图 15-14 右键复选框

⑧点击钢笔工具，用菜单【窗口】—【描边】和菜单【窗口】—【颜色】—【颜色】打开“描边”和“颜色”浮动面板，设置其参数如图 15-15、图 15-16 所示。

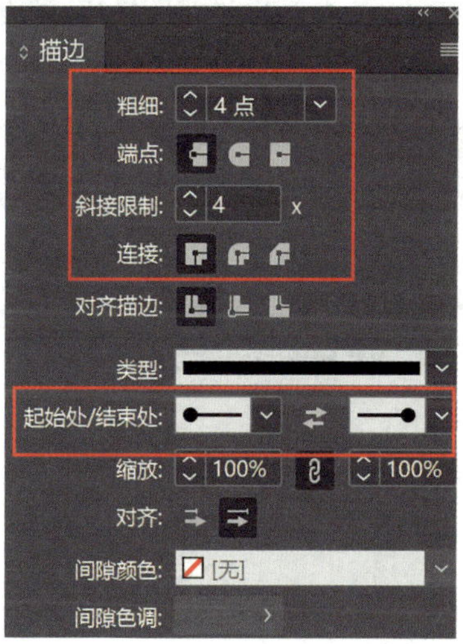

图 15-15 设置钢笔描边样式

⑨然后用钢笔工具将每个场地现状图与所在原场地平面图的位置联系起来，绘制时按住 Shift 键保持直线的正交模式，如图 15-17 所示。到这里，一张简约风格的前期分析图就完成了。双击抓手工具显示整个页面，再按 W 键切换到预览模式，全页效果如图 15-18 所示。

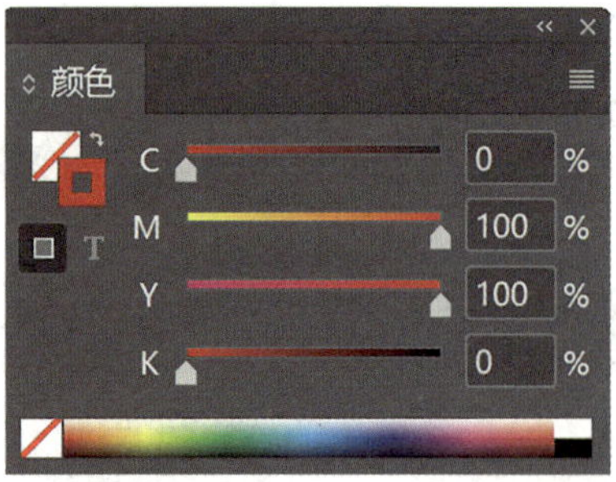

图 15-16　设置钢笔颜色

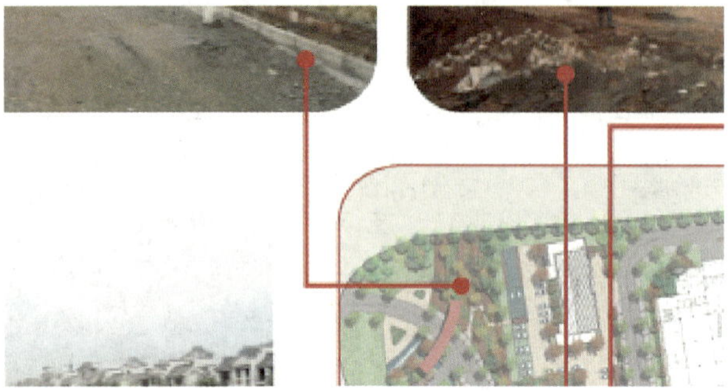

图 15-17　正交模式

图 15-18　全页效果

15.2.2　景观分析图绘制

下面通过功能分区图的制作来介绍景观分析图绘制过程中的要点。

★实例 15-3：功能分区图绘制

①按 Ctrl +D 置入总平面图。调整好图片位置后，再次用同样的方法置入一张已经通过 Photoshop 降低了饱和度与提升了明度的总平面图，如图 15-19 所示。因为该总平面图只是在 Photoshop 中调整颜色，其位置与像素大小没有变化，所以置入时能保证与原图大小和位置完全相同。在实际工作中，分析图常常是由不同的人制作的，只要事先约定好制图的规格，在后期置入 ID 排版时也能保证图纸位置是完全相同的，这样就能制作出整齐的版面。

②使用钢笔工具，在图上画出一个闭合的曲线，如图 15-20 所示。

图 15-19　置入总平面图

图 15-20　画闭合曲线

③将当前绘制图形的描边属性设置为如图 15-21 所示，菜单【窗口】—【颜色】—【色板】调出色板，设置如图 15-22 所示。

④用选择工具再选中图形，点击鼠标右键，在弹出菜单中选择【效果-透明度】命令，做如图 15-23 所示的设置，就做出了一个半透明的效果，如图 15-24 所示。

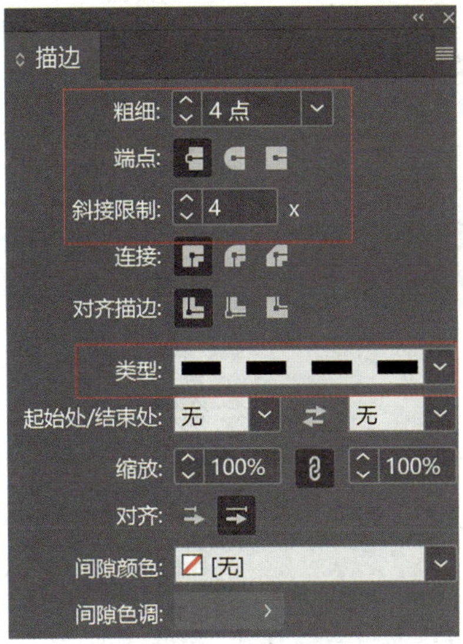

图 15-21　描边设置

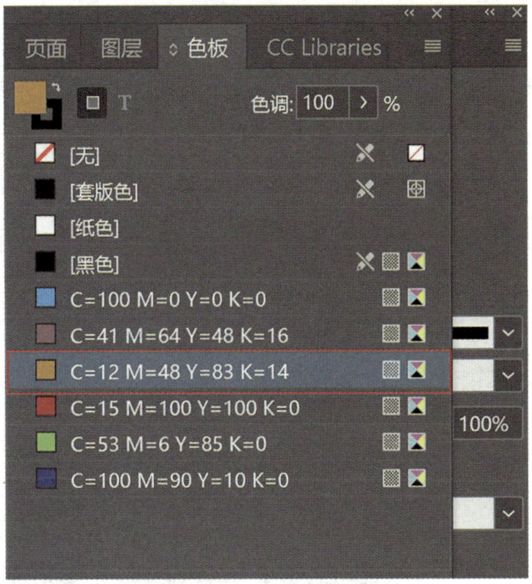

图 15-22　色板设置

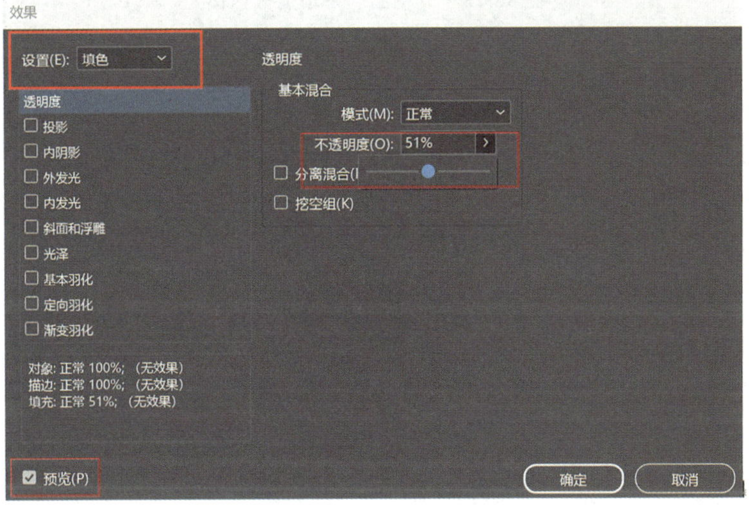

图 15-23　透明效果设置

图 15-24　呈现效果

提示：在 ID 中还可以通过图片效果选项，对置入图片进行简单的属性编辑，如“投影”“内阴影”“外发光”等。

⑤相同的方法制作出其他功能分区的部分。

⑥制作左下方的图例：使用矩形工具，在左下方绘制 5 个小矩形。分别选择一个矩形，用点击总图上的色块进行属性的复制。完成后录入各功能区名称，将设计说明录入或者直接从 Word 文档中复制入，调整后，得到最终效果如图 15-25 所示。

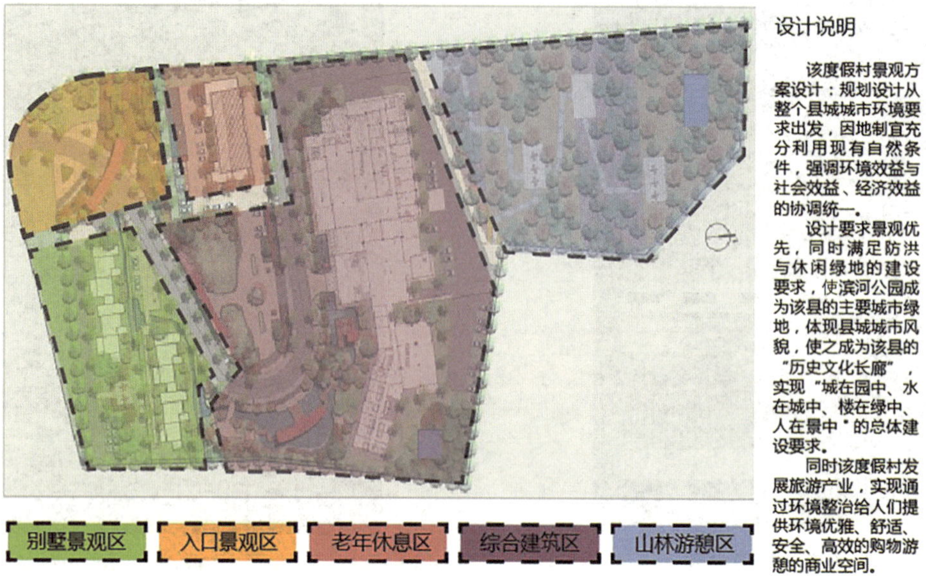

图 15-25　分析图——功能分区图

❖本章数字资源

15.2.1 前期分期图操作视频

第16章 排版及图像输出

16.1 图册排版

16.1.1 排版准备

基于用ID制作分析图的操作，进一步深入理解ID的软件特性，并利用它进行排版。因为ID采用链接的形式引用素材，在这种情况下排版文档和素材图像文件之间就必须有稳定的目录关系。否则文件一旦发生移动或改名，排版文档就会出现链接文件无法编辑的情况。所以在工作中要养成有序整理各种文件的良好习惯。在进入排版工作之前，应先做好下列准备工作：

(1)准备好所有的排版素材文件　如已经制作好的各种总平面图、表现图、剖面图、立面图、设计意向参考图，以及各种文字文本材料、装饰版面的图形图像元素等。

(2)建立清晰明确的文档及素材目录　实际工作中，排版人应该养成在计算机上建立清晰的工作目录的良好习惯。一般情况下建议建立如下工作目录：

①某某方案设计成果编排；

②总平面图；

③效果图；

④意向参考图；

⑤排版设计元素；

⑥文字和文本。

准备工作完成后，就可以进入实际排版的操作。

16.1.2 设计封面与封底

★实例16-1：封面与封底设计

①启动ID，新建文档，以10页为例，设置各项参数如图16-1和图16-2所示。

②将光标置于【页面】面板的[无]上单击鼠标右键，在弹出的菜单中选择【新建主页】的选项，在弹出的【新建主页】窗口中输入主页的名称，如图16-3所示。单击【确定】，添加新主页。以同样的方法添加【C-扉页】的主页选项，确定后若需要更改C-扉页主页名称，只需在该处击右键鼠标，在下拉菜单中选择如图16-4所示选项，进行对应的修改即可。主页设置最终修改如图16-5所示。

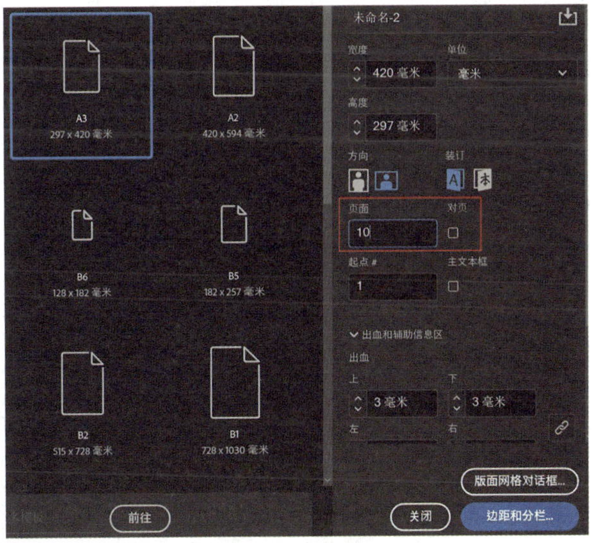

图16-1　新建文档参数设置

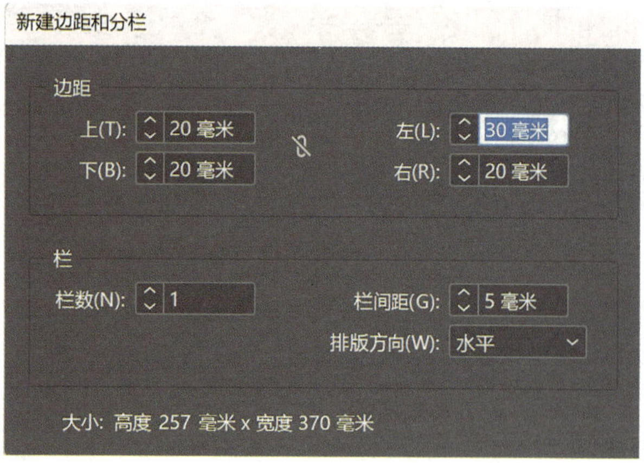

图 16-2　边距设置

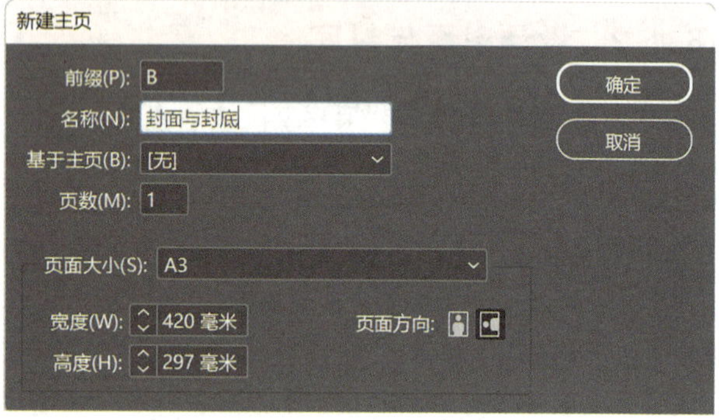

图 16-3　输入主页的名称

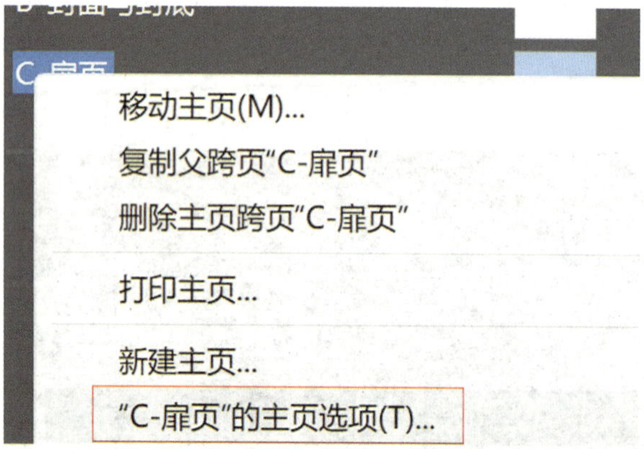

图 16-4　修改主页名称

封面和封底需要书脊连接，预设其书脊宽度为 10 mm。这样该页宽度规格为 2 倍 A3 纸宽加上书脊宽，即 850 mm。操作如下：

③双击【B-封面与封底】，这时工作界面中的页面变成了【B-封面与封底】。即在排版窗口中所做的一切工作都将影响【B-封面与封底】页面。单击工具栏的页面工具，用快捷键 Shift+P 将上方控制栏处的 W 参数由 420 mm 改为图 16-6 所示 850 mm。

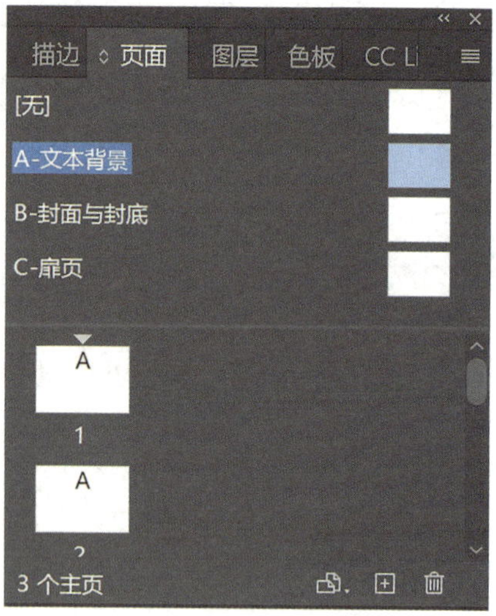

图 16-5　确定后主页面板

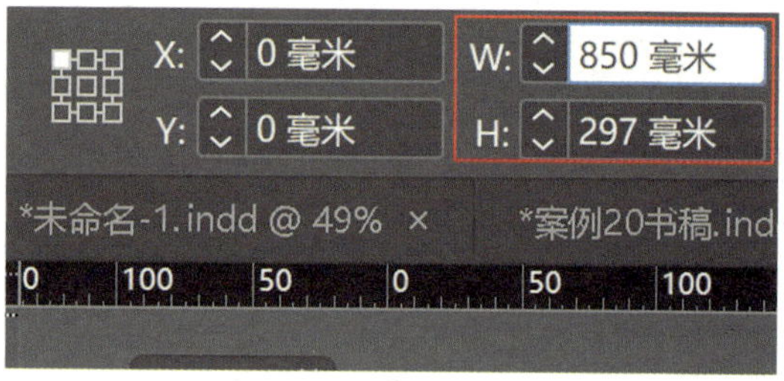

图 16-6　调整控制栏

④双击【B-封面与封底】页面选项，让该页面图纸完整显示在工作区，如图 16-7 所示。

图 16-7　页面图纸完整显示在工作区

⑤按 Alt 键加鼠标中键缩放，并使用矩形工具画出一个长矩形封面的大致布局形式，然后选择颜色面板，并输入如图 16-8 所示的颜色，矩形效果如图 16-9 所示。再绘制一个矩形，设置如图 16-10 所示的颜色，得到如图 16-11 所示效果。然后框选两个长条矩形，

单击鼠标右键中的【编组】，将其成组。以方便以后的操作。

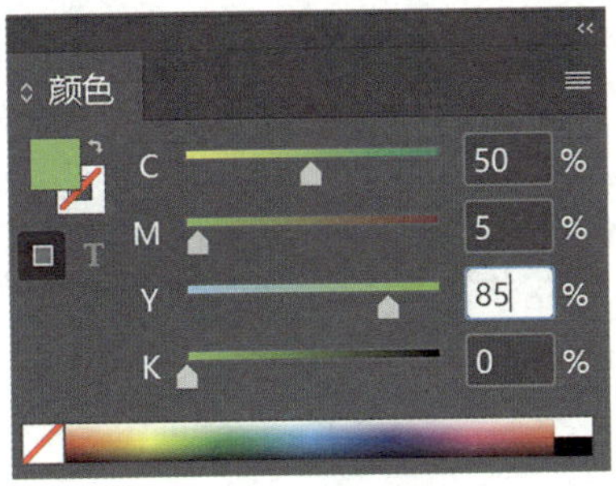

图 16-8　颜色设置

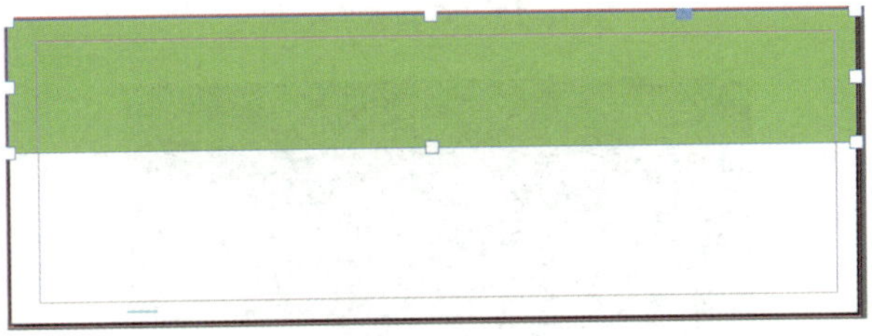

图 16-9　呈现效果

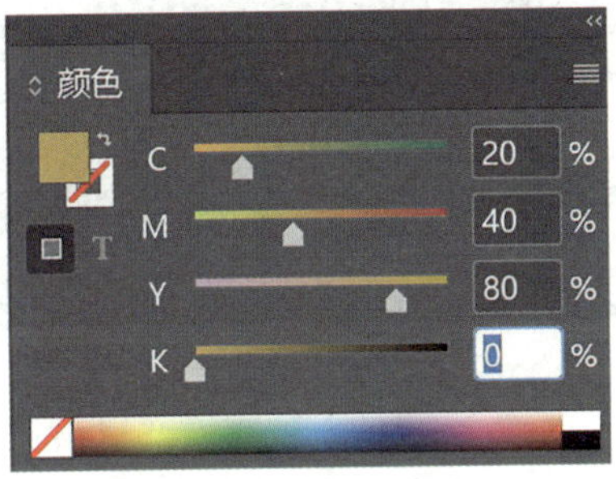

图 16-10　颜色设置

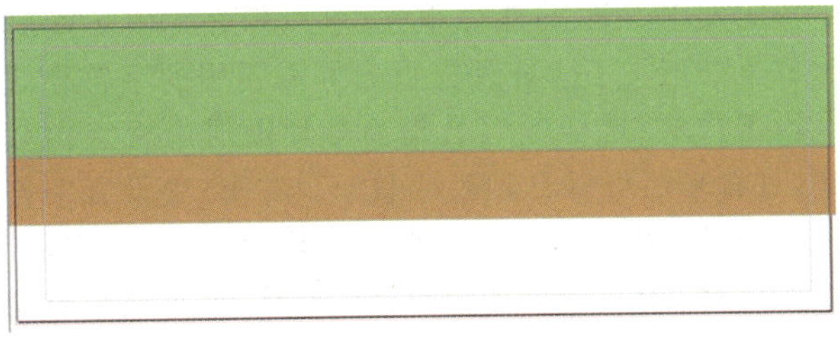

图 16-11　封面与封底的大致布局

⑥借助参考线，操作方法与 PS 类似，制作一个 10 mm 宽、310 mm 高的长条矩形，填充相同的黄色，这里可以用吸管在之前的黄矩形上吸取，复制其颜色。于页面正中作为书脊。效果如图 16-12 所示。

⑦在黄色横条上，使用矩形工具同时配合键盘的【方向右键】绘制出 5 个等大等距的矩形框，作为封面的图片展示框。然后分别将该方案图册的典型效果图置于其中。置入时选中图片，键入快捷 Ctrl＋Shift＋Alt＋C 键来让图形快速适应框架。调整后效果如图 16-13 所示。

图 16-12　书脊效果

图 16-13　调整后效果

⑧使用工具栏中的文字工具，在绿色矩形中拉出一个文字框，输入“国际城景观方案设计”，并在控制面板中将文字设置为微软雅黑，字体大小设为 48 点，按 Ctrl＋Shift＋F 将文本强制双齐，完成封面标题文字录入。显示整个页面，再键入 W 键切换到预览模式，全页效果如图 16-14 所示。

图 16-14　全页效果

16.1.3　设计扉页和文本背景的主页

★实例 16-2：扉页及主页设计

①点击封面上已编群组的长条图形。用 Ctrl＋C 命令，复制后双击页面选项板的【C-扉页】，使该主页进入编辑状态，再使用 Ctrl＋V 命令将图形粘贴到主页

上,调整位置如图 16-15 所示。这个图形将作为扉页的背景,因为每一张扉页的标题都不一样,所以标题不能在主页上制作。在进入正式排版过程后,对于不同扉页的制作可以基于【C-扉页】上作具体的完善。

②双击【A-文本背景】,进行文本背景的编辑。使用同样的方法,将扉页的图形复制,贴入 A 主页内。对图形进行移动和缩放得到如图 16-16 所示效果。

图 16-15 图形粘贴到主页后效果

图 16-16 图形进行移动和缩放后效果

③使用文字工具在左下角键入"国际城景观方案设计"字样,将文字设置为微软雅黑,字体大小设为 24 点,按住 Ctrl+Shift+F 将文本强制双齐。效果如图 16-17 所示。至此完成了用于排版的 3 份主页设计,页面面板如图 16-18 所示。

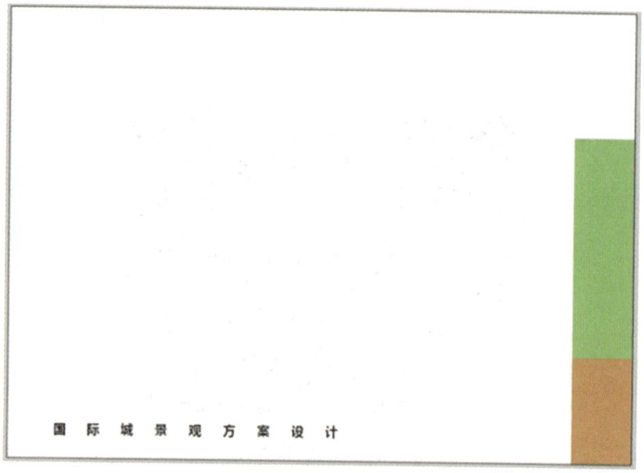

图 16-17 强制双齐效果

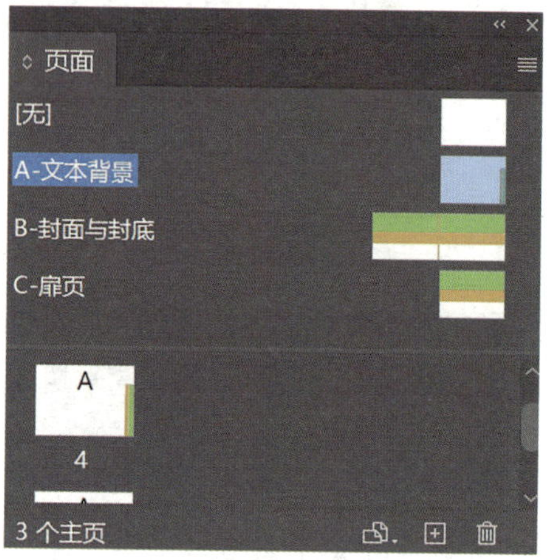

图 16-18 完成后的页面面板

16.1.4 设计文本与段落样式

ID 处理文本的能力很强,可以像在 Office Word 软件里处理文字一样预先设定好需要用的字符样式及段落样式,这样不仅会提高处理图册中文字的效率,且将来还可以自动生成目录。在 ID 中设置字符样式和段落样式的方法跟在 Word 中的方法很像,所以如果对 Office 软件的操作比较熟练,这里也很容易掌握。

操作前需要首先将工作区设为【排版规划】(默认是【基本功能】)。方法是点菜单【窗口】—【工作区】—【排版规划】。这样,工作区右侧的面板组就会出现【段落样式】【字符样式】等面板。一般情况下,在设计图册的排版中,段落样式的应用要远多于字符样式的应用,因为设计图册主要任务是要简明地表达方案,不需要过于花哨的排版。字符格式的调整主要是把单个或多个文字进行加粗、下划线、字形拉长、压扁等处理，在文本编排过程中使用较少，可以不用预先设定。本节将重点放在段落样式的预设。

★实例 16-3：设计文本标题段落样式

①展开【段落样式】面板，单击面板下方的【创建新样式】按钮，创建一个新的段落样式，软件默认的名称为【段落样式 1】，如图 16-19 所示。

②双击【段落样式 1】，打开【段落样式选项】窗口，在【常规】选项卡中修改样式名称为【标题 1】其他不变，如图 16-20 所示。

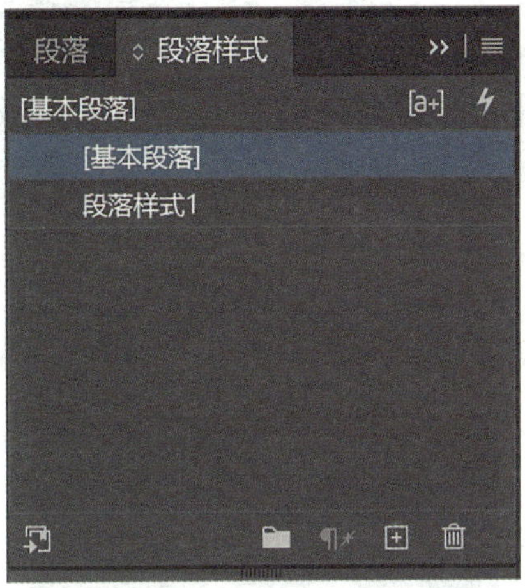

图 16-19　创建一个新的段落样式

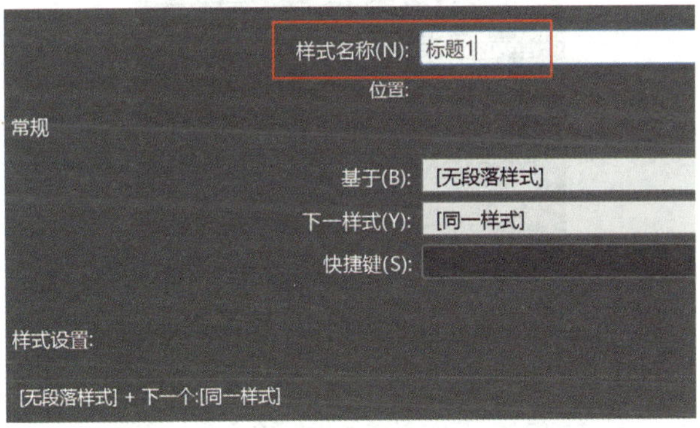

图 16-20　段落样式选项窗口基本字符格式参数设置

③在左侧的列表中点选【基本字符格式】，将【字体系列】设为黑体，大小设为 48，其他选项采用默认值，如图 16-21 所示。【高级字符格式】采用默认值，【缩进和间距】设置如图 16-22 所示。创建一个新的段落样式。

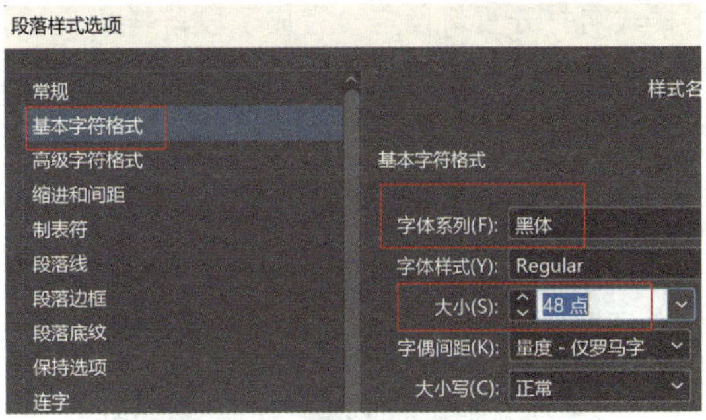

图 16-21　基本字符格式设置

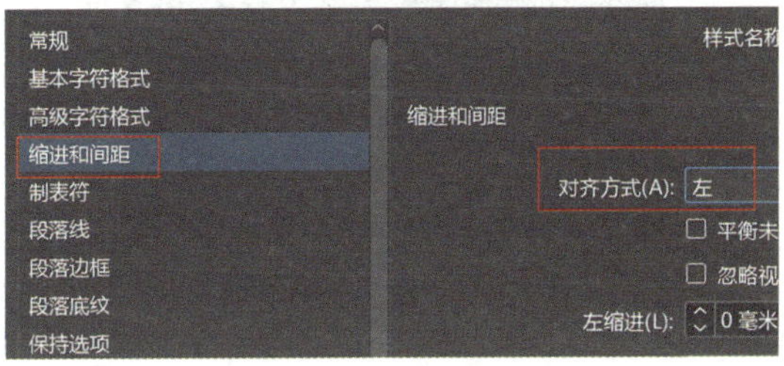

图 16-22　缩进和间距设置

④设置完成后单击确定，可以看到新样式【标题 1】，该样式将来用于文本的一级标题，即扉页上的标题。

⑤用相同的方法新建【标题 2】和【标题 3】两个样式，这两个段落样式可以基于【标题 1】设定，则只须修改字符的大小即可，本例中【标题 2】选择字符大小是 24，行距是 14。【标题 3】字符大小是 14，行距仍是 14。

⑥相同的方法新建【正文】段落样式，将字体设为黑体，大小设为 12，行距设为 14，对齐方式设为【双齐末行齐左】，首行缩进 10 mm，如图 16-23 所示。再新建【标注文字】段落样式，将字体设为黑体，大小为 12，行距 14，对齐方式设为【双齐末行居中】，首行缩进为 0。

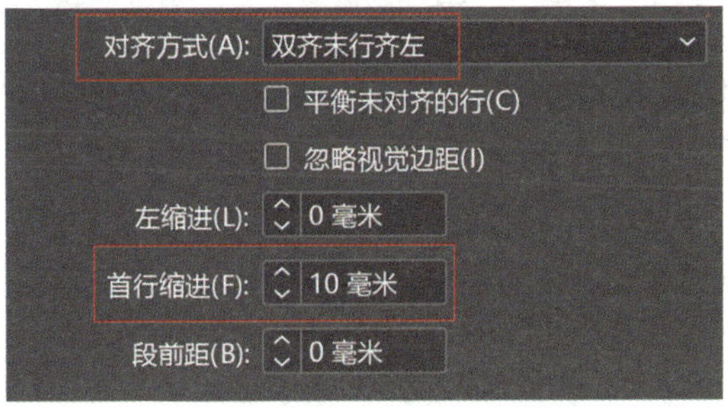

图 16-23　段落样式设置

请注意，如果觉得段落样式不太合适，可以随时双击样式名打开重新设定。完成了段落样式设置，如图 16-24 所示，其中【基本段落】为软件原先默认的样式。

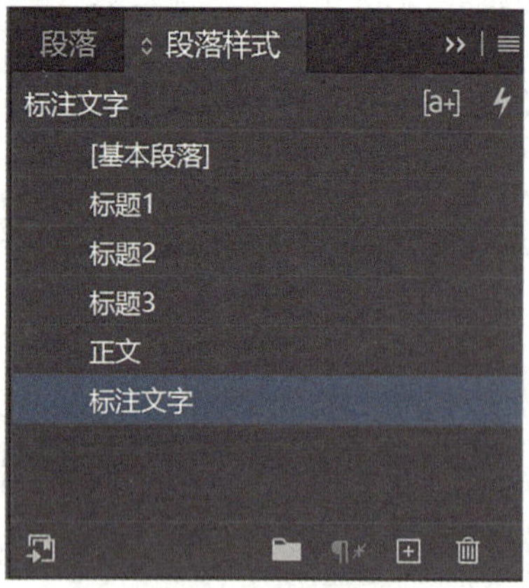

图 16-24　段落样式设置

16.1.5　图册编排

现在对设计图册每一个页面进行依次编排。

★实例 16-4：文本图册页面编排

①展开页面管理面板，可以看见在主页区域下方的页面区域内默认已经有 10 个页面，表示页面的缩略图上会显示应用的主页的代码（A、B、C），可以尝试按住任意主页的名称拖放到该页面上，就可以把该主页应用到这个页面。现在第 1 页希望应用的主页是 B，鼠标选中主页 B 拖到第一页，将 B 主页应用到第 1 页，在如图 16-25 所示对话框选“使用主页大小”，则得到如图 16-26 所示的效果。

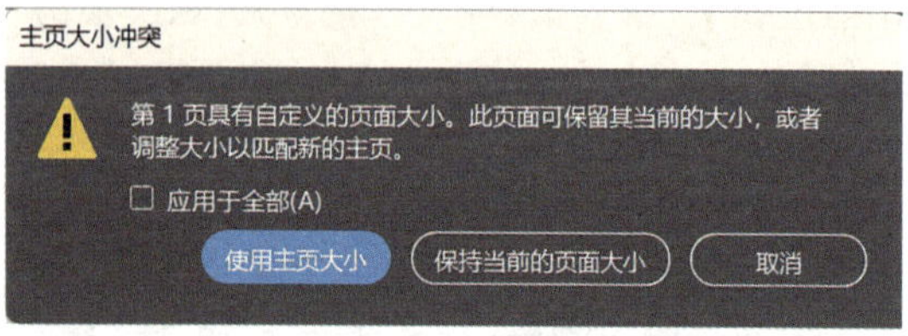

图 16-25　页面大小不同时的提示

②按照设想，用扉页来区分方案文本不同章节，其标题应该用预先设好的段落样式标题 1，以方便之后的目录编排。因为第 2 页要用来做目录，所以将页面面板的【C-扉页】拖动至第 3 页。然后双击第 3 页，使用文字工具键入“设计分析篇”，并应用段落样式“标题 1”。具体方法为，在段落样式面板中先把要使用的样式设置为当前样式，如图 16-27 所示，这时候用文字工具

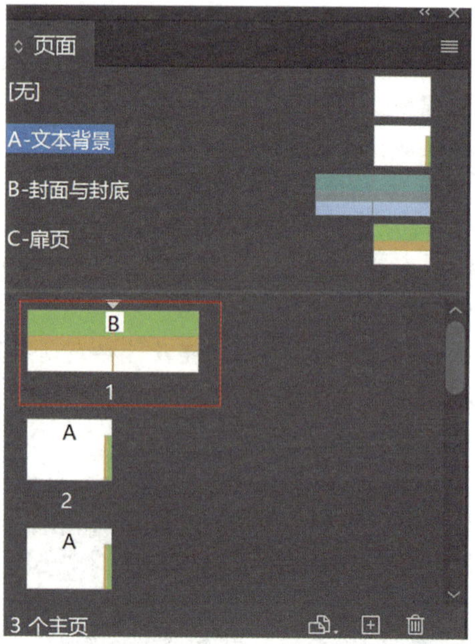

图 16-26　将 B 主页应用到第 1 页

输入的文字就会默认使用这种段落样式。完成效果如图16-28 所示。

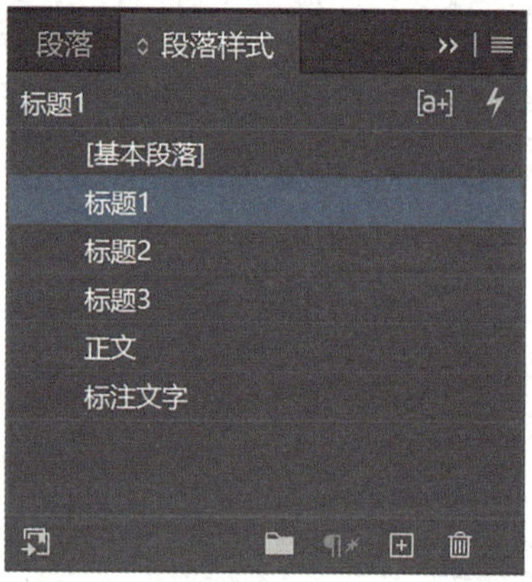

图 16-27　设置当前段落样式为标题 1

图 16-28　完成扉页页面

提示： 以上操作中，如需要增加不同章节的扉页，只需拖动“C-扉页”主页至相关页面即可。扉页的标题可复制第 3 页的标题文字，在对应的新页面使用右键菜单中的“原位粘贴”命令完成复制，最后再修改标题文字。“原位粘贴”命令在排版的过程中会经常使用，它能将一个页面上的对象复制到另一个页面的相同位置，可以用来复制页面标题文字或者相同的图形布局。

③除了第 1 页和第 3 页有更改过，其他的页面样式仍然是默认为【A-文本背景】，只需要在上面加入不同的页面标题即可。双击页面面板的第 2 页图标，使用文字工具键入“目录”字样，应用段落样式【标题 2】，移动位置到如图16-29 所示即加入了页面标题，其他页面标题方法相同。

④文字说明的编排。双击第 4 页的图标，在右下角，使用【标题 2】段落样式，录入“设计说明”。然后在新页面中用文字工具拖出一个文本框，在拖动过程中按两下键盘方向右键把文本框等分为三栏。默认的分类间距为 5 mm，可在拖动的过程中按住 Ctrl 键再按左右方向键可以调整分类间距，分好的文本框如图 16-30 所示。预设段落样式为【正文】，然后输入文字，完成设计说明，如图 16-31 所示。

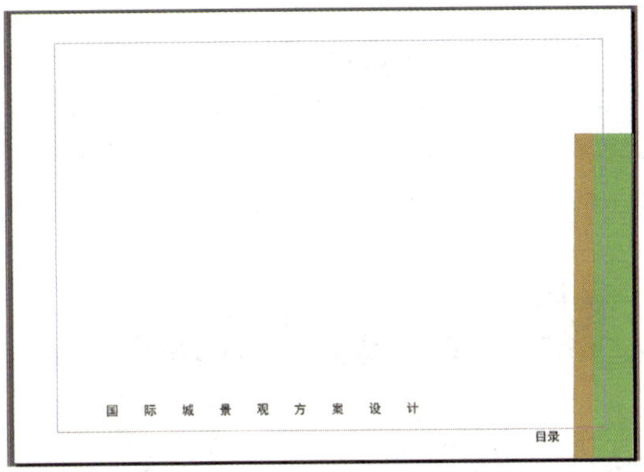

图 16-29 添加“目录”页面标题

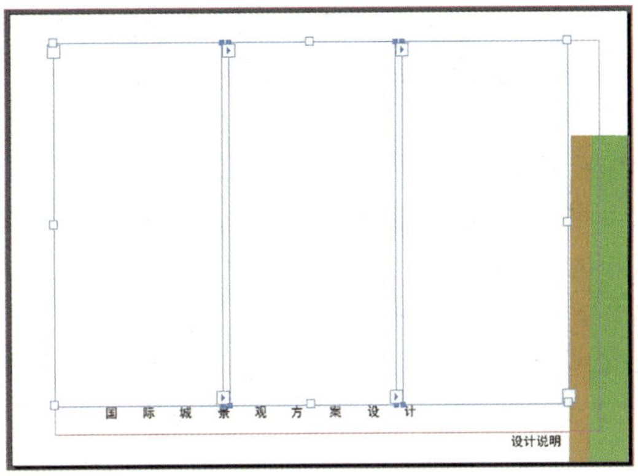

图 16-30 分好的文本框

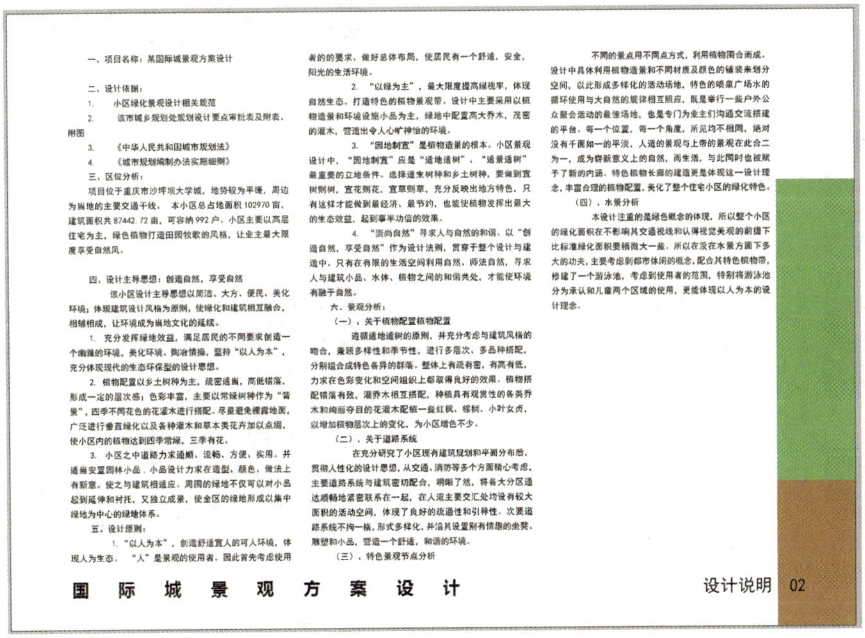

图 16-31 输入文字，完成设计说明

提示：如果现有的文本框输满后仍有文字装不下，文本框的右下角会出现一个中间有十号的红色方框。切换到选择工具，单击红色小方框，光标变成带有一个文字块的样子，在右边栏内拖出合适的文本框，上一个文本框中装不下的文本就会继续在这里填入，如果还是装不下，会继续显示红色小方框，可以在新建的页面内继续相同的操作，直到完成文本输入。

⑤给页面添加自动页码。有了几个页面后，回到主页 A 给它添加自动页码，这样图册的每一页都会自动显示页码（封面封底和扉页除外），而且即使在中间增加了页面，页码也会自动修正。在【页面】面板中双击【A-文本背景】，使之成为当前编辑页。在段落样式面板中把【标题 2】设为当前样式。选择文字工具，在页面右下角的蓝色图形中拖出一个文本框，不要在其中输入文字，而是执行菜单项【文字】—【插入特殊字符】—【标志符】—【当前页码】，这时文本框中会显示一个【A】。转到图册设计说明页，可见页面右下角已经显示了页码，但是显示的数字却是【4】，因为若从封面算起，这是第 4 个页面。所以要改动页码的显示方式，让它等于扉页之后的第 2 页，显示为 02。具体做法：在【页面】面板中第 3 页“扉页”上单击鼠标右键，选择【页码和章节选项】如图 16-32，选择【起始页码】为 1，样式为 01,02,03，如图 16-33 所示。确定后再检查，可以看到页码显示正确了。

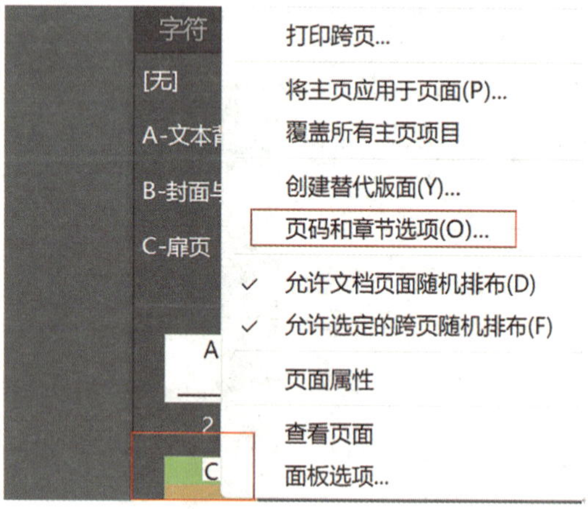

图 16-32　页码和章节选项

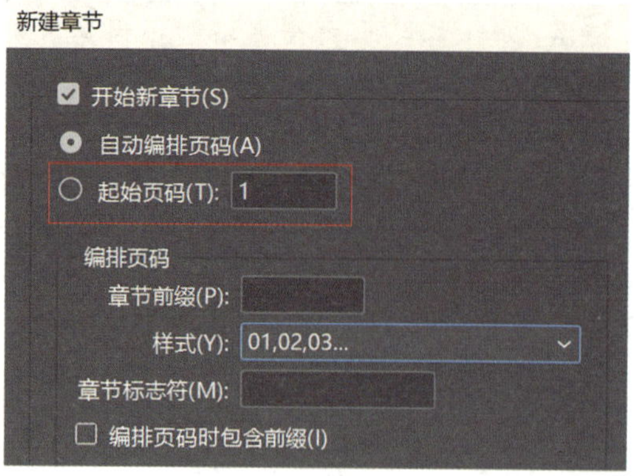

图 16-33　新建章节设置

⑥其他总图类页面编制。主要是对设计图册的前期分析图、总平面图、效果图和意向图等以图片占主体的页面。此类图在 ID 中具体的操作方法已经在上一章以前期分析图和分区图为例，说明了其绘制的要点。用同样方法制作好其他图片页面，作为编排的原材料。然后将原材料分别置入图册编排的各个【文本背景】页面，进行调整后，得到图 16-34 至图 16-37。

图 16-34　前期分析图

图 16-35　总平面图

图 16-36　效果图

图 16-37　小品意向图

★实例 16-5:文本图册目录生成

①展开【页面】面板,双击要生成目录的页面,使其成为当前页。选择菜单项【版面】—【目录样式】,打开目录样式窗口,如图 16-38 所示。单击【新建】按钮,打开新建目录样式窗口,标题采用“目录”两字,中间键入四个空格,样式选择【标题 2】;【目录中的样式】添加【标题 2】,选择【标题 2】,然后在条目样式中选择【标题 2】,如图 16-39 所示。如未找到页码设置项,需点开目录参数设置窗口右上方【较少选项】展开相应的栏目,设置【页码】为“条目前”,【条目与页码间】展开右拉键头,选择 3 次“全角空格”如图 16-40 所示。

②设置完成后选择确定,再确定。至此完成对于目录样式的设置。接下来应用样式生成目录。选择菜单【版面】—【目录】,打开目录窗口,检查没有错误后,点击【确定】,在当前页面空白处拖出适当区域,就可以

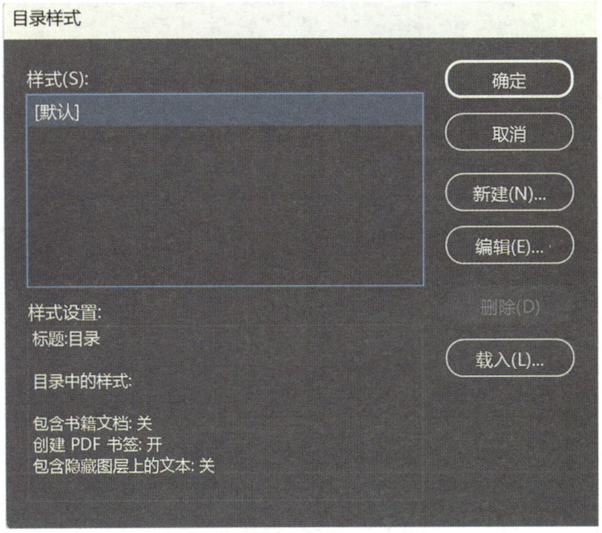

图 16-38　目录样式窗口

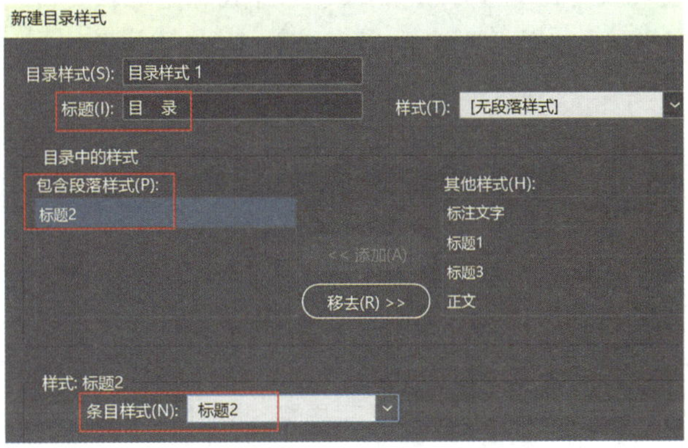

图 16-39　目录参数设置

看到生成的目录了。调整目录的位置,完成目录的生成,如图 16-41 所示。

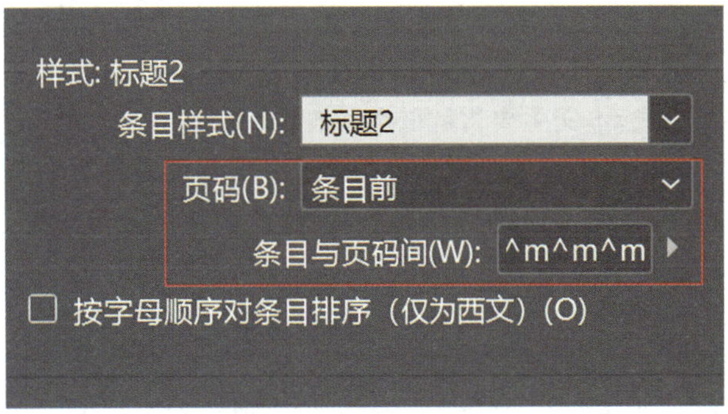

图 16-40　条目样式

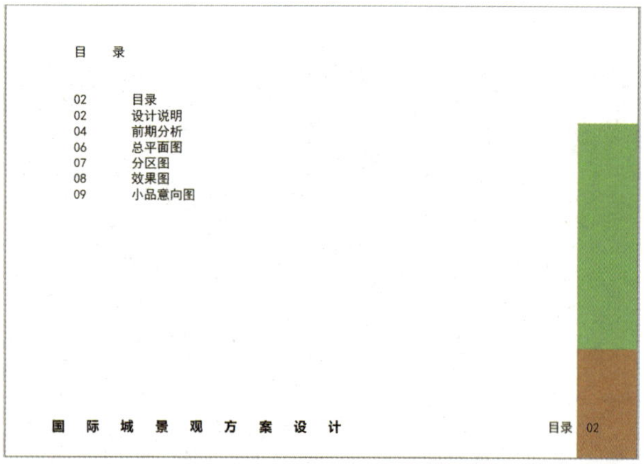

图 16-41　生成后的目录

③如果在已经生成目录之后，图册的页面又重写编辑过，例如增加、减少了页面或设计说明文本长度有变化或者是调整了目录样式等，导致标题所在页面发生变化，只需选择菜单项【版面】—【更新目录】即可自动修正目录的内容，非常方便。

16.2　图板排版思路及范例

版面表达除图册之外还有图板形式，例如设计竞赛和设计展览往往要求成果为图板形式，方便评委一目了然设计内容，不用逐本翻页阅读。图板有 A0、A1、A2 或 A0 加长几种常用图幅，其中以 A0 与 A1 图幅最为常用。图板在实际应用中有辅助表现类和主要表现类两种用途。辅助表现类指在图板中单纯将总平面和表现图等重要技术图纸放大展示，以辅助图册表现设计内容、方便集体讨论，由于较为简单，在此不扩展论述。主要表现类指在图板中以图文混排的方式传递全部设计信息，无须再借助图册表达设计内容的图板形式，本文主要讲解该类型的排版思路。

在图板排版中对软件的技术要求与图册排版完全相同，在此不探讨软件技术，仅就排版思路进行讨论。图板排版与图册排版最大差异在于版面空间与容量的不同，图板往往需要在一到两页图板之内表现完所有的设计内容，单页信息量会非常大。要让读者能轻松获取设计信息，需要对版面进行合理的空间分隔和阅读顺序规划。版面空间和阅读顺序规划的最佳帮手就是辅助线，所以在进行图板排版的第一步工作就是利用辅助线进行版面空间划分。现代阅读顺序一般为自上而下、自左而右，根据该顺序将版面划分成 2～3 块，再进行每块板块的内部细分。在确定版面空间划分、建立了版面秩序之后，开始将设计内容按阅读顺序导入版面中，同时注意图文混排的比例，避免将图文完全分开。编排时根据文字与图像的调阅率、网格率、版面率等平面设计原理对版面进行优化调整，在突出重点的前提下实现版面整体的协调性，最后制作版面装饰元素和背景色，丰富版面效果，即完成了图板的排版。

图 16-42 和图 16-43 为横向 A0 图板排版范例。上图的排版顺序依次为：首先将版面以辅助线分隔为 4 部分，其中为平面类图纸预留了最大空间，并规定阅读顺序为自上而下，自左而右；然后对每部分板块进行细分，绘制分隔栏并导入图文内容，以便读者理解阅读顺序；在分隔栏采用图文混排的方式，保证版面元素的相应跳跃率，除总平面之外控制其他图文元素的大小，保证全版面能传递尽量多的信息量；之后为设计主要技术图纸部分添加背景色，增加图文对比效果，再制作版头及其他版面装饰元素即完成排版。版面装饰元素应尽量简洁，以适合专业风格。

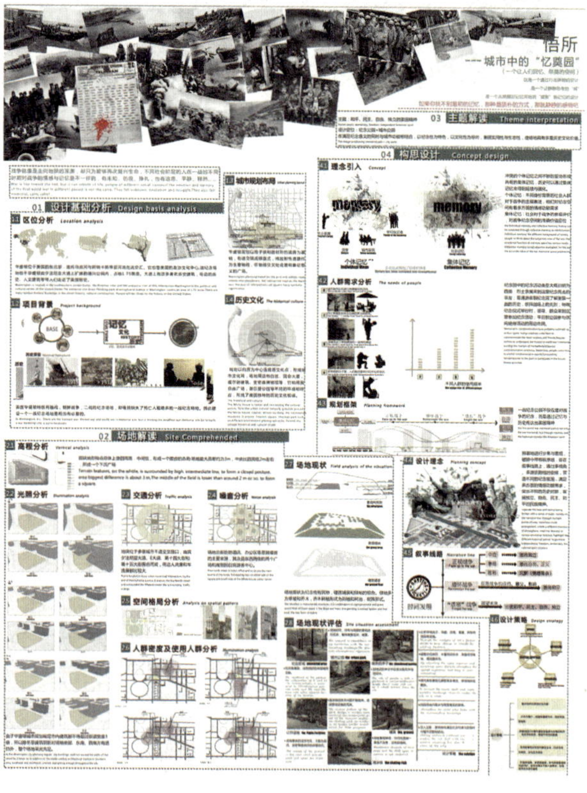

图 16-42　横向 A0 图板排版范例 1

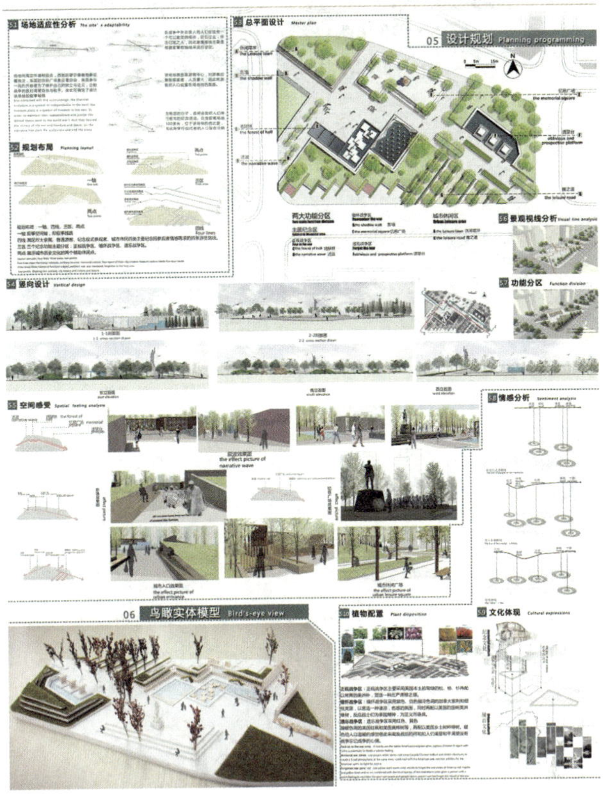

图 16-43　横向 A0 图板排版范例 2

❖本章数字资源

实例 16-1
操作视频

参考文献

CAD/CAM/CAE 技术联盟. 2003. AutoCAD 2024 从入门到精通. 北京:清华大学出版社.

仇同文,李晓君. 2024. 风景园林计算机辅助设计. 2 版. 北京:化学工业出版社.

范瑜,宋宇翔. 2013. Photoshop 平面图像处理教程. 北京:清华大学出版社.

古永丽,高广成. 2021. 风景园林计算机辅助设计. 2 版. 北京:化学工业出版社.

贺楠. 2024. 突破平面 Indesign 排版与设计剖析. 北京:清华大学出版社.

灰晕. 2015. SketchUp 景观设计实战. 北京:中国水利水电出版社.

李百平,余圆圆. 2016. InDesign 设计与排版实例大全. 重庆:西南师范大学出版社.

李波. 2014. SketchUp 8.0 草图大师从入门到精通. 北京:机械工业出版社.

李波. 2015. SketchUp Pro 2015 草图大师从入门到精通. 北京:机械工业出版社.

李金明,李金蓉. 2024. 中文版 photoshop 2024 入门教程. 北京:人民邮电出版社.

麓山文化. 2016. AutoCAD 2016 园林设计实例与施工图绘制教程. 北京:机械工业出版社.

麓山文化. 2015. 园林景观设计 SketchUp 2015 从入门到精通. 北京:机械工业出版社.

孟培,杨雪静. 2014. AutoCAD 2014 园林设计. 北京:电子工业出版社.

聂康才,周学红. 2015. 城市规划计算机辅助设计综合实践. 北京:清华大学出版社.

田婧,黄晓瑜. 2014. 品悟:SketchUp 8 建筑与园林景观设计. 北京:人民邮电出版社.

唯美世界,瞿颖健. 2024. photoshop 2024 完全案例教程. 北京:中国水利水电出版社.

杨艳玲. 2012. 新手速成:Indesign 版面设计从入门到精通. 北京:清华大学出版社.

于萍. 2013. Photoshop CS 5 中文版实例教程. 上海:上海科学普及出版社.

张瑞娟. 2011. 中文版 Photoshop CS 5 高手成长之路. 北京:清华大学出版社.

张炎. 2016. InDesign 平面设计实用教程:从设计到印刷. 北京:人民邮电出版社.